“十三五”国家重点出版物出版规划项目

现代机械工程系列精品教材

金属切削刀具

主　编　毛世民

副主编　王西彬　姚　斌

参　编　焦　黎　颜　培　郭文超

　　　　杨　羽　连云崧

机 械 工 业 出 版 社

本书是“十三五”国家重点出版物出版规划项目。

本书分为车刀、成形车刀、孔加工刀具、铣刀、拉刀、螺纹刀具、齿轮刀具、数控刀具与工具系统八章，内容着重于刀具结构和工作原理、刀具设计基本理论以及刀具的选用原则等。在每章正文中必要之处设有启发思考的问题，并在各章后列有复习思考题。

本书可用作高等院校机械设计制造及其自动化等专业的教材，也可供有关工程技术人员参考。

图书在版编目（CIP）数据

金属切削刀具/毛世民主编. —北京：机械工业出版社，2020.1（2023.1重印）
“十三五”国家重点出版物出版规划项目　现代机械工程系列精品教材
ISBN 978-7-111-64458-3

Ⅰ.①金…　Ⅱ.①毛…　Ⅲ.①刀具（金属切削）-高等学校-教材
Ⅳ.①TG71

中国版本图书馆CIP数据核字（2020）第005094号

机械工业出版社（北京市百万庄大街22号　邮政编码100037）
策划编辑：蔡开颖　责任编辑：蔡开颖　段晓雅　尹法欣　任正一
责任校对：刘雅娜　封面设计：张　静
责任印制：李　昂
北京捷迅佳彩印刷有限公司印刷
2023年1月第1版第2次印刷
184mm×260mm · 12印张 · 293千字
标准书号：ISBN 978-7-111-64458-3
定价：34.80元

电话服务　　　　　　　　　　　网络服务
客服电话：010-88361066　　机　工　官　网：www.cmpbook.com
　　　　　010-88379833　　机　工　官　博：weibo.com/cmp1952
　　　　　010-68326294　　金　书　网：www.golden-book.com
封底无防伪标均为盗版　　　机工教育服务网：www.cmpedu.com

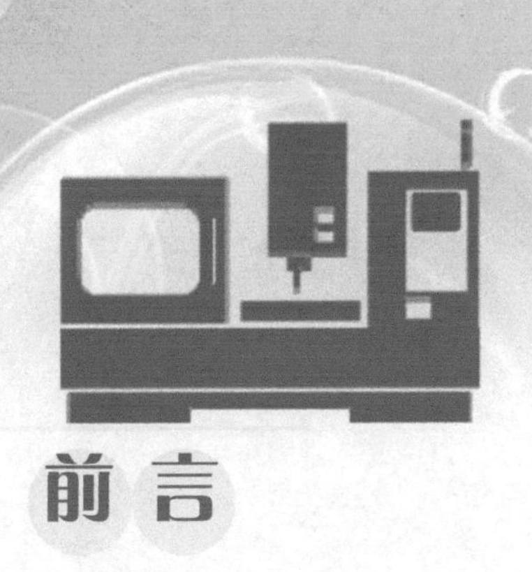

前言

工业生产中进行的机械加工大都是采用切削加工，切削是用刀具将工件多余部分切除以获得所要求的形状、尺寸和表面质量的加工方法。随着机加工技术的发展，切削刀具也以各种各样的形式发展起来。金属切削刀具作为切削加工的主流刀具，其工作原理及设计理论已成为机械制造领域的学者以及科研和工程技术人员必不可少的基础知识。

为满足教学、生产和科研的需求，使产学研一体化，本书内容着重于刀具结构和工作原理、刀具设计基本理论以及刀具的选用原则等。全书分八章，全面系统地对车刀、成形车刀、孔加工刀具、铣刀、拉刀、螺纹刀具、齿轮刀具、数控刀具与工具系统进行了详细阐述。为培养学生分析解决问题的能力，引导学生的创新思维，本书在每章正文中必要之处设有启发思考的问题，并在每章之后列有少量复习思考题，以帮助学生复习所学重点内容和进一步思考并解决一些较深入的问题。本书附有部分免费的动画资源，手机扫描二维码即可观看（建议在 WiFi 环境下）。

本书的编写融入了编者多年来的教学、科研及工程实际经验，注重科学性、先进性和实用性，内容比较丰富，教学过程中可根据具体情况予以取舍。

本书由西安交通大学毛世民教授担任主编，北京理工大学王西彬教授、厦门大学姚斌教授担任副主编。参加本书编写工作的有：姚斌（第 1 章、第 8 章），毛世民、郭文超、杨羽（第 2 章、第 7 章），连云崧（第 3 章、第 6 章），王西彬、焦黎、颜培（第 4 章、第 5 章）。郭文超负责统稿及校稿工作。

本书编写中参考了西安交通大学乐兑谦教授主编的《金属切削刀具》以及国内外发表的相关文章、资料和书籍，在此向有关的作者表示诚挚的谢意。

由于编者水平有限，书中不足和遗漏在所难免，敬请广大读者批评指正。

编　者

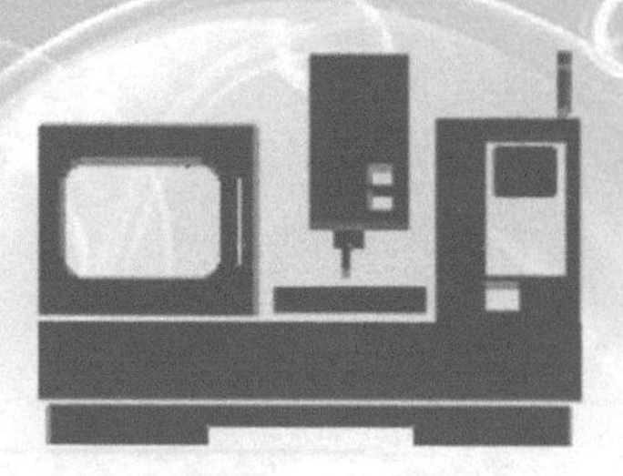

目录

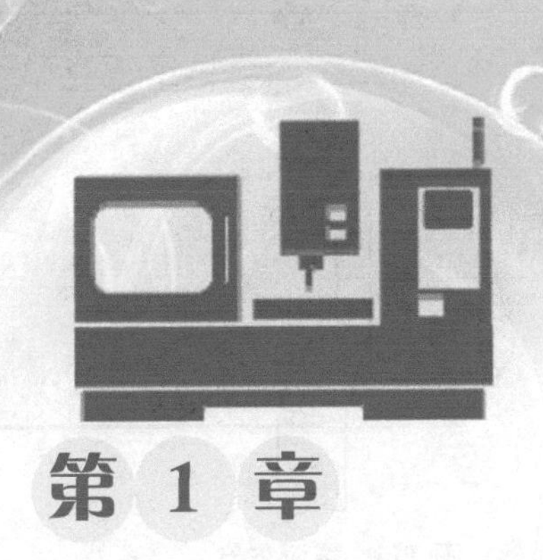

第 1 章

车　刀

1.1　车刀的种类和用途

车削加工的主运动是旋转运动，由工件完成，进给运动（辅助运动）是直线运动或曲线运动，由车刀完成，这是车床切削运动的共同特征。车刀是车削加工工具，也是金属切削加工中使用最广泛的刀具，它可以在普通车床（卧式车床、立式车床）、专用车床（转塔车床）、数控车床上，完成工件的车外圆、车端面、切槽或切断等不同的加工工序。根据车刀的用途不同，它的形状、尺寸和结构特征等也各不相同，可分为各种类型的车刀。通过“机械制造基础”课程对金属切削的基本术语有所了解，进一步学习可参考 GB/T 12204—2010《金属切削　基本术语》。

车刀按其用途不同，可分为外圆车刀、端面车刀、切断车刀等类型，除少数情况外，一般的车刀都是只有一条主切削刃的单刃刀具。本节将简要介绍这几类常用的车刀。

（1）外圆车刀　它主要用来加工工件的外回转表面（如圆柱形、圆锥形外表面等）。通常采用的外圆车刀型式如图 1-1 所示，刀体有直柄式的（图 1-1a）、弯头式的（图 1-1b、c）。弯头外圆车刀不仅可用来车外圆，还可车端面和内外倒棱，采用弯头形状目的是防止刀具与机床、夹具或工件发生干涉。当加工细长的和刚度不足的轴类工件外圆，或同时加工外圆和凸肩端面时，可以采用主偏角 $\kappa_r=90°$的偏刀（图 1-1c）（为什么？请同学们从力学角度分析）。

（2）端面车刀　它专门用来加工工件的端面。一般情况下，这种车刀都是由外圆向中心进给，如图 1-2 所示，取 $\kappa_r \leqslant 90°$。加工带孔工件的端面时，这种车刀也可以由中心向外圆进给（此时的刀具与前述的由外圆向中心进给的刀具有何不同？）。

（3）切断车刀　它专门用于切断工件。这种车刀的工作条件和环境比外圆车刀或端面车刀更为不利（为什么不利？），为了能完全切断一定直径的工件，车刀刀头必须伸出较长（一般应比工件半径大 3～5mm）。同时，为了减少工件材料消耗，刀头宽度必须在满足其强度要求下，尽可能取得小一些（一般取为 2～6mm）。所以，切断车刀的刀头显得长而窄（图 1-3a），其刚度差，工作时切屑排出困难。为了改善它的工作条件，可以如图 1-3b 所示设计，以加强刀头刚度，并合理选择其几何参数。还可以将“一”字形切削刃设计成

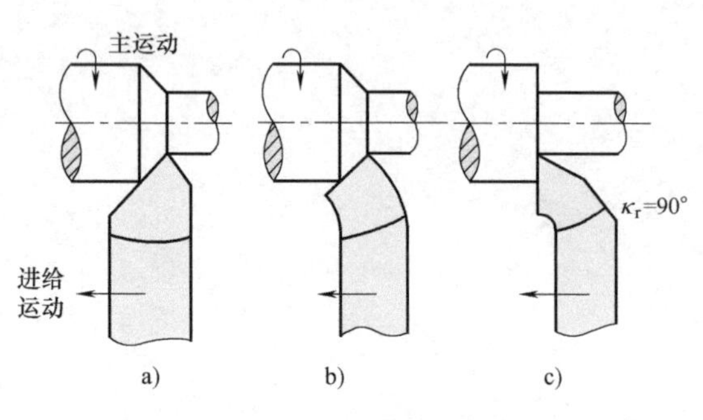

图 1-1 外圆车刀

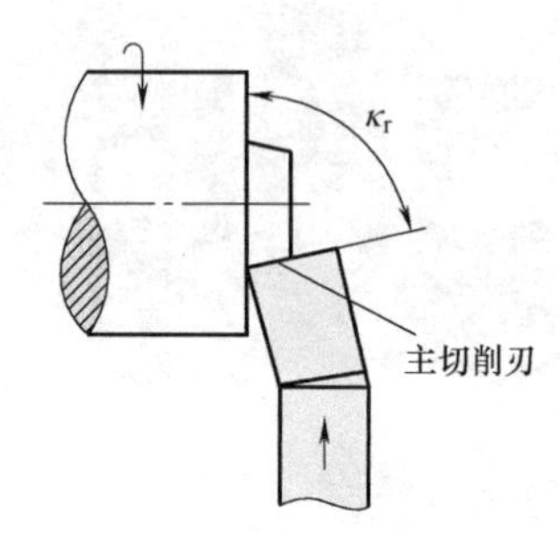

图 1-2 端面车刀

图 1-3c 所示的“︿”形的两个主切削刃，使其在大部分切削刃尚未到达工件中心时就可切断工件，这种刀头型式也有利于车刀切入和分屑、排屑（为什么?）。

切槽用的车刀，在型式上类似于切断车刀，其不同点在于，刀头伸出长度和宽度应根据工件上槽的深度和宽度来决定。

以上是常用的三类车刀，它们可以根据具体工作要求，改变主切削刃或刀头相对于车刀刀杆轴线的位置；还可以因切削部分采用的刀具材料不同而有多种结构型式。

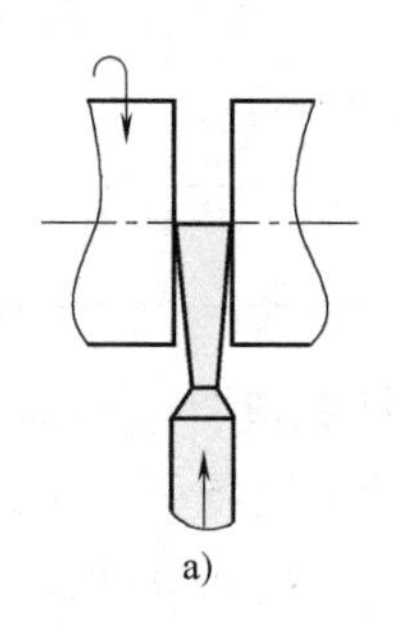

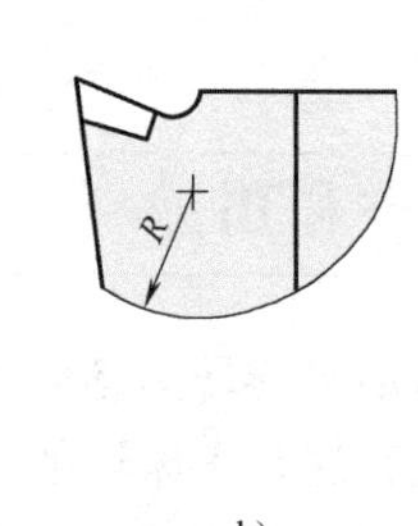

图 1-3 切断车刀

1.2 车刀的结构型式

车刀的结构有多种型式，如整体式高速钢车刀、焊接式硬质合金车刀、机械夹固式硬质合金车刀和金刚石车刀等。后三种车刀在切削区域装有高硬/超硬材料，提高了刀具寿命，硬质合金车刀又是现在应用最为广泛的一种刀具，所以本节将着重介绍它的结构。

1. 焊接式硬质合金车刀

这种车刀是将一定形状硬质合金刀片，用黄铜、纯铜或其他焊料，钎焊在普通结构钢刀杆（也称刀体）上的刀具切削区域而制成的，如图 1-4 所示。其结构简单、紧凑，抗振性能好（为什么?），制造方便，节约成本，充分体现了“好钢用在刀刃上”的原则。

但是，这种车刀也存在一些缺点。由于硬质合金刀片与普通结构钢刀杆材料的线膨胀系数和导热性能不同，以及焊接和刃磨的高温作用，刀片在冷却时，常常产生内应力，极易产生裂纹，降低了刀片的强度，这是此类车刀工作时刀片产生崩刃或打刀的重要原因。

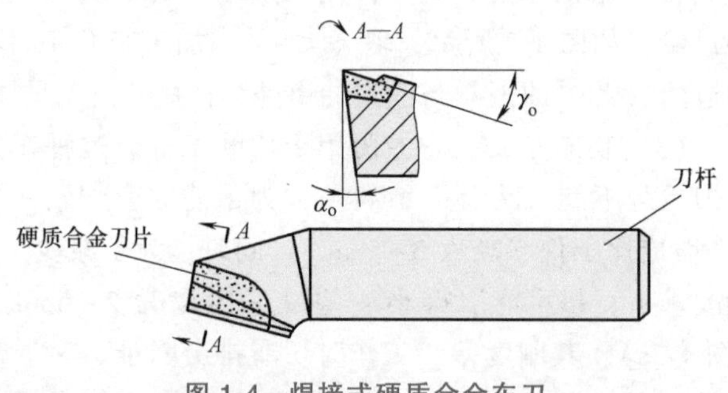

图 1-4 焊接式硬质合金车刀

焊接式车刀的硬质合金刀片形状和尺寸有统一的标准规格，设计和制造这种车刀时，应根据其不同用途，选用合适的硬质合金牌号和刀片形状规格。

车刀刀杆头部应按所选定的刀片形状尺寸做出刀槽，以便放置刀片，进行焊接。但刀槽应该在保证焊接强度的前提下，尽可能选用焊接面较少的槽形，并使车刀刀头具有足够的强度，以减小刀片焊接时的内应力。

2. 机械夹固式硬质合金车刀

为了克服焊接式硬质合金车刀存在的缺点，工程师创造和设计了机械夹固式结构，将刀片用机械夹固方式装在车刀刀杆上。图 1-5 所示是机械夹固式车刀的两种形式，标准硬质合金刀片是通过螺钉、楔块立装在刀杆上的。立装的刀片在车刀工作时受力状况较好，刀片磨损后只需刃磨前刀面，可磨次数增加，提高了刀片利用率。每次刃磨时由刀片下面的螺钉调整其位置。

采用机械夹固硬质合金刀片结构，其主要优点是刀片不经过高温焊接，避免了因焊接而引起的刀片硬度降低和由内应力导致的裂纹，延长了刀具寿命；刀杆可以重复使用，刀片的可磨次数多，利用率较高。但是，这种结构的车刀在使用过程中因为刀片的磨损仍需刃磨，还不能完全避免由于刃磨而可能产生的刀片裂纹。

为了进一步消除刃磨或重磨时在刀片内产生应力而可能引起的裂纹，工程师又创造了可转位机夹式不重磨车刀。图 1-6 所示为装有带孔多边形可转位刀片的车刀结构。带孔刀片 1

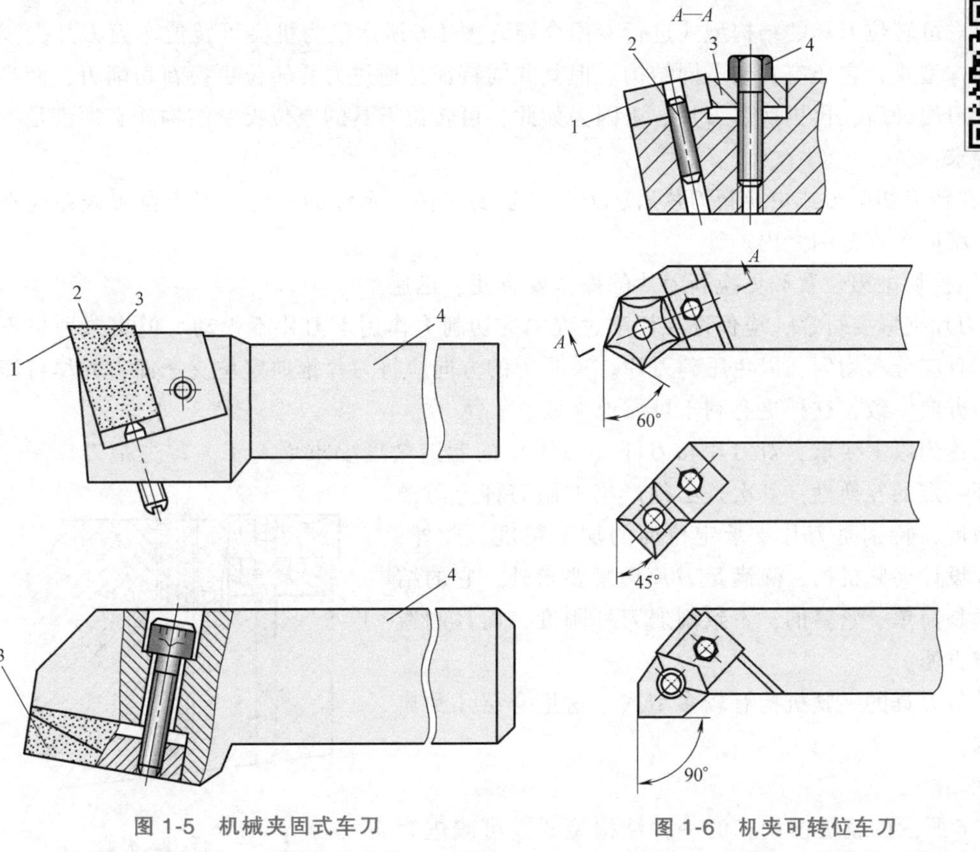

图 1-5 机械夹固式车刀

1—后刀面 2—前刀面 3—硬质合金刀片 4—刀体

图 1-6 机夹可转位车刀

1—刀片 2—销轴 3—楔块 4—螺钉

套装在压入刀杆的销轴 2 上，楔块 3 通过螺钉 4 将刀片压向销轴和支承底面而使刀片固定。刀片上的前刀面和断屑槽在精密压制刀片时完成，刀片的后刀面靠精密磨削完成。车刀的工作前角和工作后角（什么是刀具的工作前角和工作后角?），是靠刀片在刀槽中的安装定位来获得的。刀片的每一条边都可作为切削刃。一个切削刃用钝后，可以松开夹紧，转动刀片改用另一个新的切削刃工作，直到刀片上所有切削刃均已用钝，刀片才报废回收。在更换新刀片后，车刀又可继续工作，刀杆可重复使用。目前，此类车刀结构得到了非常广泛的应用。

可转位机夹式车刀与焊接式和机械夹固式硬质合金车刀相比，具有下述优点：

1）因为可转位刀片在制造时已经磨好，使用时不必再重磨，也不需焊接，刀片材料能较好地保持原有力学性能、切削性能、硬度和抗弯强度。

2）减少了刃磨、换刀、调刀所需的辅助时间，提高了生产效率。

3）刀片表面可以涂耐磨层，延长了刀具寿命。(改变刀片表面什么特性?)

可转位结构是一种高性价比的刀具结构，不仅适用于车刀，也适合其他刀具。可转位硬质合金刀片已采用模块化设计，并标准化。刀片的机械夹固结构，通过推广使用和不断改进，产生了许多新的结构型式。

1.3 可转位刀具的定位夹紧典型结构

本节对可转位刀具的结构型式进行专门介绍。图 1-6 所示仅为机夹可转位车刀刀片夹固的一种结构型式，它还有其他不同结构。但其共同特征是通过刀片转位更换新切削刃，而当所有切削刃用钝后，再更换新刀片。正因为如此，可转位刀具的定位夹紧结构就必须满足下列基本要求：

1）在转换切削刃或更换新刀片后，刀片位置要能保持足够的精度，刀尖位置误差应在零件加工精度允许范围之内。

2）转换切削刃位置和更换新刀片的操作要方便、迅速。

3）刀片夹紧要可靠，应保证在切削过程中的切削力作用下刀片不松动。但夹紧力也不宜过大，且应分布均匀，以免压碎刀片。夹紧力的方向应将刀片推向定位支承面，并尽可能与切削力方向一致，这样更有利于可靠地夹紧。

为了达到以上要求，对刀片和刀杆（刀体）的制造精度要求更高了。首先是刀片制造必须保证一定的互换性；其次是必须严格控制刀杆上刀槽的加工精度，特别是刀片支承定位面的加工精度。此外，还应合理设计夹紧机构，除满足刀片夹紧要求外，它的结构还必须是简单、紧凑的，不致削弱刀杆刚度，而且制造和使用应方便。

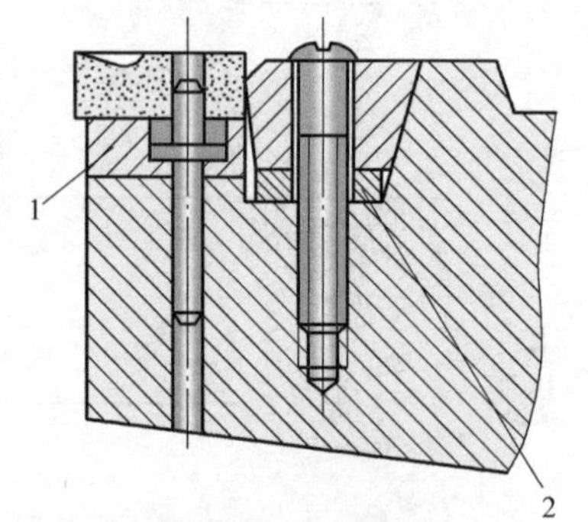

图 1-7 楔销式夹紧
1—垫片 2—弹簧垫片

可转位刀具的夹紧机构有较多型式，这里介绍几种典型的结构。

1. 楔销式

图 1-6 所示的就是楔销式的一种结构型式。可改进为如图 1-7 所示的结构，楔块上的斜面使刀片压紧在圆柱销

上，刀片支承面下加了垫片 1。因为刀槽底面加工较难得到好的平面度，在刀片下加一块硬度较高、平面度又好的垫片，可以防止刀片受压过大而崩裂，也可保护刀体不致损坏，这个垫片称为刀垫。在楔块下增加一弹簧垫片 2，以便在松开夹紧螺钉时能及时抬起楔块。这种机构夹紧力大，能可靠地夹紧刀片，且零件少，形状又简单，制造方便，所以用得比较广泛。但它在刀片转位后的刀尖位置精度较差，刀头结构尺寸较大（什么是刀头?），使用时还要注意切削热会加大楔块、刀片和销轴间的夹紧力，有可能引起刀片碎裂。

2. 偏心销式

如图 1-8 所示，套装刀片用的销轴 1，其下端做成螺杆，上端为与螺杆不同心的偏心圆柱，偏心量为 e。当螺杆转过一定角度时，偏心圆柱就将刀片 2 压向刀槽两侧支承面而夹紧。螺杆的螺纹升角小（什么是螺纹升角?），有自锁性，在使用过程中不易因切削力的变化而松动。这种夹紧方式的结构简单，零件少，制造容易，刀头尺寸小，刀片的装卸和转位方便，切屑流出不受阻碍，也不会擦坏夹紧元件。但偏心量的大小要适当。偏心量过大，夹紧的自锁性差（为什么? 画出受力分析图），刀片易松动；偏心量过小，则刀片的孔径和位置、刀片的形状和尺寸、刀杆上螺纹孔的制造精度都应有较高的要求（为什么?），否则就不能夹紧。

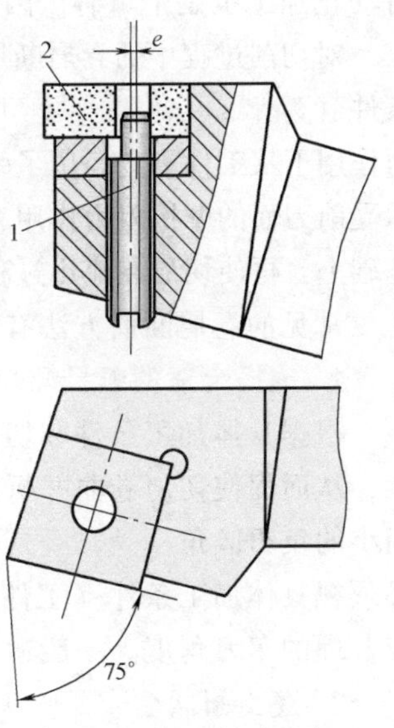

图 1-8 偏心销式夹紧

1—销轴 2—刀片

3. 杠杆式

图 1-9 所示的是杠杆式夹紧机构的一种型式。刀片 1 通过螺钉 5 传递力至杠销 2 达到夹紧目的。当旋进螺钉 5 时，其锥体部分推压杠销 2 的下端。杠销以其中部鼓形台阶外圆与弹簧套 4（或直接与刀杆孔壁）的接触点作为支点而倾斜，其上端鼓形台阶就将刀片压向刀片与刀槽的接触支承面，而使刀片夹紧。刀垫 3 用弹簧套 4 定位。松开刀片时，刀垫因弹簧套的张力压住它的孔壁而保持着原来的位置，因而不会松脱。这种杠杆式夹紧机构是靠刀片两个侧面定位的，所以定位精度较高，刀片受力方向较为合理，夹紧可靠，刀头尺寸小，刀片装卸灵活，使用方便。其缺点是结构较复杂，制造较困难。

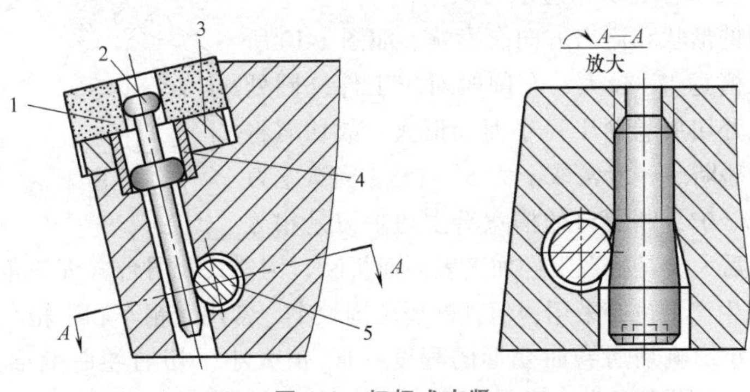

图 1-9 杠杆式夹紧

1—刀片 2—杠销 3—刀垫 4—弹簧套 5—螺钉

1.4 车刀的卷屑断屑结构

车削钢件时，形成的带状切屑易到处乱窜，或缠绕在工件和车刀上，不仅妨碍工人操作，而且会带来安全威胁（为什么?）。这种高速高温的切屑还会划伤工件已加工表面，阻碍切屑的继续流通，甚至会使车刀崩刃。此外，切屑还占有较大体积，不便于运输，对实现自动化加工也是个障碍。因此，如何断屑是切削加工中需要考虑的技术问题。

对切削过程中的卷屑断屑的机理与方法已有大量的研究，工程师给出了许多适应不同加工条件（为什么在此要强调不同加工条件?）的措施，卷屑断屑基本原理的共性是：切屑在切削力作用下从工件剥离经历了弹塑性变形，切屑形成过程中由于产生很大的塑性变形，紧接着又承受前刀面的摩擦阻力作用，变得既硬又脆，并且产生卷曲，这就是断屑的基本条件。在这个基础上，再使切屑在流出过程中遇到障碍，承受附加的弯曲或冲击载荷而将其折断。

常见的卷屑断屑方法有如下三种。

1. 选择合适的刀具几何角度

根据具体加工条件和切削用量，选取合适的刀具几何角度，增加切屑的塑性变形和硬脆性，从而促使切屑卷曲并折断。通常是加大主偏角 κ_r，采用较小的正前角加上负倒棱，选用小的负刃倾角（请简要回答为什么）。用这种方法断屑，不需要其他附加断屑装置。但是必须视具体加工条件（工件材料、车床性能、切削用量等），在试验的基础上，才能确定比较合理的车刀角度。一般适合于在大批量生产中采用。

2. 磨出断屑台

在车刀前刀面上磨出一定形状的断屑台（图 1-10），迫使切屑在碰到断屑台时再次经受附加的卷曲变形而折断，或者在经过断屑台后，因附加变形而改变切屑流出方向，碰撞到工件或车刀后刀面而折断。

图 1-10 所示为断屑台的几何形状。在前刀面后有一段圆弧 R_n。主要尺寸参数有圆弧半径 R_n、槽宽 W_n、楔角 σ 和斜角 τ，其中，R_n 为 0.25~0.75mm。楔角 σ 的大小对切屑的卷曲变形影响很大。σ 角大，则切屑卷曲半径小，变形大。一般 σ 角可在 65°~75°间选取。前角 γ_o 大时，切屑的基本变形小，σ 角应取得大些。

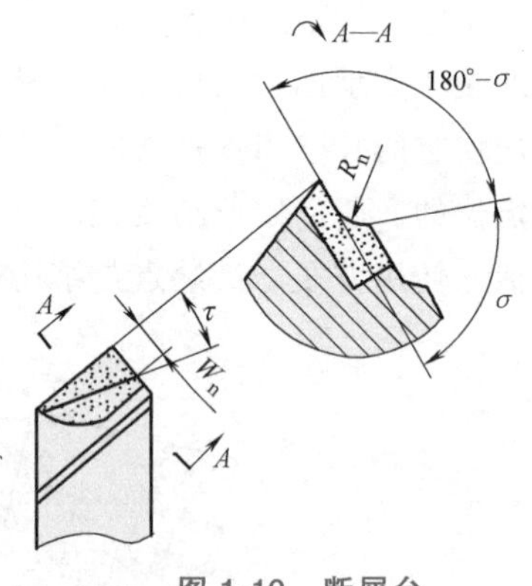

图 1-10　断屑台

斜角 τ 对切屑的形状和流出方向有影响。如图 1-10 所示，$\tau>0°$，刀尖处槽宽 W_n 较大，车削时对应工件外圆处的槽宽较窄，且此处切屑卷曲半径小而变形大，故切屑将向车刀后面翻转而碰断。一般常取 τ 为 5°~15°。当背吃刀量 a_p 大时，可取 $\tau=0°$，断屑台的槽宽沿主切削刃是相等的，这时切屑卷曲后大多是碰在工件加工表面而折断。倒斜式断屑台（即斜角 τ 方向相反，刀尖处槽宽最窄）在生产中也有采用，但其断屑范围较窄，常用于精车和半精车。

槽宽 W_n 的大小影响切屑卷曲变形的程度。W_n 值太小，切屑卷曲变形大，短而碎，容易飞溅；W_n 过大，切屑变形小，不易折断，则起不到断屑作用（为什么?）。选取 W_n 值时要结合现场实际情况确定，要考虑进给量 f 和背吃刀量 a_p 的大小。f 大或 a_p 大时，槽宽 W_n

应取得较大。通常 W_n 在 2~6mm 范围内选取。

3. 采用卷屑槽断屑

如图 1-11 所示，在车刀前刀面上沿主切削刃磨出卷屑槽。槽底呈圆弧形，切屑流过时可迫使其卷曲乃至折断。这样的槽形可获得较大的前角而不至于削弱切削刃的强度。为了可靠地卷屑和断屑，应使卷屑槽尽可能靠近切削刃，只留出很窄的倒棱。槽宽 W_n、槽底圆弧半径 R_n 和倒棱宽度 b_{r1} 等尺寸的选取要和切削用量相适应。例如，当进给量f=0.3~0.5mm/r，背吃刀量 a_p=2~7mm 时，可取 W_n=3~5mm，R_n=2~4mm，b_{r1}=0.3~0.5mm。W_n 和 R_n 的取值应保证车刀得到必要的前角。

断屑台和卷屑槽在焊接式车刀上采用较为广泛，使用时可按具体加工条件确定合适的参数并磨出合适的形状。但它们对加工条件（主要是进给量和背吃刀量）的变化适应范围较窄，一旦切削用量有了变化，必须重新磨出相应尺寸参数的断屑台或卷屑槽，才有可能保证断屑。为此，国家标准 GB/T 2076—2007《切削刀具用可转位刀片型号表示规则》规定了压制有不同断屑槽形和尺寸参数的可转位刀片，它为用户改变切削用量重新选用合适的刀片带来了方便。

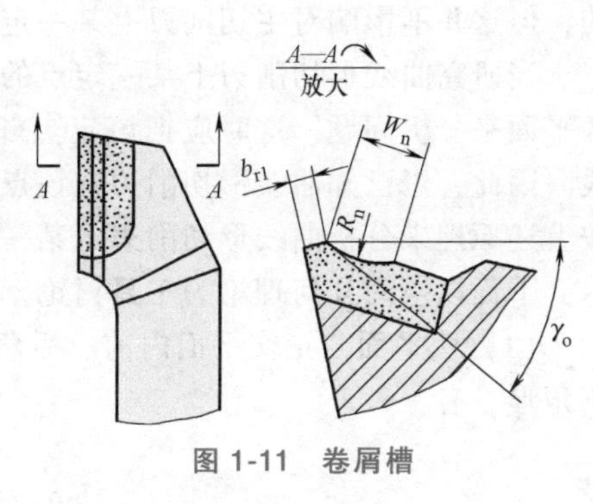

图 1-11 卷屑槽

1.5 车刀不同剖面中的角度换算

刀具切削部分必须具有合理的几何形状，才能保证切削加工的顺利进行，获得预期的加工质量。刀具切削部分的几何形状主要由一些刀面和刀刃的方位角度来表示。在刀具设计、制造、刃磨和检验中常常需要对不同参考系内的标注角度进行换算，因此有必要了解切削刃上某一切削刃选定点的正交平面、法平面、假定工作平面和背平面内角度间的关系（GB/T 12204—2010《金属切削 基本术语》）。为此，以刀具前刀面和后刀面均为平面且主刀刃为直线的车刀为例进行讨论。作出互相垂直的三个平面（图 1-12，图中未标出某一定点），p_s 代表切削平面；p_o 代表平行于主切削刃上某一切削刃选定点正交平面的一个平面；p_r 代表平行于该切削刃选定点处的基面的一个平面。

图 1-12 中的△ABC 代表车刀前刀面的一部分，$\overline{AB}$ 是主切削刃，A 是刀尖；$\overline{AC}$ 是前刀面与平面 p_o 上的交线（它不是副切削刃）；BC 是前刀面与平面 p_r 的交线。直角三角形△FQD 是通过主切削刃上任意选定点 F 的正交平面，它与平面 p_o 内的三角形△AOC 平行而且相似；直角三角形△EQD 是通过主切削刃上另一切削刃选定点 E 并垂直于主切削刃的平面，即法平面 p_n；直角三角形△AOD 是

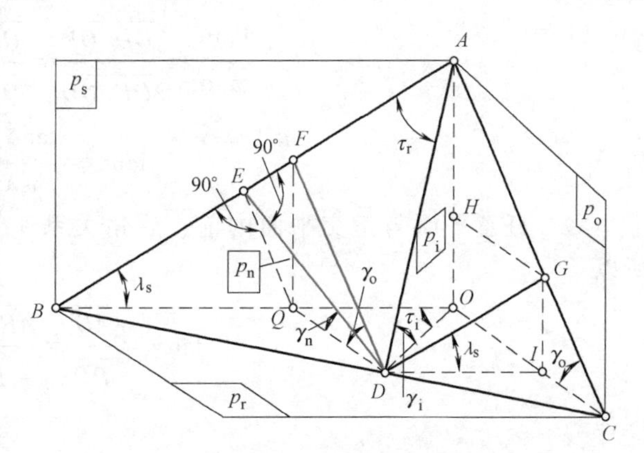

图 1-12 车刀头部几个平面和角度的示意图

通过刀尖 A 点的任意平面，它也垂直于平面 p_r，而且与平面 p_s 夹成任意角度 τ_i，所以用符号 p_i 表示。

图中还表示了主切削刃的刃倾角 λ_s、正交平面内的前角 γ_o、法平面内的前角 γ_n，以及任意平面内的前角 γ_i。

对于前刀面与后刀面都是平面的切削刃，其切削刃为直线（请举例曲线形切削刃）。通过切削刃上各点作正交平面、法平面以及与 p_s 面夹成 τ_i 角的任意平面，则同类的各平面中的截面都是平行而相似的，因而其中的几何角度也是相同的。根据这一原理，在图 1-12 中虽是通过主切削刃上任意三点 F、E 和 A 作正交平面、法平面和任意平面来分析几何角度的，但这并不影响对主切削刃上某一定点的几何角度进行分析。

当研究曲线形切削刃上某一定点的几何角度时，就不可通过该切削刃任意其他点作上述各平面来分析问题。这时应把该定点邻域内的切削刃看作是在切线方向的一条无穷短的直线。因此，当已知曲线形切削刃在该点的切线方向以及前、后刀面在该点的切平面方向时，按上述原理来分析曲线形切削刃上某一定点的几何角度仍然是正确的。

下面以空间几何理论为工具讨论车刀上各主要角度的关系。

（1）法平面与正交平面内前、后角的关系　由图 1-12 可知，$\triangle EQD$ 和 $\triangle FQD$ 都是直角三角形，有

$$\tan\gamma_n=\frac{\overline{QE}}{\overline{QD}},\quad \tan\gamma_o=\frac{\overline{QF}}{\overline{QD}}$$

因此

$$\frac{\tan\gamma_n}{\tan\gamma_o}=\frac{\overline{QE}\ \overline{QD}}{\overline{QD}\ \overline{QF}}=\frac{\overline{QE}}{\overline{QF}}=\cos\lambda_s$$

故

$$\tan\gamma_n=\tan\gamma_o\cos\lambda_s \tag{1-1}$$

为了证明法平面与正交平面内后角的关系，可以设想图 1-12 中的 $\triangle ABO$ 是后刀面，则 $\angle QED$ 就成为法平面内的后角 α_n，而 $\angle QFD$ 就成为正交平面内的后角 α_o，这样就有

$$\tan\alpha_o=\frac{\overline{QD}}{\overline{QF}},\quad \tan\alpha_n=\frac{\overline{QD}}{\overline{QE}}$$

所以

$$\frac{\tan\alpha_o}{\tan\alpha_n}=\frac{\overline{QD}\ \overline{QE}}{\overline{QF}\ \overline{QD}}=\frac{\overline{QE}}{\overline{QF}}=\cos\lambda_s$$

故

$$\tan\alpha_n=\frac{\tan\alpha_o}{\cos\lambda_s} \tag{1-2}$$

（2）任意平面与正交平面内前、后角关系　由图 1-12 可知，$\triangle AOD$ 为直角三角形，所以

$$\tan\gamma_i=\frac{\overline{AO}}{\overline{DO}}=\frac{\overline{AH}+\overline{HO}}{\overline{DO}}$$

因为

$$\overline{AH}=\overline{HG}\tan\gamma_o=\overline{OI}\tan\gamma_o$$

$$\overline{HO}=\overline{GI}=\overline{DI}\tan\lambda_s$$

所以

$$\tan\gamma_i=\frac{\overline{OI}\tan\gamma_o+\overline{DI}\tan\lambda_s}{\overline{DO}}$$

又因为
$$\frac{\overline{OI}}{\overline{DO}}=\sin\tau_i\quad\frac{\overline{DI}}{\overline{DO}}=\cos\tau_i$$

所以
$$\tan\gamma_i=\tan\gamma_o\sin\tau_i+\tan\lambda_s\cos\tau_i \tag{1-3}$$

用同样的方法可以得出任意平面内的后角 α_i 为

$$\cot\alpha_i=\cot\alpha_o\sin\tau_i+\tan\lambda_s\cos\tau_i \tag{1-4}$$

如果主、副切削刃是在同一个平面型的前刀面上（何谓副切削刃?），则利用式（1-3）可以求得副切削刃的前角 γ_o' 和刃倾角 λ_s'。设刀尖角为 ε_r（图 1-13），则当 $\tau_i=\varepsilon_r-90°$ 时，由式（1-3）可得

$$\tan\gamma_o'=-\tan\gamma_o\cos\varepsilon_r+\tan\lambda_s\sin\varepsilon_r \tag{1-5}$$

而当 $\tau_i=\varepsilon_r$ 时，由式（1-3）可得

$$\tan\lambda_s'=\tan\gamma_o\sin\varepsilon_r+\tan\lambda_s\cos\varepsilon_r \tag{1-6}$$

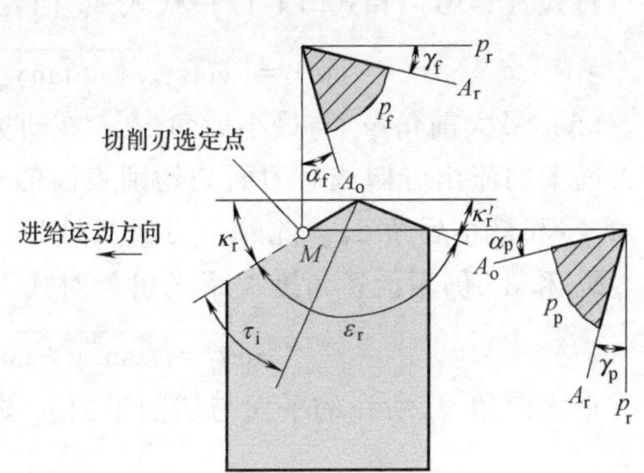

图 1-13 基面内的投影角

（3）背平面 p_p 和假定工作平面 p_f 内的前后角关系 车刀切削刃选定点 M 处的平面 p_p 和 p_f 的前、后角可以利用式（1-3）和式（1-4）求得。

令 $\tau_i=90°-\kappa_r$，得背平面上前角 γ_p 和后角 α_p 为

$$\tan\gamma_p=\tan\gamma_o\cos\kappa_r+\tan\lambda_s\sin\kappa_r \tag{1-7}$$

$$\cot\alpha_p=\cot\alpha_o\cos\kappa_r+\tan\lambda_s\sin\kappa_r \tag{1-8}$$

令 $\tau_i=180°-\kappa_r$，得进给运动方向前角 γ_f 和进给运动方向后角 α_f 为

$$\tan\gamma_f=\tan\gamma_o\sin\kappa_r-\tan\lambda_s\cos\kappa_r \tag{1-9}$$

$$\cot\alpha_f=\cot\alpha_o\sin\kappa_r-\tan\lambda_s\cos\kappa_r \tag{1-10}$$

若已知 γ_p、γ_f 和 κ_r，则由式（1-7）和式（1-9）可以反过来求主切削刃的前角 γ_o 和刃倾角 λ_s 为

$$\tan\gamma_o=\tan\gamma_p\cos\kappa_r+\tan\gamma_f\sin\kappa_r \tag{1-11}$$

$$\tan\lambda_s=\tan\gamma_p\sin\kappa_r-\tan\gamma_f\cos\kappa_r \tag{1-12}$$

同样，若已知 α_p、α_f 和 κ_r，则由式（1-8）和式（1-10）可以反过来计算主切削刃的后角 α_o 和刃倾角 λ_s 为

$$\cot\alpha_o=\cot\alpha_p\cos\kappa_r+\cot\alpha_f\sin\kappa_r \tag{1-13}$$

$$\tan\lambda_s=\cot\alpha_p\sin\kappa_r-\cot\alpha_f\cos\kappa_r \tag{1-14}$$

（4）前刀面上的角度 τ_r 与它在基面上的投影角度 τ_i 的关系 在图 1-12 中，任意平面 p_i 与前刀面的交线为 $\overline{AD}$。设此直线与主切削刃 $\overline{AB}$ 之间的夹角为 τ_r，则 τ_r 在基面上的投影角为 τ_i，它们之间的关系可求之如下。由图 1-12，$\triangle AED$ 是直角三角形，$\angle AED=90°$，所以

$$\cot\tau_r=\frac{\overline{EA}}{\overline{ED}}=\frac{\overline{EF}+\overline{FA}}{\overline{QD}/\cos\gamma_n}=\cos\gamma_n\frac{\overline{EF}+\overline{FA}}{\overline{QD}}$$

因为
$$\overline{EF}=\overline{FQ}\sin\lambda_s=\overline{QD}\tan\gamma_o\sin\lambda_s,\quad \overline{FA}=\overline{QO}/\cos\lambda_s$$

所以
$$\cot\tau_r=\cos\gamma_n\left(\tan\gamma_o\sin\lambda_s+\frac{\overline{QO}}{\overline{QD}}\frac{1}{\cos\lambda_s}\right) \tag{1-15}$$

又因为
$$\cos\gamma_n=\frac{1}{\sqrt{1+\tan^2\gamma_n}}=\frac{1}{\sqrt{1+(\tan\gamma_o\cos\lambda_s)^2}} \tag{1-16}$$

以及
$$\frac{\overline{QO}}{\overline{QD}}=\cot\tau_i \tag{1-17}$$

将式（1-16）和式（1-17）代入式（1-15），整理后即得

$$\cot\tau_i=[\cot\tau_r\sqrt{1+(\tan\gamma_o\cos\lambda_s)^2}-\tan\gamma_o\sin\lambda_s]\cos\lambda_s \tag{1-18}$$

（5）最大前角 γ_g 与最小后角 α_b　在研究刀具及其切削规律时，例如，研究控制切屑在前刀面上的流出方向或后刀面与切削表面的相对运动摩擦方向等问题时，有时需要知道最大前角 γ_g 和最小后角 α_b。此外，刃磨刀具时，有时也要用到最大前角来进行装夹调整。

γ_g 和 α_b 仍用前述角度关系求出。对式（1-3）微分求 γ_i 的极值，可得

$$\tan\gamma_g=\sqrt{\tan^2\gamma_o+\tan^2\lambda_s}=\sqrt{\tan^2\gamma_f+\tan^2\gamma_p} \tag{1-19}$$

最大前角 γ_g 所在的平面与切削平面 p_s 之间的夹角 τ_g 为

$$\tan\tau_g=\frac{\tan\gamma_o}{\tan\lambda_s} \tag{1-20}$$

同理，对式（1-4）微分求 α_i 的极值，可得

$$\cot\alpha_b=\sqrt{\cot^2\alpha_o+\tan^2\lambda_s}=\sqrt{\cot^2\alpha_f+\cot^2\alpha_p} \tag{1-21}$$

最小后角 α_b 所在的平面与切削平面 p_s 之间的夹角 τ_b 为

$$\cot\tau_b=\tan\lambda_s\tan\alpha_o \tag{1-22}$$

1.6　机夹可转位车刀的刀槽设计计算

1. 设计刀槽的要求

机夹可转位车刀不仅应该满足刀片夹紧的要求，而且必须保证刀片的位置精度，使车刀获得所需的切削角度。很显然，车刀根据其使用要求选定的切削角度，是靠刀片和刀杆上刀槽的几何参数综合结果而得到的。因此，机夹可转位车刀的刀槽设计计算任务，就是根据车刀所需的切削角度以及硬质合金刀片的参数来确定刀杆上刀槽的几何参数，以便加工出刀片的支承面，使刀片夹固在刀槽上就能保证车刀得到它所需的切削角度。由此可见，设计刀槽之前必须首先知道车刀和刀片的几何参数，并弄清楚它们之间的相互关系。

有关车刀的角度几何参数是根据加工要求事先予以选定的，它们是前角 γ_o、后角 α_o、刃倾角 λ_s、主偏角 κ_r、副偏角 κ_r'和刀尖角 ε_r。

刀片也应根据车刀的需要选定合适的形状和型号。在国家标准 GB/T 2076—2007 中规定，可转位刀片有正三角形、凸三边形、正方形、正五角形和圆形等多种型号。图 1-14 所

示为常用的正方形和正三角形刀片。正方形刀片有 4 条可供使用的主切削刃，它们位于同一平面内，这个平面称为刀片的基面，以 p_{rb} 表示。一般 p_{rb} 平行于刀片底面。正三角形刀片也一样，它的 3 条主切削刃也同在一个基面内。通过切削刃并与刀片基面 p_{rb} 垂直的平面，称为刀片的切削平面，以 p_{sb} 表示。刀片的前刀面和后刀面则分别以 A_γ 和 A_α 表示。

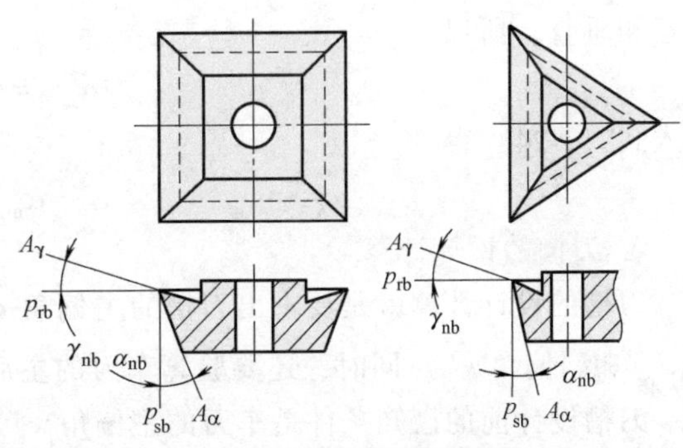

图 1-14 常用的可转位刀片

刀片上每条切削刃的前角和后角都是相同的。图 1-14 中表示了刀片上切削刃的法前角 γ_{nb} 和法后角 α_{nb}，其刃倾角 λ_{sb} 一般为 0°（也有 $\alpha_{nb}=0°$，$\lambda_{sb}\neq0°$的）。当刀片安装到刀杆的刀槽上后，因为刀片的基面不平行于车刀的基面，因而刀片的法前角 γ_{nb}、法后角 α_{nb}、刃倾角 λ_{sb} 和刀尖角 ε_{rb}，与车刀上相对应的角度 γ_n、α_n、λ_s 和 ε_r 是不相等的。

车刀刀杆上的刀槽（图 1-15），其形状与车刀头部一样。它也有正交平面内前角 γ_{og}、刃倾角 λ_{sg}、主偏角 κ_{rg}、副偏角 κ'_{rg}、刀尖角 ε_{rg} 等。刀槽的前刀面就是刀片的支承面，它的形状和大小同刀片底面的基本一样。刀片的底面与其基面 p_{rb} 是平行的，因此，当刀片的 $\lambda_{sb}=0°$时，它的主、副切削刃就分别平行于刀槽的主、副切削刃，而刀槽前刀面上的刀尖角也就等于刀片的刀尖角 ε_{rb}。这个 ε_{rb} 角在车刀基面上的投影角就是车刀的刀尖角 ε_r。刀槽的刀尖角 ε_{rg} 则应等于车刀的刀尖角 ε_r。

在车刀主切削刃的法平面内，刀槽、刀片和车刀三者的前、后角（图 1-16）有如下关系：

$$\gamma_{nb}=\gamma_n-\gamma_{ng} \tag{1-23}$$

$$\alpha_n=\alpha_{nb}+\alpha_{nset} \tag{1-24}$$

式中 γ_{ng}——刀槽前刀面的法前角（图 1-16 中表示的是其负值）；

α_{nset}——刀片的法向安装后角（图 1-16 中表示的是其正值）。

由图 1-16 可知，车刀基面 p_r 与其切削平面 p_s 互相垂直，刀片基面 p_{rb} 与其切削平面 p_{sb}

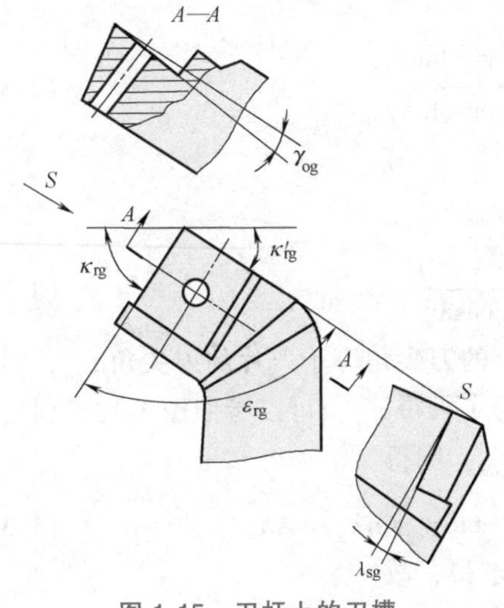

图 1-15 刀杆上的刀槽

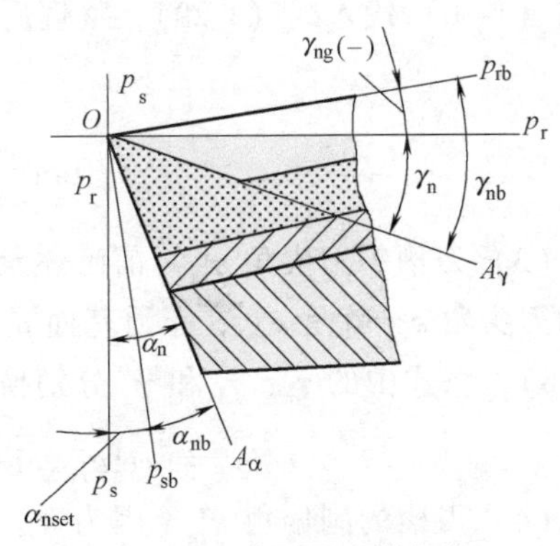

图 1-16 法平面内的角度

也互相垂直，所以

$$\alpha_{nset}=-\gamma_{ng} \tag{1-25}$$

代入式（1-24）得

$$\alpha_n=\alpha_{nb}-\gamma_{ng} \tag{1-26}$$

2. 刀槽的设计计算

刀槽的设计计算就是要求出刀槽的主偏角 κ_{rg}、刃倾角 λ_{sg}、正交平面内前角 γ_{og}、刀尖角 ε_{rg} 和副偏角 κ'_{rg}。同时，还要验算车刀的主后角 α_o 和副后角 α'_o。

刀槽设计前的已知条件是车刀的主偏角 κ_r、刃倾角 λ_s、正交平面内前角 γ_o 和刀片的刀尖角 ε_{rb}、法前角 γ_{nb}、法后角 α_{nb}，并且设 $\alpha_{nb}>0°$，而刀片刃倾角 $\lambda_{sb}=0°$。

下面来说明刀槽的设计计算方法。

（1）刀槽的主偏角 κ_{rg} 和刃倾角 λ_{sg}　由于刀槽前刀面的形状和大小完全同刀片底面一样，而且互相重合，又因刀片的基面平行于刀片的底面。刀片的刃倾角 $\lambda_{sb}=0°$，所以刀片的主、副切削刃分别平行于刀槽的主、副切削刃，因而刀槽前刀面的主偏角 κ_{rg} 应等于车刀所需的主偏角 κ_r，即

$$\kappa_{rg}=\kappa_r \tag{1-27}$$

而刀槽前刀面的刃倾角 λ_{sg} 也应等于车刀的刃倾角 λ_s，即

$$\lambda_{sg}=\lambda_s \tag{1-28}$$

这样才能保证刀片安装在刀槽上后，使车刀得到所需的刃倾角 λ_s。

（2）刀槽前刀面在其正交平面内的前角 γ_{og}　由式（1-1）已知

$$\tan\gamma_n=\tan\gamma_o\cos\lambda_s$$

刀槽前刀面上也有同样的关系，即

$$\tan\gamma_{ng}=\tan\gamma_{og}\cos\lambda_{sg}=\tan\gamma_{og}\cos\lambda_s$$

所以

$$\tan\gamma_{og}=\frac{\tan\gamma_{ng}}{\cos\lambda_s} \tag{1-29}$$

式中 γ_{ng} 可由式（1-23）求得

$$\gamma_{ng}=\gamma_n-\gamma_{nb}$$

因此

$$\tan\gamma_{ng}=\tan(\gamma_n-\gamma_{nb})=\frac{\tan\gamma_n-\tan\gamma_{nb}}{1+\tan\gamma_n\tan\gamma_{nb}} \tag{1-30}$$

将式（1-30）代入式（1-29），整理后即得

$$\tan\gamma_{og}=\frac{\tan\gamma_o-\dfrac{\tan\gamma_{nb}}{\cos\lambda_s}}{1+\tan\gamma_o\tan\gamma_{nb}\cos\lambda_s} \tag{1-31}$$

（3）刀槽的刀尖角 ε_{rg}　前已述及，刀槽前刀面上的刀尖角等于刀片的刀尖角 ε_{rb}，而刀槽的刀尖角 ε_{rg} 就是 ε_{rb} 在车刀基面 p_r 上的投影角。为了求得 ε_{rg}，可以参照图 1-12，利用式（1-18），将式中的 τ_r、τ_i 和 γ_o 分别换成 ε_{rb}、ε_{rg} 和 γ_{og}，则得

$$\cot\varepsilon_{rg}=[\cot\varepsilon_{rb}\sqrt{1+(\tan\gamma_{og}\cos\lambda_s)^2}-\tan\gamma_{og}\sin\lambda_s]\cos\lambda_s \tag{1-32}$$

（4）刀槽的副偏角 κ'_{rg}　因为 κ_{rg} 和 ε_{rg} 已在前面求得，故

$$\kappa'_{rg}=180°-\kappa_{rg}-\varepsilon_{rg} \tag{1-33}$$

3. 主后角和副后角的验算

按上面计算得到的刀槽参数尺寸做成刀槽，并将刀片安装在刀槽的前刀面上，这时车刀的实际主后角 α_o 和副后角 α_o'是否适当，尚需进行验算。如果验算的结果表明它们太小或太大，则需改变原来选择的参数，并重新设计。

（1）验算主后角 α_o　由式（1-2）已知

$$\tan\alpha_o=\tan\alpha_n\cos\lambda_s$$

式中的 α_n 可由式（1-26）写成

$$\tan\alpha_n=\frac{\tan\alpha_{nb}-\tan\gamma_{ng}}{1+\tan\alpha_{nb}\tan\gamma_{ng}} \tag{1-34}$$

又已知

$$\tan\gamma_{ng}=\tan\gamma_{og}\cos\lambda_s \tag{1-35}$$

将式（1-34）和式（1-35）代入式（1-2），便得到

$$\tan\alpha_o=\frac{(\tan\alpha_{nb}-\tan\gamma_{og}\cos\lambda_s)\cos\lambda_s}{1+\tan\alpha_{nb}\tan\gamma_{og}\cos\lambda_s} \tag{1-36}$$

（2）验算副后角 α_o'　验算 α_o'的方法和验算 α_o 相同，只需将式（1-36）中的 γ_{og} 换成副切削刃的 γ_{og}'，并把 λ_s 换成副切削刃 λ_s'，即

$$\tan\alpha_o'=\frac{(\tan\alpha_{nb}-\tan\gamma_{og}'\cos\lambda_s')\cos\lambda_s'}{1+\tan\alpha_{nb}\tan\gamma_{og}'\cos\lambda_s'} \tag{1-37}$$

上式中的 γ_{og}'和 λ_s'可利用式（1-5）和式（1-6）求得，只需将此式中的 γ_o 换成 γ_{og}，ε_r 换成 ε_{rg}，即

$$\tan\gamma_{og}'=-\tan\gamma_{og}\cos\varepsilon_{rg}+\tan\lambda_s\sin\varepsilon_{rg} \tag{1-38}$$

$$\tan\lambda_s'=-\tan\gamma_{og}\sin\varepsilon_{rg}+\tan\lambda_s\sin\varepsilon_{rg} \tag{1-39}$$

为了使刀杆的后刀面与刀片的后刀面平齐，在制造刀杆时，其主后角和副后角就直接取为 α_o 和 α_o'。

复习思考题

1-1　从国家标准 GB/T 2078—2007 中查出凸三边形可转位刀片的型号、规格及尺寸代号与使用范围。

1-2　列举几种在生产中实际采用的普通机夹硬质合金车刀和可转位车刀的结构（可参阅有关杂志和资料）。

1-3　介绍一种能在既定条件下实现断屑的车刀断屑参数或装置，并做适当分析。

1-4　设计机夹可转位车刀的刀槽时，若刀片的 $\lambda_{sb}=0°$，初步选取的车刀和刀片参数为 κ_r、λ_s、α_o、ε_{rb}、γ_{nb}、α_{nb}，怎样计算刀槽的 κ_{rg}、λ_{sg}、γ_{og}、ε_{rg}、κ_{rg}'，以及怎样验算车刀的 γ_o 和 α_o'?

1-5　设计机夹可转位车刀的刀槽时，若刀片的 $\lambda_{sb}\neq0°$，则当已知车刀和刀片的参数为 κ_r、λ_s、γ_o、ε_{rb}、γ_{nb}、α_{nb} 时，怎样计算刀槽的 κ_{rg}、λ_{sg}、γ_{og}、ε_{rg}、κ_{rg}'，以及怎样验算车刀的 γ_o 和 α_o?

第 2 章

成形车刀

2.1 成形车刀的种类和用途

实际生产中大量使用带有非圆柱类回转体成形表面的零件，这些零件的轴向截形为各种各样的曲线或与零件轴线不平行的直线。当生产批量较小时，可以在数控车床上采用适当的外圆车刀加工；在大批量生产的场合，从生产率和经济性等方面考虑，广泛采用成形车刀加工。

成形车刀又称样板刀，它是加工回转体成形表面的专用刀具，它的切削刃形状是根据工件的轴向截形设计的。成形车刀主要用于成批、大量生产，在半自动或自动车床上加工内、外回转体的成形表面。采用成形车刀可保证稳定的加工质量（加工精度可达 IT9～IT10 级，表面粗糙度 Ra 可达 2.5～10μm）；生产率较高（因为只经过一个切削行程就可切出所需要的成形表面）；刀具的可重磨次数多，使用寿命长。但成形车刀的设计、计算和制造比较麻烦，制造成本也较高。目前多在纺织机械厂、汽车厂、拖拉机厂、轴承厂等工厂中使用。

成形车刀的种类很多，也有不同的分类方法。若按刀具本身的结构和形状分，有平体、棱体和圆体三种；若按进给运动方向分，则有沿工件径向进给的和切向进给的两种。最常见的是下述三种径向进给的成形车刀。

（1）平体成形车刀　如图 2-1 所示，其外形为平条状，只能用来加工外成形表面。如螺纹车刀、成形铣刀和齿轮滚刀铲齿车刀，就属于平体成形车刀。

（2）棱体成形车刀　如图 2-2 所示，其外形呈棱柱状，也只能用来加工外成形表面，可重磨次数较平体成形车刀的多（为什么多?）。

（3）圆体成形车刀　如图 2-3 所示，其本身就是一个回转体，与前两种成形车刀相比，它的可重磨次数更多。它可用来加工内、外成形表面的工件，制造也较方便，因而用得较多。

除上述的径向进给成形车刀外，还有切向进给的成形车刀，如图 2-4 所示。它适用于加工细长杆或刚性较差的外成形表面。切削

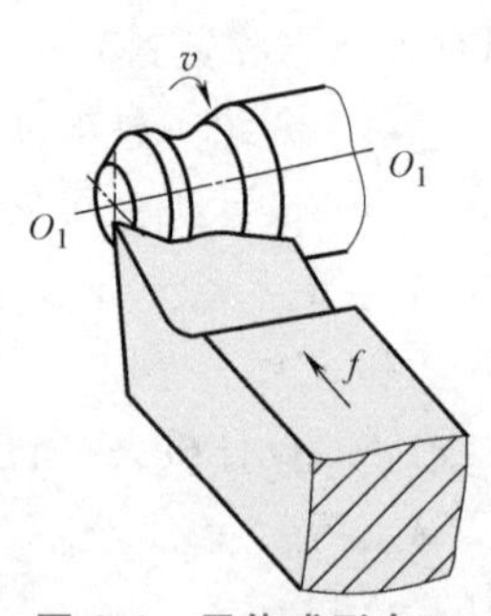

图 2-1　平体成形车刀

时，切削刃沿工件表面的切线方向切入工件。切削刃相对于工件有较大的倾斜角，所以它不是全部同时参加切削工作，而是分先后逐渐切入和切出，始终只有一小段切削刃在工作，从而减小了切削力（如何做切削运动?）。但切削行程较长，生产率较低。

各种成形车刀加工时，必须根据加工的具体情况采用合适的“刀夹”，把成形车刀装夹在正确的工作位置上。

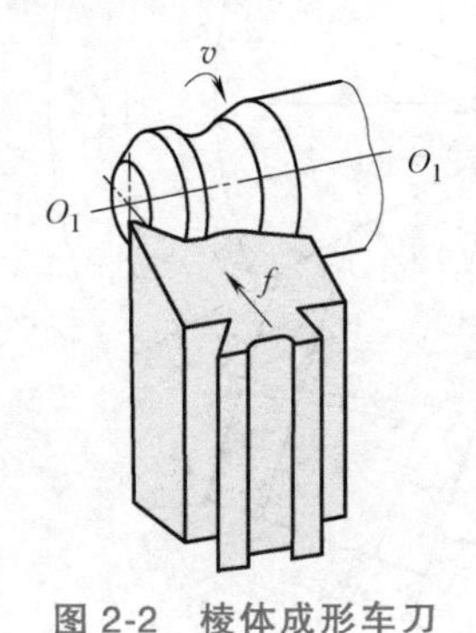

图 2-2 棱体成形车刀

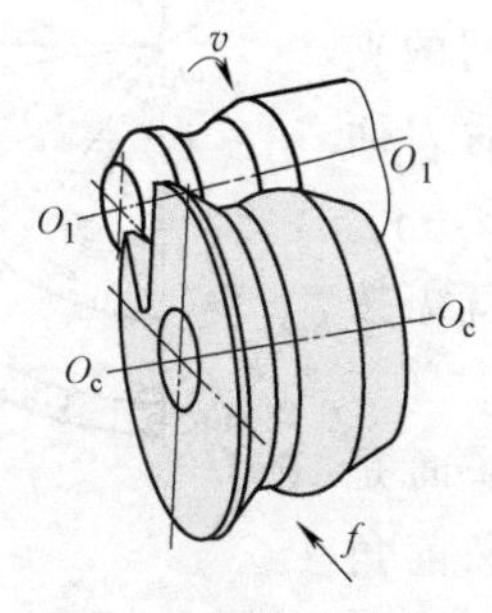

图 2-3 圆体成形车刀

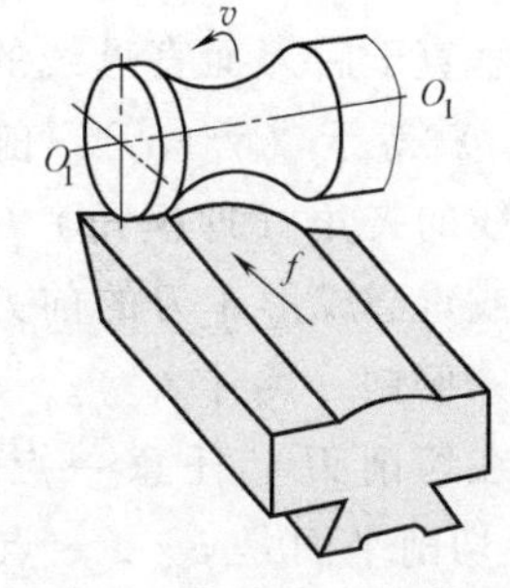

图 2-4 切向进给成形车刀

2.2 径向成形车刀的前角和后角

成形车刀的前角和后角的作用和选择原则，基本上与普通车刀相同。但成形车刀在安装前，需预先按名义前角和名义后角之和（$\varepsilon=\gamma_f+\alpha_f$）在刀具上磨出 ε 角（为什么这样?），如图 2-5a、b 所示。当刀具安装在刀夹中，并使切削刃上的基准点与工件中心等高时，才能得到规定的名义前角 γ_f 和名义后角 α_f 的数值，如图 2-6、图 2-7 所示。

成形车刀的切削刃形状较为复杂，有直线部分，也有曲线部分，而且切削刃上各处的正交平面都不相同。成形车刀的名义切削角度规定在其假定工作平面（即垂直于工件轴线的平面）内，如图 2-6、图 2-7 中的 α_f、β_f 和 γ_f。

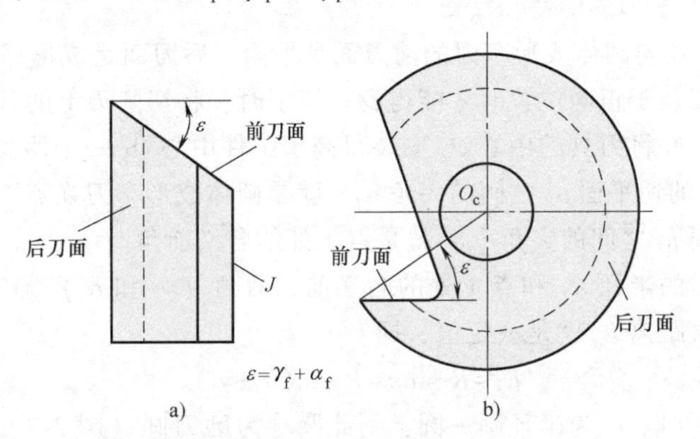

图 2-5 安装前的棱体和圆体成形车刀

a）棱体成形车刀 b）圆体成形车刀

1. 径向棱体成形车刀的前角和后角

如图 2-6 所示，棱体成形车刀的前刀面是平面，后刀面是成形柱面。这种成形车刀是靠燕尾（参阅图 2-5 和图 2-6）夹持在刀夹内的。刀具夹紧后，夹持定位基准面（J）倾斜成

一个角度 α_f。切削时，将切削刃上的基准点（点 1）调整到与工件中心等高。于是，成形车刀后刀面的直母线与过点 1 的切削平面 p_s 之间的夹角 α_f，就是棱体成形车刀在点 1 处的名义后角。而前刀面与点 1 的基面 p_r 之间的夹角 γ_f，就是点 1 处的名义前角。在棱体成形车刀的假定工作平面内，前刀面与垂直于后刀面直母线的平面之间的夹角 ε，就等于 $(\gamma_f+\alpha_f)$；前刀面与后刀面直母线的夹角（即楔角）$\beta_f=90°-\alpha_f-\gamma_f$。制造或重磨成形车刀的前刀面时，就需按 β_f 角来磨制（为什么?）。

在切削刃上任意一点 x' 处，基面是 $p_{rx'}$，切削平面是 $p_{sx'}$，x' 点处的名义前角和后角分别为 $\gamma_{fx'}$ 和 $\alpha_{fx'}$。显然 $\gamma_{fx'}\neq\gamma_f$，$\alpha_{fx'}\neq\alpha_f$。但因楔角 β_f 是定值，所以有

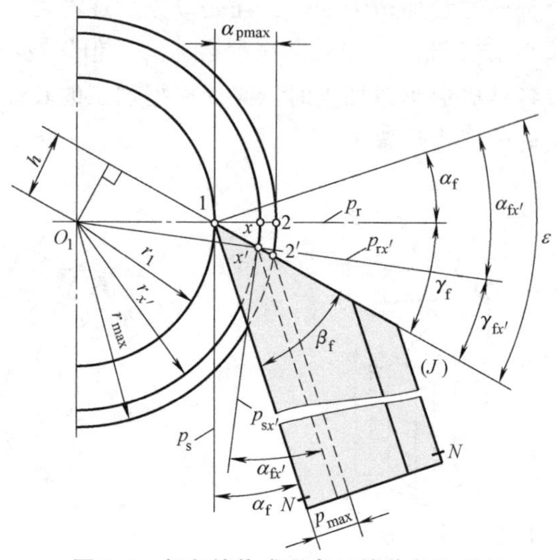

图 2-6 径向棱体成形车刀的前角和后角

$$\alpha_{fx'}+\gamma_{fx'}=\alpha_f+\gamma_f=\varepsilon \tag{2-1}$$

由图 2-6 可知

$$r_1\sin\gamma_f=r_{x'}\sin\gamma_{fx'} \tag{2-2a}$$

由此可以求出 $\gamma_{fx'}$ 为

$$\sin\gamma_{fx'}=\frac{h}{r_{x'}} \tag{2-2b}$$

式中 h——工件中心 O_1 到棱体成形车刀的前刀面之间的垂直距离；

r_1 和 $r_{x'}$——点 1 和点 x' 处的工件半径；

γ_f 和 $\gamma_{fx'}$——点 1 和点 x' 处的名义前角。

2. 径向圆体成形车刀的前角和后角

如图 2-7 所示，径向圆体成形车刀的前刀面是平面，后刀面是成形回转表面。它的前角和后角也是在刀具安装于正确位置时才能得到。切削时，将切削刃上的基准点（点 1）调整到与工件中心等高，并将刀具的中心 O_c 安装得高于工件中心 O_1 一个距离 H，则后刀面在点 1 处的切线与过点 1 的切平面 p_s 之间的夹角 α_f，就是圆体成形车刀在点 1 处的名义后角；前刀面与点 1 处的基面 p_r 之间的夹角 γ_f，就是点 1 处的名义前角。

当圆体成形车刀的半径 R_1 和点 1 处的名义前、后角（γ_f 和 α_f）确定后，刀具中心 O_c 与前刀面之间的垂直距离 h_c 就是一定值，即

$$h_c=R_1\sin\varepsilon=R_1\sin(\alpha_f+\gamma_f) \tag{2-3}$$

以 O_c 为中心，并以 h_c 为半径画一圆，则此圆称为磨刀圆（图 2-7 中未画出）。在制造和重磨前刀面时，应将前刀面磨在这个圆的切平面内。

切削时，刀具中心 O_c 须安装得高于工件中心 O_1 一个距离 H，才能使刀具得到所需要的后角 α_f。由图 2-7 可知，在切削刃上任意一点 x' 处有

$$H=R_1\sin\alpha_f \tag{2-4}$$

$$\alpha_{fx'}+\gamma_{fx'}=\alpha_f+\gamma_f+\theta_{x'}=\varepsilon+\theta_{x'} \tag{2-5}$$

式中　$\alpha_{fx'}$和$\gamma_{fx'}$——切削刃上任意点x'处的名义后角和前角；

$\theta_{x'}$——圆体成形车刀径向线$\overline{O_c1}$与$\overline{O_cx'}$之间的夹角。

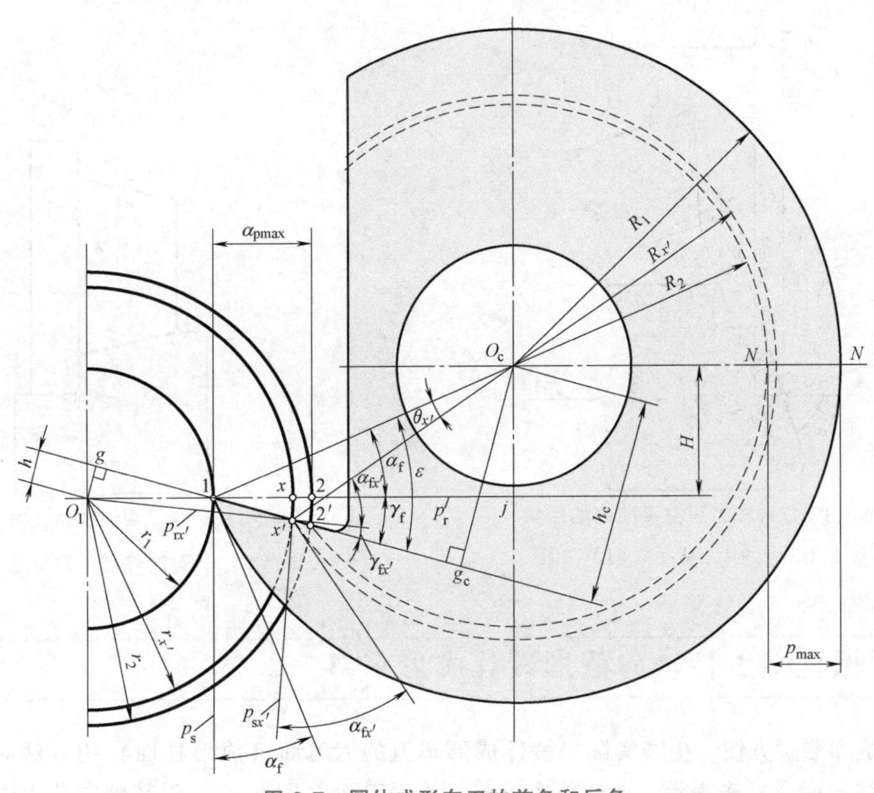

图 2-7　圆体成形车刀的前角和后角

由此可见，对于圆体成形车刀有

$$\alpha_{fx'}+\gamma_{fx'}\neq\alpha_f+\gamma_f。$$

3. 成形车刀正交平面内的后角

为了简化起见，现以$\gamma_f=0°$、$\lambda_s=0°$的成形车刀为例来进行讨论。如图 2-8 所示，$\alpha_{fx'}$是成形车刀切削刃上任意点x'处在进给运动方向$F—F$平面内的名义后角；$\alpha_{ox'}$是x'点处在正交平面p_o（即图 2-8 中的$O—O$平面）内的后角；$\kappa_{rx'}$是x'处的切削刃在基面上的投影与进给方向之间的夹角。由图可知

$$\tan\alpha_{fx'}=\frac{\overline{x'a}}{H_c},\quad \tan\alpha_{ox'}=\frac{\overline{x'b}}{H_c}$$

在$\triangle x'ba$中，因$\overline{x'b}=\overline{x'a}\sin\kappa_{rx'}$，所以

$$\tan\alpha_{ox'}=\tan\alpha_{fx'}\sin\kappa_{rx'} \tag{2-6}$$

当$\kappa_{rx'}=0°$时，该处的切削刃就与进给运动方向平行，即与工件轴线垂直，则不论$\alpha_{fx'}$是多大，$\alpha_{ox'}=0°$，这一段切削刃的后刀面就全部与工件摩擦，切削情况特别差，刀具会很快磨损。遇此情况，就要设法加以改善。改善的方法很多，最简便易行的方法如图 2-9 所示。在$\kappa_{rx'}=0°$的一段切削刃上磨出一个$\kappa_\theta\approx2°$的角度（图 2-9 中有意画大了该角度），这样就可减少摩擦，从而改善切削情况（为什么选该角度?）。

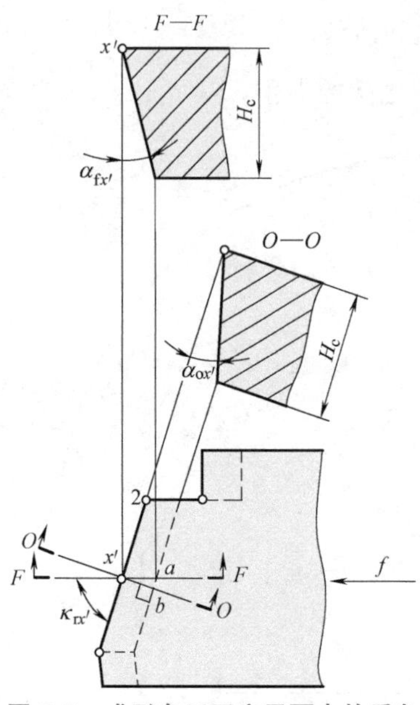

图 2-8　成形车刀正交平面内的后角（当 $\gamma_f=0°$、$\lambda_s=0°$时）

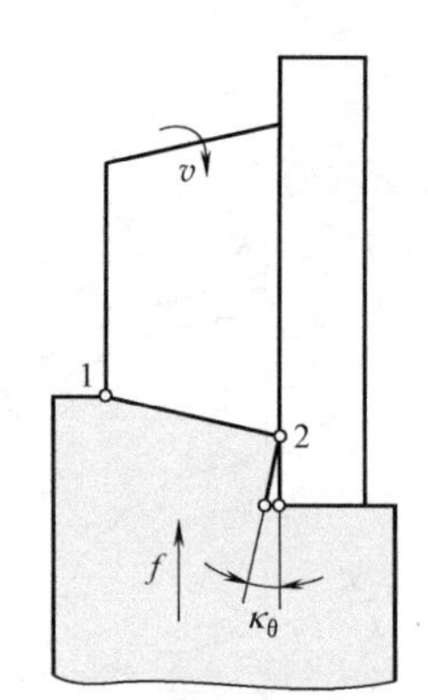

图 2-9　在 $\kappa_{rx'}=0°$ 的切削刃处磨 κ_θ 角改善切削情况

2.3　根据已知工件轴向截形设计成形车刀

为制造和测量方便，生产实际中棱体成形车刀的后刀面（成形柱面）用其法向截面内的截形（法向截形）来表示，而圆体成形车刀的后刀面（回转面）用其轴向截面内的截形（为了方便也称为法向截形）来表示。根据切削性能需要确定成形车刀的名义前角 γ_f 和名义后角 α_f 后，就可以根据已知的工件轴向截形设计计算成形车刀的刀刃曲线，进而计算棱体成形车刀和圆体成形车刀后刀面的法向截形，用于成形车刀后刀面的加工和测量。

只有当成形车刀的前角 $\gamma_f=0°$，而且前刀面通过工件轴线时，刀刃曲线与工件轴向截形相同。如 $\gamma_f>0°$，刀刃曲线与工件轴向截形就不相同。我们知道，后角 α_f 必须大于零，所以棱体成形车刀和圆体成形车刀后刀面法向截形就与刀刃曲线不同，当然也与工件的轴向截形不同。

1. 径向棱体成形车刀的刀刃曲线和后刀面法向截形

图 2-10 所示为一回转面工件的轴向截形。建立工件坐标系 $OXYZ$，Z 轴与工件回转轴线重合，原点位于工件的左端面。在 XZ 轴向截面内，工件轴向截形为

$$\left.\begin{aligned}X_0&=X_0(t)\\Z_0&=Z_0(t)\end{aligned}\right\}\tag{2-7}$$

式中　t——曲线参数。

图 2-10 中，A 为工件轴向截形上的基准点，该点的半径为 R_{min}。工件回转面方程为

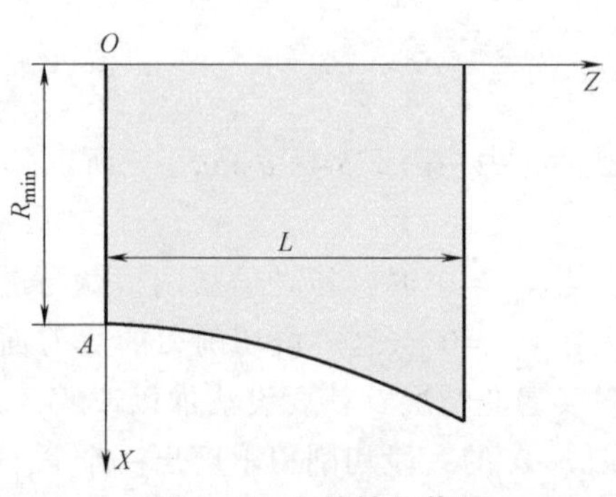

图 2-10　工件轴向截形

$$\left.\begin{aligned}X&=X_0(t)\cos\theta\\Y&=X_0(t)\sin\theta\\Z&=Z_0(t)\end{aligned}\right\}\quad(0\leqslant\theta<2\pi)\tag{2-8}$$

式中 θ——轴向截形绕工件轴线旋转的角度（图 2-11）。

图 2-11 为径向棱体成形车刀与工件的相对位置。刀刃上加工工件基准点（图 2-6 中的点 1）的点为刀具的基准点 O_N。以刀具基准点 O_N 为坐标原点建立刀具前刀面坐标系 $O_NX_fZ_f$，刀刃曲线将表达在这个坐标系内。在图 2-11 中，刀刃曲线就是前刀面与工件回转面的交线。工件坐标系内前刀面的方程为

$$(X-R_{\min})\tan\gamma_f=-Y\tag{2-9}$$

把式（2-8）中的 X 和 Y 代入式（2-9）得

$$[X(t)_0\cos\theta-R_{\min}]\tan\gamma_f=-X_0(t)\sin\theta$$

整理后得

$$\sin\theta+\tan\gamma_f\cos\theta=\frac{R_{\min}\tan\gamma_f}{X_0(t)}=A(t)\tag{2-10}$$

给定工件轴向截形上任一点的参数 t，式（2-10）只是参数 θ 的函数。满足式（2-10）的 θ 的意义为，工件轴向截形上参数为 t 的点绕工件轴线旋转 θ 角后就到了成形车刀的前刀面上。运用三角函数的半角公式把式（2-10）改写整理后可解得

$$\tan\frac{\theta}{2}=\frac{1\pm\sqrt{1+\tan^2\gamma_f-A(t)^2}}{\tan\gamma_f+A(t)}\tag{2-11}$$

从式（2-11）可以解出两个 θ，代表成形车刀前刀面与工件轴向截形上参数为 t 的点所在的圆有两个交点。从图 2-11 可见，我们只需要 θ 为负值的一个解。把解得的 θ 连同参数 t 一起代入式（2-8）就得到了工件回转面上一点，把这点表示在刀具前刀面坐标系内，就得到刀刃曲线上加工工件上相应点的点。由图 2-11 可知

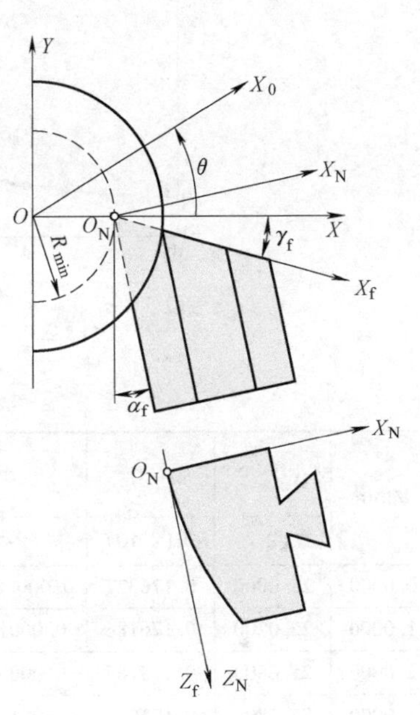

图 2-11 径向棱体成形车刀截形

$$\left.\begin{aligned}X_f&=(X-R_{\min})\cos\gamma_f-Y\sin\gamma_f\\Z_f&=Z\end{aligned}\right\}\tag{2-12}$$

径向棱体成形车刀后刀面的法向截形表示在法平面坐标系 $O_NX_NZ_N$ 内

$$\left.\begin{aligned}X_N&=X_f\cos(\gamma_f+\alpha_f)=X_f\cos\varepsilon\\Z_N&=Z\end{aligned}\right\}\tag{2-13}$$

下面用实例说明以上公式的应用方法。实例工件如图 2-10 所示，轴向截形曲线为顶点位于 A 点的抛物线，表达式为

$$\left.\begin{aligned}X_0&=R_{\min}+pt^2\\Z_0&=t\end{aligned}\right\}\quad(0\leqslant t\leqslant L)$$

其中，$R_{\min}=25\text{mm}$，$p=0.02$，单位为 mm^{-1}，$L=20\text{mm}$，$\gamma_f=10°$，$\alpha_f=8°$。

根据上述条件计算平面前刀面径向棱体成形车刀的切削刃曲线和后刀面法向截形。计算结果列于表 2-1 中。

在图 2-12 中把成形车刀的切削刃曲线和后刀面的法向截形画在了同一个平面内。为了便于与工件轴向截形比较，把工件轴向截形的原点移到 A 点，也画在了图 2-12 中。可见，为了加工出要求的工件轴向截形，成形车刀的切削刃曲线和后刀面法向截形与工件轴向截形都不相同。

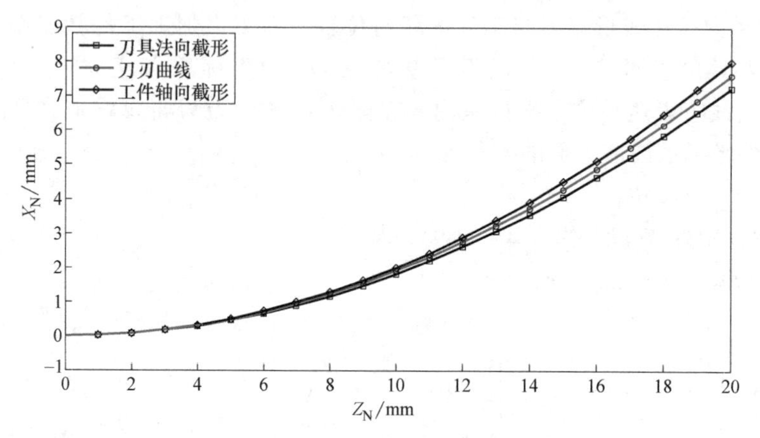

图 2-12　成形车刀不同截面的切削刃曲线对比

表 2-1　实例棱体成形车刀的切削刃曲线和后刀面法向截形计算结果

t/mm	$X_0(t)$/mm	$A(t)$	θ/rad	X/mm	Y/mm	Z/mm	X_t/mm	Z_t/mm	X_N/mm	Z_N/mm
	式(2-7)	式(2-10)	式(2-11)	式(2-8)			式(2-12)		式(2-13)	
0.0000	25.0000	0.176327	0.00000000	25.0000	0.0000	0.0000	0.0000	0.0000	0.0000	0.00000
1.0000	25.0200	0.176186	−0.00014095	25.0200	−0.0035	1.0000	0.0191	1.0000	0.0181	1.00000
2.0000	25.0800	0.175765	−0.00056242	25.0800	−0.0141	2.0000	0.0763	2.0000	0.0726	2.00000
3.0000	25.1800	0.175067	−0.00126034	25.1800	−0.0317	3.0000	0.1717	3.0000	0.1633	3.00000
4.0000	25.3200	0.174099	−0.00222803	25.3199	−0.0564	4.0000	0.3053	4.0000	0.2903	4.00000
5.0000	25.5000	0.172870	−0.00345635	25.4998	−0.0881	5.0000	0.4769	5.0000	0.4536	5.00000
6.0000	25.7200	0.171391	−0.00493393	25.7197	−0.1269	6.0000	0.6867	6.0000	0.6531	6.00000
7.0000	25.9800	0.169676	−0.00664744	25.9794	−0.1727	7.0000	0.9346	7.0000	0.8888	7.00000
8.0000	26.2800	0.167739	−0.00858184	26.2790	−0.2255	8.0000	1.2204	8.0000	1.1607	8.00000
9.0000	26.6200	0.165596	−0.01072072	26.6185	−0.2854	9.0000	1.5443	9.0000	1.4687	9.00000
10.0000	27.0000	0.163266	−0.01304662	26.9977	−0.3522	10.0000	1.9062	10.0000	1.8129	10.00000
11.0000	27.4200	0.160765	−0.01554138	27.4167	−0.4261	11.0000	2.3060	11.0000	2.1931	11.00000
12.0000	27.8800	0.158112	−0.01818640	27.8754	−0.5070	12.0000	2.7437	12.0000	2.6094	12.00000
13.0000	28.3800	0.155327	−0.02096298	28.3738	−0.5949	13.0000	3.2192	13.0000	3.0616	13.00000
14.0000	28.9200	0.152427	−0.02385258	28.9118	−0.6898	14.0000	3.7326	14.0000	3.5499	14.00000
15.0000	29.5000	0.149430	−0.02683706	29.4894	−0.7916	15.0000	4.2837	15.0000	4.0741	15.00000
16.0000	30.1200	0.146354	−0.02989889	30.1065	−0.9004	16.0000	4.8726	16.0000	4.6341	16.00000
17.0000	30.7800	0.143216	−0.03302131	30.7632	−1.0162	17.0000	5.4992	17.0000	5.2301	17.00000
18.0000	31.4800	0.140031	−0.03618848	31.4594	−1.1390	18.0000	6.1635	18.0000	5.8618	18.00000
19.0000	32.2200	0.136815	−0.03938557	32.1950	−1.2687	19.0000	6.8654	19.0000	6.5294	19.00000
20.0000	33.0000	0.133581	−0.04259885	32.9701	−1.4053	20.0000	7.6049	20.0000	7.2327	20.0

2. 径向圆体成形车刀的切削刃曲线和后刀面法向截形

对圆体成形车刀的分析讨论仍针对图2-10所示的工件进行。圆体成形车刀与工件的相对位置如图2-13所示。平面前刀面与工件回转面的交线仍然由式（2-11）确定，切削刃在前刀面坐标系中的方程仍为式（2-12）。

圆体成形车刀的后刀面就是切削刃曲线绕刀具轴线回转形成的回转面。为了方便描述，建立圆体成形车刀的刀具坐标系 $O_cX_cY_cZ_c$。如图2-13所示，O_c 位于刀具轴线上，并与刀刃基准点在同一端截面内；Z_c 轴与刀具轴线重合，正向指向读者；X_c 轴和 Y_c 轴位于刀具端截面内。把切削刃曲线表示在 $O_cX_cY_cZ_c$ 中，记为（X_{c0}，Y_{c0}，Z_{c0}）有

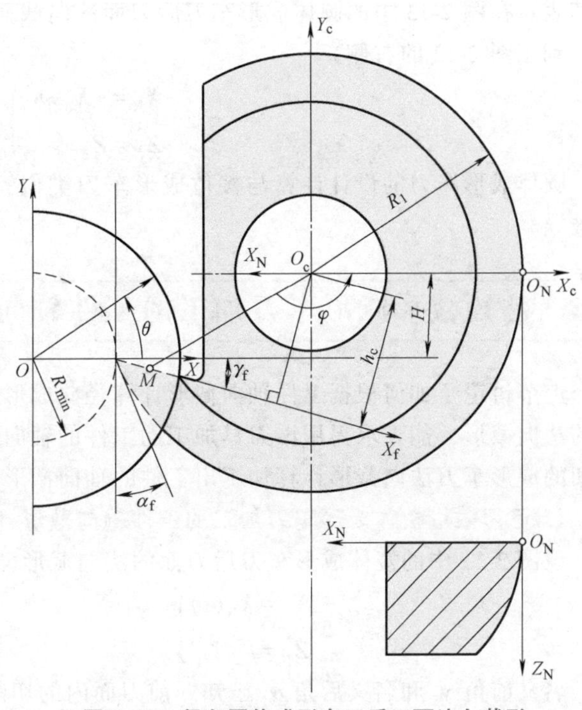

图2-13 径向圆体成形车刀后刀面法向截形

$$\left.\begin{aligned}X_{c0}&=X_f\cos\gamma_f-\sqrt{R_1^2-H^2}\\Y_{c0}&=-X_f\sin\gamma_f-H\\Z_{c0}&=Z_f\end{aligned}\right\}\tag{2-14}$$

式中 R_1——圆体成形车刀的最大半径（刀刃基准点的半径）；

H——圆体成形车刀的安装中心高［参见式（2-4）］。

把切削刃曲线绕刀具轴线回转后就得到圆体成形车刀的回转面为

$$\left.\begin{aligned}X_c&=X_{c0}\cos\varphi-Y_{c0}\sin\varphi=\left(X_f\cos\gamma_f-\sqrt{R_1^2-H^2}\right)\cos\varphi+(X_f\sin\gamma_f+H)\sin\varphi\\Y_c&=X_{c0}\sin\varphi+Y_{c0}\cos\varphi=\left(X_f\cos\gamma_f-\sqrt{R_1^2-H^2}\right)\sin\varphi-(X_f\sin\gamma_f+H)\cos\varphi\\Z_c&=Z_{c0}=Z_f\end{aligned}\right\}\tag{2-15}$$

式中 φ——切削刃曲线绕刀具轴线回转的角度。

在式（2-15）中，令 $Y_c=0$ 得圆体成形车刀后刀面法向截形为

$$(X_f\cos\gamma_f-\sqrt{R_1^2-H^2})\sin\varphi-(X_f\sin\gamma_f+H)\cos\varphi=0$$

从上式可以解出

$$\tan\varphi=\frac{X_f\sin\gamma_f+H}{X_f\cos\gamma_f-\sqrt{R_1^2-H^2}}\tag{2-16}$$

在式（2-7）中给参数 t 一个确定的值，可得到工件轴向截形上一点，并计算出刀具切削刃曲线上一点。代入式（2-16）可求得 φ。其意义为，把上述切削刃曲线上的点绕刀具轴线转过 φ 角，它就到了刀具的轴向截面上，这样就得到了圆体成形车刀后刀面法向截形。

将其表示在图 2-13 中的圆体成形车刀后刀面法向截面坐标系 $O_N X_N Z_N$ 中为（为了表示清楚，旋转到了图 2-13 的右侧）

$$\left.\begin{aligned}X_N&=-X_c+R_1\\Z_N&=Z_c\end{aligned}\right\}\tag{2-17}$$

圆体成形车刀的设计计算与棱体成形车刀类似，此处不再举例说明了（请参考本节加以推导）。

2.4 已知截形成形车刀加工的工件轴向截形计算

上节讨论了如何根据工件轴向截形计算径向成形车刀的法向截形。如果已知径向成形车刀的法向截形，能否求得用该刀具加工的工件的轴向截形呢？答案是肯定的。以下讨论根据已知的成形车刀法向截形计算加工出工件的轴向截形的方法。

1. 已知截形棱体成形车刀加工的工件轴向截形计算

设图 2-11 中的棱体成形车刀后刀面的法向截形已知为

$$\left.\begin{aligned}X_N&=X_N(t)\\Z_N&=t\end{aligned}\right\}\quad(0\leqslant t\leqslant L)\tag{2-18}$$

名义前角 γ_f 和名义后角 α_f 已知。前刀面内的切削刃曲线为

$$\left.\begin{aligned}X_f&=\frac{X_N(t)}{\cos(\gamma_f+\alpha_f)}\\Z_f&=Z_N=t\end{aligned}\right\}\tag{2-19}$$

表示在工件坐标系中为

$$\left.\begin{aligned}X_{0f}&=X_f\cos\gamma_f+R_{\min}\\Y_{0f}&=X_f\sin\gamma_f\\Z_{0f}&=Z_f\end{aligned}\right\}\tag{2-20}$$

把切削刃曲线绕工件轴向回转就得到工件回转面为

$$\left.\begin{aligned}X&=X_{0f}\cos\theta-Y_{0f}\sin\theta\\Y&=X_{0f}\sin\theta+Y_{0f}\cos\theta\\Z&=Z_f\end{aligned}\right\}\tag{2-21}$$

在式（2-21）中令 $Y=0$ 就得到工件的轴向截形为

$$\left.\begin{aligned}X&=X_{0f}\cos\theta-Y_{0f}\sin\theta\\Z&=Z_f\end{aligned}\right\}\tag{2-22}$$

其中

$$\tan\theta=-\frac{Y_{0f}}{X_{0f}}\tag{2-23}$$

对刀具后刀面法向截形上任一点，可通过式（2-18）到式（2-20）求得刀具切削刃上这一点在工件坐标系中的坐标（X_{0f}，Y_{0f}），由式（2-23）可求得 θ，θ 就是（X_{0f}，Y_{0f}）点旋转到工件轴向截面上需要转过的角度。把 θ 和（X_{0f}，Y_{0f}）代入式（2-22）就可计算得到工件轴向截形上的点。

下面通过实例计算说明用直线切削刃的正前角成形车刀加工圆锥面有理论误差。

已知径向棱体成形车刀的后刀面为平面（图 2-14），法向截形为

$$\left.\begin{aligned} X_N &= t\tan\delta_N \\ Z_N &= t \end{aligned}\right\} \quad (0 \leqslant t \leqslant L)$$

其中，$\delta_N = 30°$，刀具的前角 $\gamma_f = 20°$，后角 $\alpha_f = 8°$。工件参数 $R_{min} = 15mm$，$L = 40mm$。工件轴向截形的计算结果见表 2-2。最后一列给出的角度 δ_i 是计算出的工件轴向截形上相邻点所连折线与工件轴线的夹角

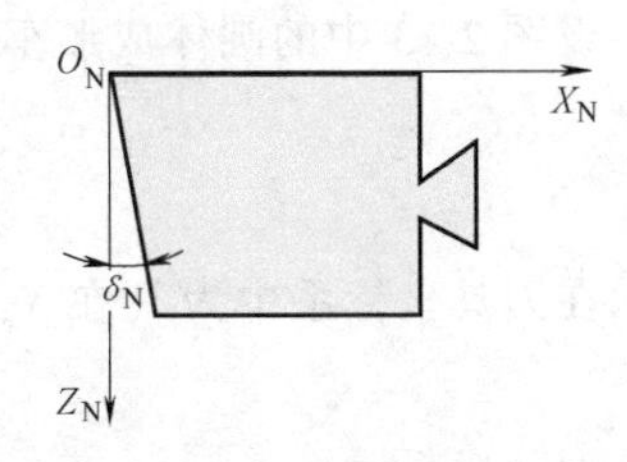

图 2-14 成形车刀后刀面的法向截形

$$\delta_i = \arctan \frac{X_{i+1} - X_i}{Z_{i+1} - Z_i} \tag{2-24}$$

表 2-2 已知成形车刀加工的工件轴向截形 （单位：mm）

t	$X_N(t)$	X_f	Z_f	X_{0f}	Y_{0f}	Z_{0f}	θ/rad	X	Z	δ_i/(°)
	式(2-18)	式(2-19)		式(2-20)			式(2-23)	式(2-22)		式(2-24)
0.0000	0.0000	0.0000	0.0000	15.00000	0.00000	0.0000	0.00000000	15.0000	0.0000	
2.0000	1.1547	1.3078	2.0000	16.22891	0.44729	2.0000	−0.02755414	16.2351	2.0000	31.6968
4.0000	2.3094	2.6156	4.0000	17.45782	0.89457	4.0000	−0.05119722	17.4807	4.0000	31.9157
6.0000	3.4641	3.9233	6.0000	18.68673	1.34186	6.0000	−0.07168516	18.7348	6.0000	32.0902
8.0000	4.6188	5.2311	8.0000	19.91564	1.78915	8.0000	−0.08959578	19.9958	8.0000	32.2314
10.0000	5.7735	6.5389	10.0000	21.14455	2.23643	10.0000	−0.10537703	21.2625	10.0000	32.3471
12.0000	6.9282	7.8467	12.0000	22.37346	2.68372	12.0000	−0.11938070	22.5338	12.0000	32.4431
14.0000	8.0829	9.1545	14.0000	23.60237	3.13101	14.0000	−0.13188645	23.8091	14.0000	32.5235
16.0000	9.2376	10.4622	16.0000	24.83128	3.57830	16.0000	−0.14311905	25.0878	16.0000	32.5916
18.0000	10.3923	11.7700	18.0000	26.06019	4.02558	18.0000	−0.15326107	26.3693	18.0000	32.6497
20.0000	11.5470	13.0778	20.0000	27.28911	4.47287	20.0000	−0.16246215	27.6532	20.0000	32.6997
22.0000	12.7017	14.3856	22.0000	28.51802	4.92016	22.0000	−0.17084609	28.9393	22.0000	32.7429
24.0000	13.8564	15.6934	24.0000	29.74693	5.36744	24.0000	−0.17851606	30.2273	24.0000	32.7806
26.0000	15.0111	17.0011	26.0000	30.97584	5.81473	26.0000	−0.18555875	31.5169	26.0000	32.8137
28.0000	16.1658	18.3089	28.0000	32.20475	6.26202	28.0000	−0.19204747	32.8079	28.0000	32.8428
30.0000	17.3205	19.6167	30.0000	33.43366	6.70930	30.0000	−0.19804461	34.1002	30.0000	32.8686
32.0000	18.4752	20.9245	32.0000	34.66257	7.15659	32.0000	−0.20360362	35.3936	32.0000	32.8916
34.0000	19.6299	22.2322	34.0000	35.89148	7.60388	34.0000	−0.20877050	36.6881	34.0000	32.9121
36.0000	20.7846	23.5400	36.0000	37.12039	8.05116	36.0000	−0.21358509	37.9835	36.0000	32.9305
38.0000	21.9393	24.8478	38.0000	38.3493	8.49845	38.0000	−0.21808202	39.2797	38.0000	32.9471
40.0000	23.0940	26.1556	40.0000	39.57821	8.94574	40.0000	−0.22229157	40.5766	40.0000	32.9621

表 2-2 中最后一列的角度是变化的，说明工件轴向截形不是直线，即所加工出的工件回转面不是圆锥面（为什么?）。所以，用后刀面法向截形为直线的成形车刀，前角 $\gamma_f \neq 0°$时加工不出精确的圆锥面。为了用成形车刀加工出精确的圆锥面，刀具截形必须按第三节的方

法设计计算。

2. 已知截形圆体成形车刀加工的工件轴向截形计算

设图 2-13 中的圆体成形车刀后刀面法向截形已知为

$$\left.\begin{aligned} X_N &= X_N(t) \\ Z_N &= t \end{aligned}\right\} \quad 0 \leqslant t \leqslant L \tag{2-25}$$

表示在刀具坐标系中为（在 X_c 轴的负向）

$$\left.\begin{aligned} X_{c0} &= X_N - R_1 \\ Z_{c0} &= Z_N \end{aligned}\right\} \tag{2-26}$$

绕刀具轴线回转得刀具回转面为

$$\left.\begin{aligned} X_c &= X_{c0}\cos\varphi - Y_{c0}\sin\varphi \\ Y_c &= X_{c0}\sin\varphi + Y_{c0}\cos\varphi \\ Z_c &= Z_{c0} \end{aligned}\right\} \tag{2-27}$$

式中　φ——回转角度。

前角 γ_f 和后角 α_f 已知。前刀面在刀具坐标系中表示为

$$Y_c + H + (X_c + \sqrt{R_1^2 - H^2})\tan\gamma_f = 0$$

把式（2-27）中的 X_c 和 Y_c 代入上式整理后得

$$(X_{c0} - Y_c\tan\gamma_f)\sin\varphi + (X_{c0}\tan\gamma_f + Y_c)\cos\varphi = -H - \sqrt{R_1^2 - H^2}\tan\gamma_f \tag{2-28}$$

给定圆体成形车刀后刀面的法向截形上一点，上式只有 φ 一个变量。采用解方程式（2-10）同样的方法有

$$\left.\begin{aligned} \tan\frac{\varphi}{2} &= \frac{U \pm \sqrt{U^2 + V^2 - W^2}}{V + W} \\ U &= X_{c0} - Y_c\tan\gamma_f \\ V &= X_{c0}\tan\gamma_f + Y_c \\ W &= -H - \sqrt{R_1^2 - H^2}\tan\gamma_f \end{aligned}\right\} \tag{2-29}$$

现在已经得到了表示在刀具坐标系中的切削刃曲线。把它表示在工件坐标系中为（参见图 2-13）

$$\left.\begin{aligned} X_{0f} &= X_c + \sqrt{R_1^2 - H^2} \\ Y_{0f} &= Y_c + H \\ Z_{0f} &= Z_c \end{aligned}\right\} \tag{2-30}$$

以下求工件轴向截形的方法与棱体成形车刀完全相同，不再重复。

2.5 成形车刀的使用和检验

1. 成形车刀的定位基准和安装

棱体成形车刀是以燕尾作为定位基准，配装在刀夹的燕尾槽内。刀具燕尾的后平面（J）是夹固基准（图 2-6）。安装时，刀体竖立并倾斜后角 α_f，刀夹下端的螺钉可将刀刃上

计算基准点 O_N 的位置调整到与工件中心等高后用螺栓夹紧，同时下端螺钉可以承受部分切削力，以增强刀具的刚度。

棱体成形车刀的另一个基准面为靠近切削刃计算基准点的侧面，该基准面与燕尾后平面垂直。刀具安装后，要检查该基准面与工件轴线（车床主轴轴线）的垂直度。

圆体成形车刀以圆柱孔作为定位基准，套装在刀夹的螺杆上。成形车刀借助于销子与端面齿块相连，端面齿块与扇形齿相啮合，以防止成形车刀工作时受力面转动，同时可以粗调圆体成形车刀基准点的高低位置。用扇形齿块与蜗杆来微调基准点的高度，保证计算基准点到刀具中心的高度 H。调整好后，旋紧螺母，即可将成形车刀夹固在刀夹中。调整刀夹高度，使计算基准点与工件中心等高。还要检查圆体成形车刀的轴线与工件轴线的平行度（如果制造圆体成形车刀时，保证某一端面与轴线垂直，即可通过检查成形车刀的端面与工件轴线的垂直度来代替）。

2. 成形车刀的截形公差

成形车刀截形的公差根据工件轴向截形的轮廓度精度来确定。一般要求车刀截形的公差不超过工件公差的1/3。

成形车刀前刀面和后刀面的表面粗糙度可取 Ra 值为0.16~0.63μm；侧面的表面粗糙度可取 Ra 值为0.63~1.25μm；其余表面可取 Ra 值为1.25~2.5μm。

3. 成形车刀廓形检验

精度要求不高时，可用样板检验成形车刀廓形的精确度。随着工件精度的提高，以及三坐标测量机的普遍应用，可用三坐标测量机更为准确可靠地检验成形车刀的廓形（请思考三坐标测量原理及基准如何确定）。

设计成形车刀时，如同2.3节的实例计算一样，求得了刀具廓形上一系列的点。如果工件轴向截形比较复杂，点应适当取密，特别是当工件轴向截形是由多段曲线或折线构成时，注意要包含所有各段的连接点。

在三坐标测量机上测量时，用合适的夹具和工装可靠地夹持刀具，放在工作台上。先找好基准面，棱体成形车刀为燕尾后平面和一个侧面，圆体成形车刀为圆柱孔和一个端面，然后以刀具基准点为原点建立坐标系，根据设计计算的一系列点测量。比较测量结果与计算结果的差别，就可评定成形车刀的廓形精度。

复习思考题

2-1 成形车刀有何优缺点？不同种类的成形车刀在什么情况下使用？

2-2 成形车刀的前角、后角是指哪一个平面内的角度？为什么还要规定是在基准点处的前、后角？

2-3 成形车刀正交平面 p_o 内的后角过小时，通常采用什么办法改善切削情况？

2-4 什么情况下成形车刀的刀刃曲线与工件轴向截形相同？

2-5 如何计算棱体成形车刀和圆体成形车刀的后刀面法向截形？

第 3 章

孔加工刀具

3.1 孔加工刀具的种类和用途

孔加工刀具是用于在工件实心材料中形成孔或将已有孔扩大的刀具。由于各种零件上经常有很多孔需要加工，因此孔加工刀具应用非常广泛。

由于孔加工刀具是在工件体内工作的，它的结构尺寸受到一定的限制，因而它的容屑和排屑、强度和刚度、导向以及润滑冷却等问题就显得尤为突出（为什么?），必须根据具体加工情况做适当的考虑。

孔加工刀具的结构类型很多，根据其用途可以分为：

1. 扁钻

扁钻是结构最简单、使用得最早的一种钻孔刀具，有整体式扁钻和装配式扁钻两种形式，如图 3-1a、b 所示。因其切削时前角小、导向差、排屑困难、重磨次数少，故生产效率低。但因其结构简单，制造方便，在钻削硬脆材料的浅孔或阶梯孔和成形孔（参见图 3-8b），特别在加工 0.03~0.5mm 直径的微孔时，整体式扁钻仍有应用。装配式扁钻主要用于大尺寸孔的加工。由于刀杆刚度好（为什么?），可用高性能的高速钢和硬质合金刀片或可转位刀片等制造，便于快速更换和修磨成各种形状，故适合在自动生产线或数控机床上使用，能获得较好的技术经济效果，因而近年来也得到了推广应用。此外，扁钻也常用于孔加工复合刀具上（什么是孔加工复合刀具?）。

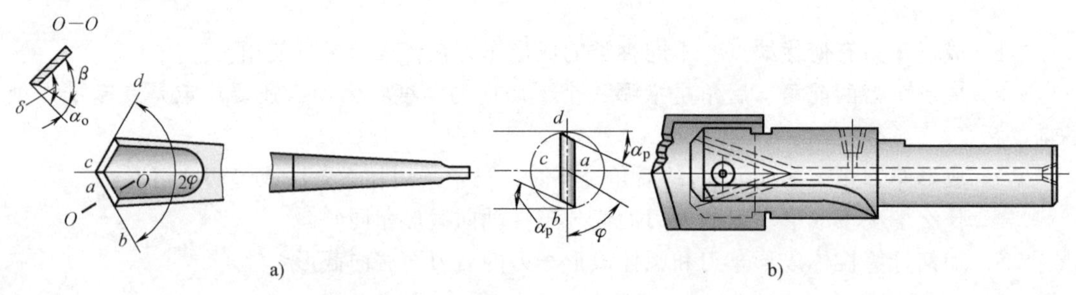

图 3-1 扁钻

2. 麻花钻

麻花钻的出现解决了上述扁钻所存在的一些问题（主要是什么问题?）。它主要是用来在实心材料上钻孔，有时也可用于扩大已有孔的直径。它是目前孔加工中使用得最广泛的一种粗加工用刀具。可加工孔径范围为0.1~80mm。按刀柄形式的不同，可分为直柄麻花钻和锥柄麻花钻两种（请思考直柄和锥柄的区别与应用情况）；按制造材料分，则可分为高速钢麻花钻和硬质合金麻花钻。涂层高速钢麻花钻目前应用极广，其寿命和钻孔精度都有较大提高。硬质合金麻花钻一般做成镶片焊接式或可转位式，在加工铸铁、淬火钢及印制电路板时，其生产率可比高速钢麻花钻高很多。直径5mm以下的硬质合金麻花钻一般做成整体式（为什么?）。

3. 深孔钻

深孔钻是加工深度 l 与直径 d 之比（称为“长径比”）大于5的深孔时用的钻头。加工深孔时有许多特点（详见后述），在设计和使用深孔钻时应加以考虑。

4. 扩孔钻

如图3-2所示，扩孔钻常用来对工件上已有的孔进行扩大或提高孔的加工质量。它既可用作孔的最后加工，也可用作铰孔前的预加工，在成批或大量生产时应用较广。扩孔钻的外形和麻花钻相似，只是加工余量小，主切削刃较短，因而容屑槽浅，刀齿数目较麻花钻多，刀体强度高，刚度好，故加工孔的质量比麻花钻加工的好。一般加工后孔的公差能达到IT10~IT11级，表面粗糙度 Ra 值6.3~3.2μm。直径10~32mm的扩孔钻做成整体式（图3-2a）；直径25~80mm的做成套装式（图3-2b）。切削部分的材料可以用高速钢，也可用硬质合金。

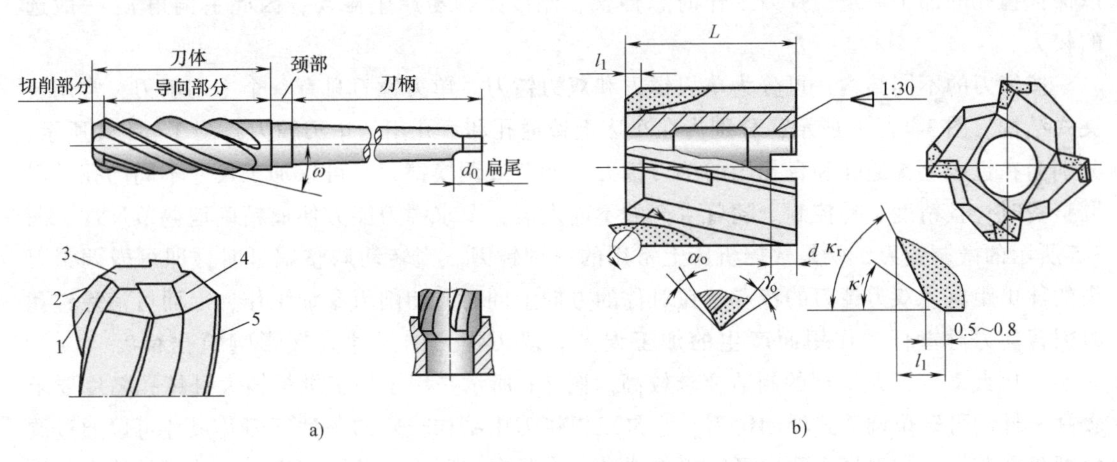

图3-2　扩孔钻

1—前刀面　2—主切削刃　3—钻心　4—后刀面　5—刃带

5. 锪钻

锪钻是用来加工各种沉头座孔和锪平端面用的，有加工圆柱形或圆锥形沉头座孔的锪钻（图3-3a、b）和加工端面的端面锪钻（图3-3c）。锪钻上的定位导向柱是用来保证被锪的孔或端面与原来的孔有一定的同轴度或垂直度的。导向柱可以拆卸，以便制造锪钻的端面齿。根据直径的大小，锪钻可制成带锥柄式和套装式，可用高速钢或用硬质合金制造。

6. 铰刀

铰刀是提高工件上已有孔的加工质量的半精加工和精加工刀具。其切削余量更小，刀齿

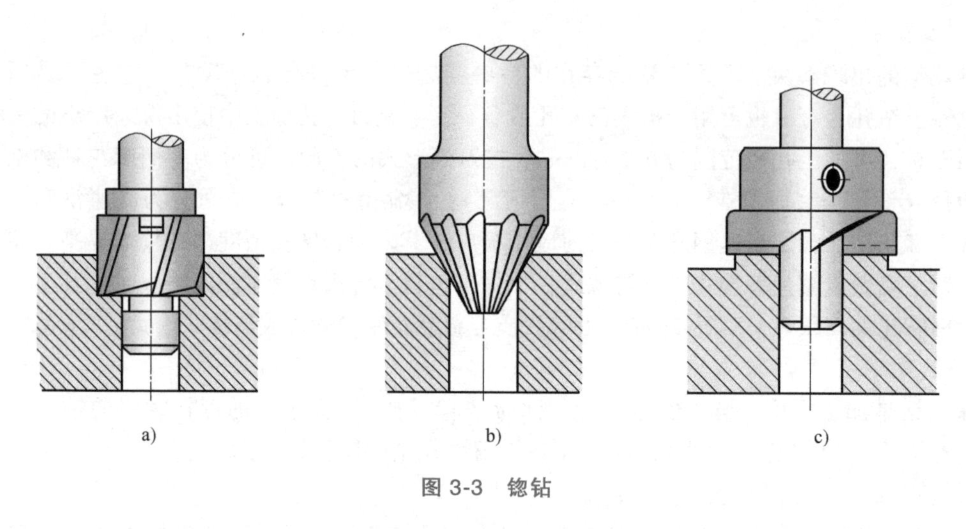

图 3-3 锪钻

数目更多。按手用或机用的不同，有合金工具钢、高速钢和硬质合金制造的铰刀。

7. 镗刀

镗刀可以用于在车床、铣床和镗床等机床上对工件孔进行镗削。镗孔的加工范围很广，可以对不同直径和形状的孔进行粗、精加工，特别是在加工一些大直径的孔时，镗刀几乎是唯一的工具。一般镗孔后的孔公差可达 IT7 级，表面粗糙度 Ra 值为 1.6~0.8μm，若在高精度镗床上进行高速镗孔，则能达到更高的加工质量。设计镗刀时，应注意其刚度和耐磨性，以保证镗孔的加工质量。镗刀工作时悬伸长，刚度差，易产生振动，因此主偏角 κ_r 一般选的较大。

按镗刀的不同结构，可分为单刃镗刀和双刃镗刀。单刃镗刀只有一个主切削刃，常用装夹式结构。图 3-4a、b 所示，分别为在车床上镗通孔和盲孔用的单刃镗刀；图 3-4c、d 所示，分别为在镗床上镗通孔和盲孔用的单刃镗刀。调节或调换镗刀，可以加工尺寸不同的孔。但调整费时，且精度不易控制。随着生产的不断发展，要求镗刀能方便而精确地调节尺寸。图 3-5 所示的微调镗刀，就是数控机床上常用的一种镗刀。当转动调整螺母时，即可微调镗刀头的伸出距离。双刃镗刀的特点是在对称的方向上同时有切削刃参加工作，因而可消除镗孔时因背向力对镗杆的作用而产生的加工误差。双刃镗刀的尺寸直接影响镗孔精度（为什么?），因此对镗刀及镗杆的制造要求较高。图 3-6 所示是用于加工批量较大且镗孔精度要求较高零件的可转位调节式浮动镗刀，它是双刃镗刀中结构较好的一种，刀片尺寸可以通过调整螺母调节，且在刀杆方孔中可以稍许浮动，由径向切削力自动平衡定心，从而补偿由于刀具的安装误差或镗杆径向跳动而引起的加工误差。

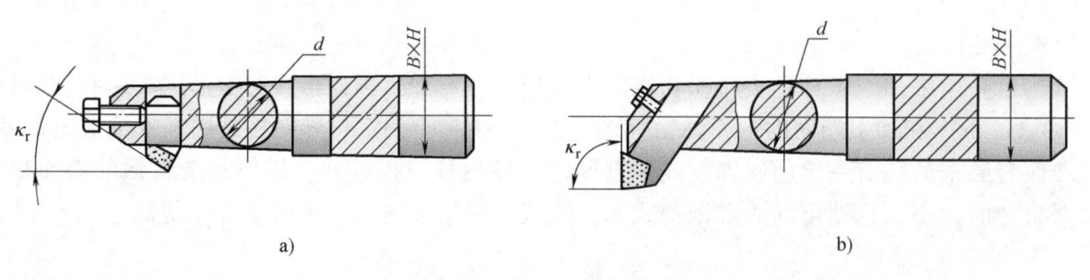

图 3-4 单刃镗刀

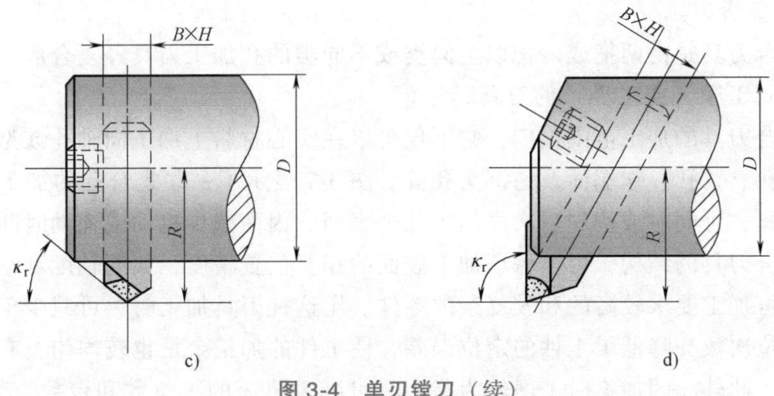

图 3-4　单刃镗刀（续）

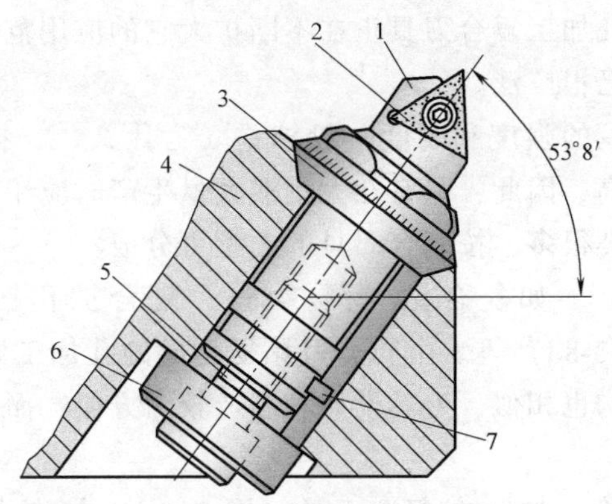

图 3-5　微调镗刀

1—镗刀头　2—刀片　3—调整螺母　4—镗刀杆　5—拉紧螺钉　6—垫圈　7—导向键

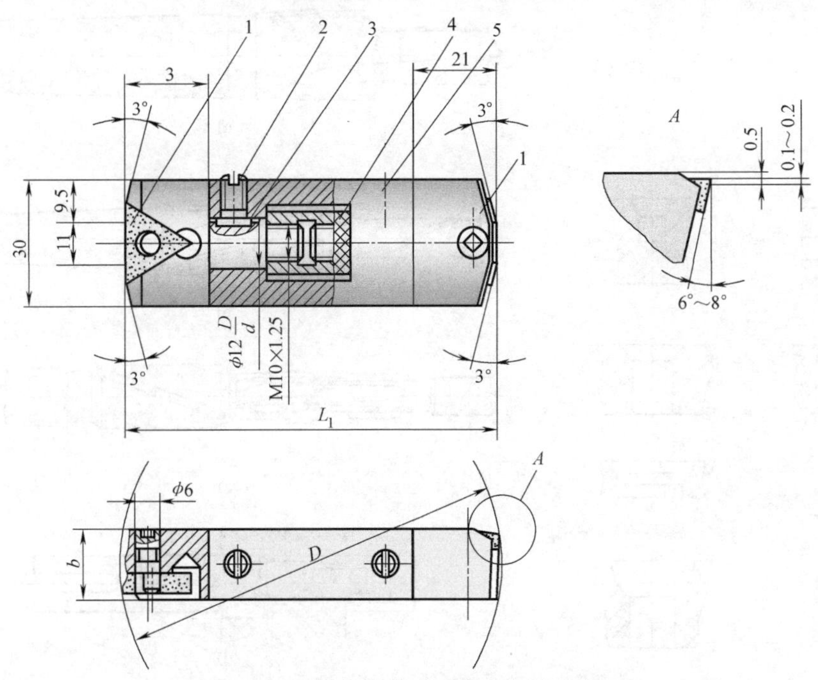

图 3-6　可转位调节式硬质合金浮动镗刀

1—镗刀片　2—紧定螺钉　3—导向键　4—调整螺母　5—刀体

8. 孔加工复合刀具

孔加工复合刀具是由两把或两把以上同类或不同类的孔加工刀具经复合后，同时或按先后顺序完成不同工序（或工步）的刀具。

孔加工复合刀具的加工范围很广，它不仅可以在实心材料上加工同轴孔或型面孔，也可用于扩孔、镗孔、铰孔、锪端面及锪沉头孔等。图 3-7 表示了一些复合孔的加工范例。使用孔加工复合刀具，可同时或按先后次序加工几个表面，因而减少机动或辅助时间，提高生产率。孔加工复合刀具的结构，可以保证加工表面的相互位置精度，如同轴度和端面与孔的垂直度等，因而可加工要求较高的和较复杂的零件。用这种刀具加工时，可减少工件的安装次数或夹具的转位次数，降低了工件的定位误差，使工件的加工余量也较均匀，有利于提高工件的加工质量。此外，因加工时工序较为集中，可减少机床的工位数和台数，节约了投资，加工成本也较低。因此，孔加工复合刀具正在不断扩大它的应用范围，特别在组合机床和自动生产线加工方面，使用已很广泛。

但是，孔加工复合刀具的强度和刚度一般较差（为什么?），排屑困难，制造和刃磨都比较复杂，刀具成本也较高，因此，只有在大批或大量生产时应用才合算。

孔加工复合刀具的种类很多，按复合刀具的类型可分成：

（1）由同类刀具复合　如复合钻（图 3-8a）、复合扩孔钻（图 3-8b）、复合铰刀（图 3-8c）、复合镗刀（图 3-8d）等。由同类刀具复合成的孔加工刀具，对不同表面的工艺相同，故刀具各部分的结构也相似，刀具设计和制造较为方便，而且切削用量也接近，工艺方案较易安排。

（2）由不同类刀具复合　如钻-扩复合刀具（图 3-9a）、扩-铰复合刀具（图 3-9b）、钻-

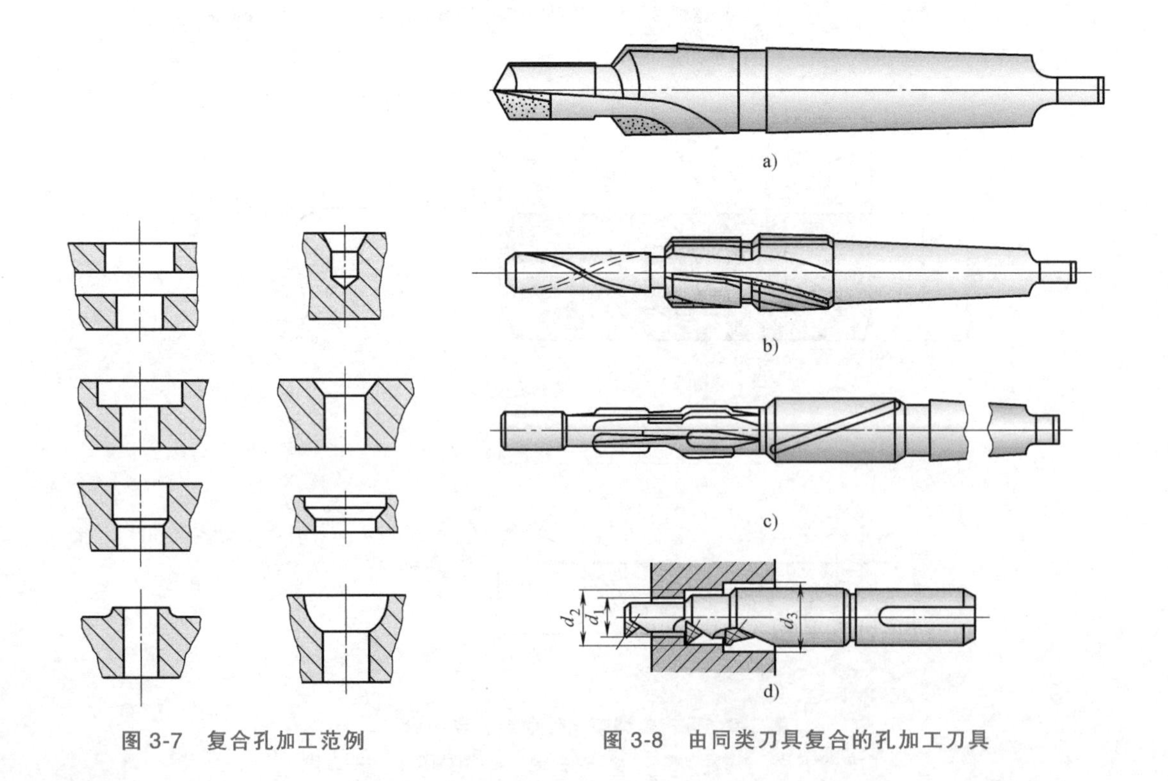

图 3-7　复合孔加工范例

图 3-8　由同类刀具复合的孔加工刀具

扩-铰复合刀具（图 3-9d）、钻-扩复合刀具（图 3-9c）等。由不同类刀具复合成的孔加工刀具，在设计和制造方面都比较困难，而且不同刀具的切削用量也不同，所以工艺安排比较复杂。

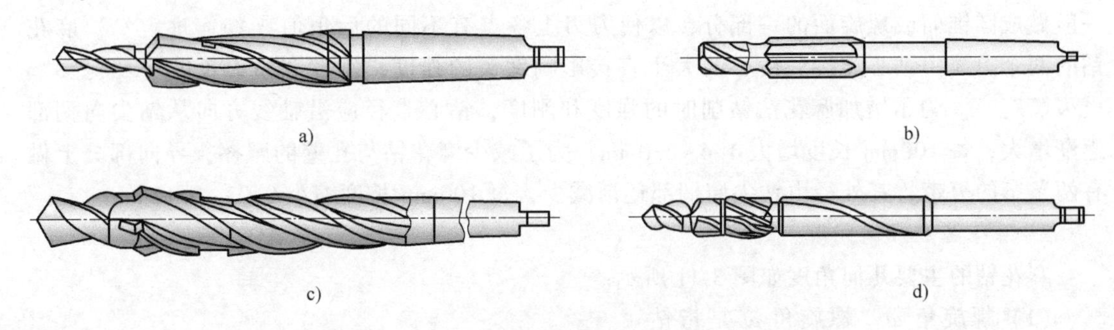

图 3-9　由不同类刀具复合的孔加工刀具

3.2　麻花钻

3.2.1　麻花钻的结构和几何角度

1. 麻花钻的结构

麻花钻由于受结构和切削条件等的限制，加工后孔的质量较低（为什么？）（孔公差 IT11 级以下，表面粗糙度大于 *Ra*6.3），因而一般只用于孔的粗加工。

图 3-10 为麻花钻的结构图。它由刀体、颈部和刀柄所组成，刀体又分成切削部分和导向部分。切削部分是麻花钻进行切削的主要部分。颈部是刀体和刀柄的连接部分。刀柄用于装夹钻头和传递力矩，尺寸大的钻头用锥柄，尺寸小的钻头用直柄。

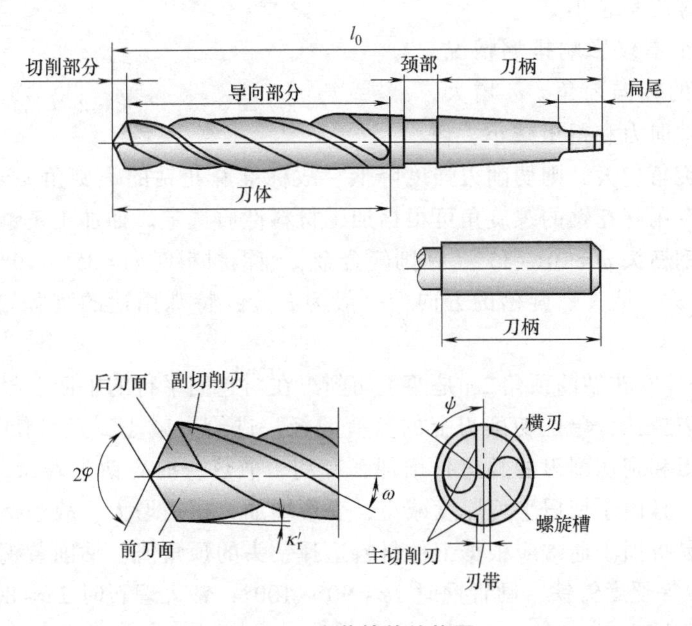

图 3-10　麻花钻的结构图

由于麻花钻用于在实心的工件上钻孔，故它的直线形主切削刃需要很长，几乎延续到钻头的中心，因而要求有较大的容屑槽，刀齿数目也就很少，只有两个。两个主切削刃是由横刃连接的（横刃的作用是什么?），为了便于排屑，麻花钻的容屑槽做成螺旋形的。后刀面一般做成圆锥面或螺旋面的一部分，以使刀刃上各点有不同的后角值（如何理解?）。麻花钻的两个刃瓣由钻心连接。钻心的大小直接影响钻头的强度、刚度和横刃长度（如何影响横刃长度?）。为了增加麻花钻钻削时的强度和刚度，钻心直径应沿轴线方向从钻尖向柄部逐渐增大，每 100mm 长度增大 1.4~2.0mm。为了减少麻花钻与孔壁的摩擦，导向部分上做有两条窄的刃带，其外径由钻尖向柄部逐渐减少，每 100mm 长度缩小 0.03~0.12mm。

2. 麻花钻的几何角度

麻花钻的主要几何角度如图 3-11 所示。

（1）螺旋角 ω　螺旋角 ω 是指钻头外圆柱与螺旋槽表面的交线（螺旋线）上任意点的切线和钻头轴线之间的夹角。设螺旋槽的导程为 P_z，钻头外圆直径为 d_0，则

$$\tan\omega=\frac{\pi d_0}{P_z} \tag{3-1}$$

对于主切削刃上的任意点 m，因它位于直径为 d_m 的圆柱上，所以通过 m 点的螺旋线的螺旋角 ω_m 为

$$\tan\omega_m=\frac{\pi d_m}{P_z}=\frac{d_m}{d_0}\tan\omega \tag{3-2}$$

由此可见，钻头外径处的螺旋角最大，越靠近中心螺旋角越小。

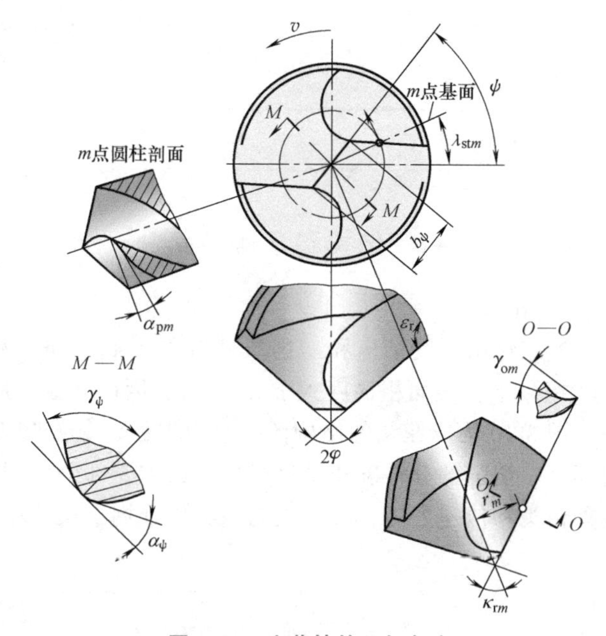

图 3-11　麻花钻的几何角度

螺旋角的大小不仅影响排屑情况，而且它也是钻头的轴向前角。ω 增大，则前角也增大，轴向力和扭矩减小，切削轻快。但若螺旋角过大，则切削刃强度降低，故标准麻花钻的螺旋角 $\omega=18°\sim30°$，大直径取大角度值。专用麻花钻的螺旋角可根据加工材料性质选定。如加工黄铜、软青铜、大理石等材料的高速钢钻头 $\omega=10°\sim17°$；钻削轻合金、纯铜材料时 $\omega=35°\sim40°$；钻高强度钢和铸铁时 $\omega=10°\sim15°$。钻头螺旋槽的方向，一般为右旋；特殊用途的（如自动机用麻花钻）为左旋。

（2）顶角 2φ　麻花钻的顶角 2φ 是两主切削刃在与它们平行的平面上投影的夹角。顶角越小，则主切削刃越长，单位切削刃上的负荷减轻，进给力减小，且可使刀尖角 ε_r（基面中测量的主切削刃和副切削刃的夹角）增加，有利于散热，提高钻头寿命。但若顶角过小，则钻尖强度减弱，且由于切屑平均厚度减小，变形增加，扭矩增大，故当钻削强度和硬度高的工件时，钻头易折损。通常应根据工件材料选择钻头的顶角值：钻削黄铜、铝合金时 $2\varphi=130°\sim140°$；钻中等硬度铸铁、硬青铜时 $2\varphi=90°\sim100°$；钻大理石时 $2\varphi=80°\sim90°$；加工钢和铸铁的标准麻花钻取 $2\varphi=118°$。

（3）主偏角 κ_r 和端面刃倾角 λ_{st} 　和车刀相同，麻花钻主切削刃上任意一点 m 的主偏角，是主切削刃在该点基面上的投影和钻头进给运动方向之间的夹角。由于主切削刃上各点的基面不同，故主切削刃上各点的主偏角 κ_{rm} 也不相等。麻花钻磨出顶角 2φ 后，各点的主偏角也就随之确定，它们之间的关系为

$$\tan\kappa_{rm}=\tan\varphi\cos\lambda_{stm} \tag{3-3}$$

式中　λ_{stm}——m 点的端面刃倾角，它是主切削刃在端面中的投影与 m 点的基面间的夹角。

若钻心直径为 d_c，则它可由下式算出，即

$$\sin\lambda_{stm}=-\frac{d_c}{d_m} \tag{3-4}$$

由此可知，越靠近钻头中心处，d_m 越小，λ_{stm} 的绝对值越大，所以 κ_{rm} 和 φ 的差别也就越大。

（4）前角 γ_o　前角 γ_o 是在正交平面 $O—O$ 内前刀面和基面间的夹角。主切削刃上任意一点 m 的前角 γ_{om} 与该点的螺旋角 ω_m、主偏角 κ_{rm} 以及刃倾角 λ_{stm} 的关系为

$$\tan\gamma_{om}=\frac{1}{\sin\kappa_{rm}}(\tan\omega_m+\tan\lambda_{stm}\cos\kappa_{rm}) \tag{3-5}$$

上述参数有 d_m、ω、φ、d_0 和 d_c，但除 d_m 外，其余都是常数。可作出 γ_{om} 和 $\frac{d_m}{d_0}$ 的关系曲线，如图3-12所示。由图可知，越接近钻头外圆，前角越大；越接近钻头中心，前角越小，且为负值。在图样上，钻头的前角不予标注，而用螺旋角表示。

（5）后角 α_p　从切削原理的基本定义来讲，钻头的后角 α_o 也应在正交平面 $O—O$ 中度量。但为了测量方便，钻头主切削刃上任意一点 m 的后角，经常是用通过 m 点的圆柱剖面中的轴向后角 α_{pm} 来表示（图3-11）。钻头的后角沿主切削刃是变化的（图3-12）。名义后角是指钻头外圆处的后角，该处的后角 α_p 为 $8°\sim10°$；靠近中心接近横刃处的后角 α_p 为 $20°\sim25°$，这样可以增加横刃切削时的前角和后角，改善切削条件（图3-11中 $M—M$ 剖面），并能与切削刃上变化的前角相适应，而使各点的楔角大致相等。此外，又能弥补由于钻头轴向进给运动而使切削刃上每点实际工作后角减少所产生的影响。

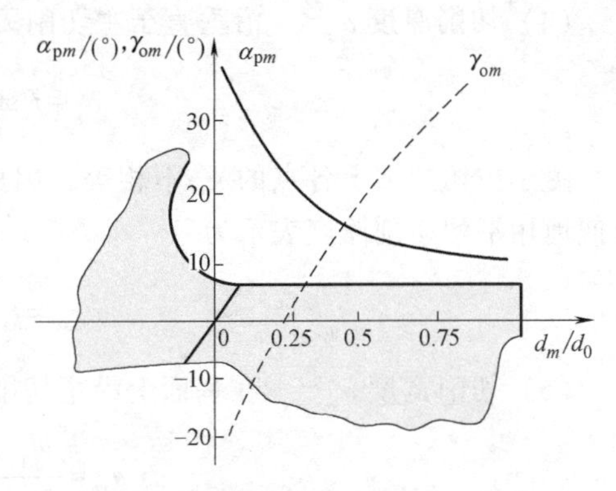

图3-12　麻花钻前角、后角分布情况

（6）横刃角度　横刃角度包括横刃斜角 ψ、横刃前角 γ_ψ 和横刃后角 α_ψ（图3-11）。横刃斜角 ψ 是在端面投影中横刃和主切削刃之间的夹角。当钻头后角磨成以后，横刃斜角即自然形成。斜角 ψ 的大小与顶角 2φ 以及靠钻心处的后角有关，顶角和后角越大，ψ 角越小，横刃越长。一般 $\psi=50°\sim55°$。横刃前角 γ_ψ 为负值时，横刃后角 $\alpha_\psi=90°-|\gamma_\psi|$。标准麻花钻的 $\gamma_\psi=-54°$，$\alpha_\psi=36°$，因此横刃切削条件非常不利，切削时因发生强烈的挤压而产生很大的轴向力。试验表明，用标准麻花钻加工时，约有50%的进给力是由横刃产生的，因此对于直径较大的麻花钻，一般都需要修磨横刃。

（7）副偏角 κ_r' 与副后角 α_o'　副偏角 κ_r' 是由钻头导向部分的外径向柄部缩小而形成的。

因缩小量很小，故 κ_r' 值也极小。钻头的副后刀面是圆柱面上的刃带，由于切削速度方向和刃带的切线方向重合，故副后角 $\alpha_o'=0°$。

3.2.2 切削要素

钻孔时的切削要素主要包括（图 3-13）：

（1）切削速度 v　切削速度是指钻头外径处的主运动速度（什么是主运动?），具体为

$$v=\frac{\pi d_0 n}{1000}$$

式中　v——切削速度（m/s）；

d_0——钻头外径（mm）；

n——钻头或工件的转速（r/s）。

（2）进给量 f 和每齿进给量 f_z　钻头每转一周沿进给运动方向移动的距离称进给量 f（mm/r）。由于钻头有两个刀齿，故每个刀齿的进给量 f_z 为

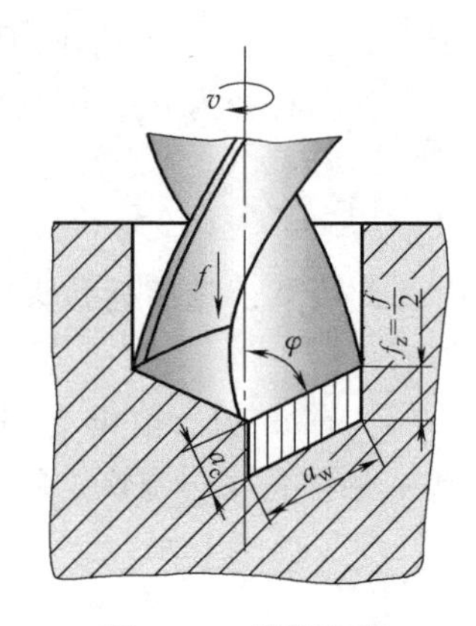

图 3-13　钻削要素

$$f_z=\frac{f}{2}$$

（3）背吃刀量 a_p　它是钻头直径的一半，即

$$a_p=d_0/2$$

（4）切削厚度 a_c ㊀　沿垂直于主切削刃在基面上的投影的方向上测出的切削层厚度为

$$a_c=f_z\sin\kappa_r=\frac{f}{2}\sin\kappa_r$$

由于主切削刃上各点的 κ_r 不相等，因此各点的切削厚度也不相等。为了计算方便，可近似地用平均切削厚度表示为

$$a_{cav}=f_z\sin\varphi=\frac{f}{2}\sin\varphi$$

（5）切削宽度 a_w ㊁　在基面上沿主切削刃测量的切削层宽度。近似地可表示为

$$a_w=\frac{a_p}{\sin\kappa_r}\approx\frac{a_p}{\sin\varphi}=\frac{d_0}{2\sin\varphi}$$

（6）切削层面积 A_{cz} ㊂　钻头上每个刀齿的切削层面积为

$$A_{cz}=a_{cav}a_w=f_z a_p=\frac{fd_0}{4}$$

3.2.3 切削力和功率

钻头切削时受到工件材料的变形抗力以及钻头与孔壁和切屑间的摩擦力。和车削一样，

㊀ GB/T 12204—2010 中切削层公称厚度（切削厚度）为 h_D。

㊁ GB/T 12204—2010 中切削层公称宽度（切削宽度）为 b_D。

㊂ GB/T 12204—2010 中切削层公称横截面称（切削面积）为 A_D。

钻头每个切削刃上都受到 F_x、F_y 和 F_z 三个分力的作用，如图 3-14 所示。在理想的情况下，F_y 基本平衡，而其余的力合并成为轴向力 F 和圆周力 F_z。圆周力 F_z 构成扭矩 T，是主功率的主要消耗。

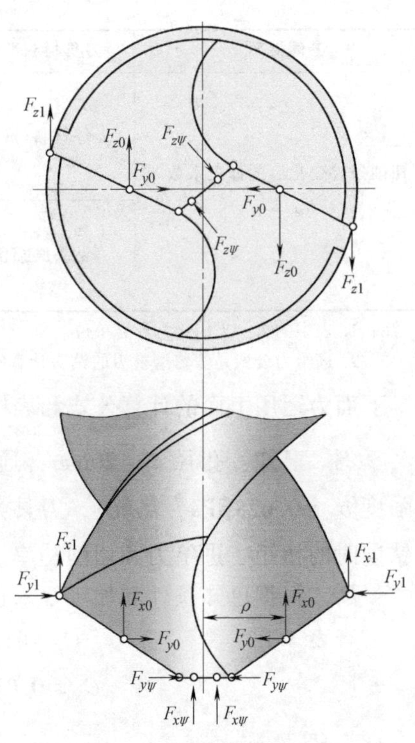

图 3-14 麻花钻切削时受力情况

$$F=F_c+F_\psi+F_f$$

$$T=T_c+T_\psi+T_f$$

其中 $F_c=2F_{x0}$ （主切削刃）

$F_\psi=2F_{x\psi}$ （横刃）

$F_f=2F_{x1}$ （副切削刃）

$T_c=2F_{z0}\rho\approx\dfrac{F_{z0}d_0}{2}$ （主切削刃）

$T_\psi\approx F_{z\psi}b_\psi$ （横刃）

$T_f=F_{z1}d_0$ （副切削刃）

因主切削刃最长，切下的切屑最多，负荷最大，所以扭矩主要是由主切削刃产生的，约占 80%；横刃长度较短，其扭矩约占 10%左右。但因横刃是负前角工作的，因此其进给力很大，约占 50%~60%（不修磨时）；而主切削刃的轴向力约占 40%，轴向力大时，容易使孔钻偏，甚至将钻头折断，故修磨横刃是减小钻削时轴向力的一个主要方法。

和车削一样，通过试验，可以得出钻削时的扭矩 T（单位为 N·m）和进给力 F（单位为 N）的表达式以及所需的切削功率 P_m（单位为 kW）分别为

$$F=9.81C_F d_0^{X_F}f^{Y_F}K_F$$

$$T=9.81C_M d_0^{X_M}f^{Y_M}K_M$$

$$P_m=\frac{2\pi Tn}{1000}$$

表 3-1 列出了麻花钻切削时上述表达式中的进给力系数 C_F，扭矩系数 C_M，进给力指数 X_F、Y_F，扭矩指数 X_M、Y_M；轴向力修正系数 $K_F=K_{Fm}K_{Fw}$；扭矩修正系数 $K_M=K_{Mm}K_{Mw}$。

表 3-1 麻花钻进给力和扭矩表达式中的系数、指数及修正系数

工件材料	刀具材料	C_F	X_F	Y_F	C_M	X_M	Y_M
钢 R_m=0.638GPa	高速钢	61.2	1.0	0.7	0.0311	2.0	0.8
不锈钢 1Cr18Ni9Ti	高速钢	143	1.0	0.7	0.041	2.0	0.7
灰铸铁 190HBW	高速钢	42.7	1.0	0.8	0.021	2.0	0.8
	硬质合金	42	1.2	0.75	0.012	2.2	0.8
可锻铸铁 150HBW	高速钢	43.3	1.0	0.8	0.021	2.0	0.8
	硬质合金	32.5	1.2	0.75	0.01	2.2	0.8
中等硬度非均质铜合金 100~140HBW	高速钢	31.5	1.0	0.8	0.012	2.0	0.8

（续）

<table>
<tr><th>工件材料</th><th>刀具材料</th><th>C_F</th><th>X_F</th><th>Y_F</th><th>C_M</th><th>X_M</th><th>Y_M</th></tr>
<tr><td rowspan="2">切削条件变化后的修正系数
K_M、K_F</td><td>工件材料(m)</td><td colspan="2">钢
$K_{Mm}=K_{Fm}=\left(\frac{\sigma_b}{0.637}\right)^{0.75}$</td><td colspan="2">灰铸铁
$K_{Mm}=K_{Fm}=\left(\frac{H_B}{190}\right)^{0.6}$</td><td colspan="2">可锻铸铁
$K_{Mm}=K_{Fm}=\left(\frac{H_B}{150}\right)^{0.6}$</td></tr>
<tr><td colspan="2">钻头磨损情况(ω)</td><td colspan="3">磨损后
$K_{Mw}=1$
$K_{Fw}=1$</td><td colspan="2">未磨损
$K_{Mw}=0.87$
$K_{Fw}=0.9$</td></tr>
</table>

注：1. 表中的 R_m 以 GPa 为计算单位。

2. 进给力公式是按修磨横刃的钻头计算的，不修磨横刃时应乘以系数 1.33。

下面为运用上面的计算公式和表格求钻削时扭矩、进给力和切削功率的例子。

例 已知：孔径 $d_0=20\text{mm}$（通孔），要求精度 H12~H13，工件材料为 40 钢（抗拉强度 $\sigma_b=0.628\text{GPa}$，热轧），刀具为高速钢麻花钻（修磨横刃），机床为 Z525 钻床。求钻削时的扭矩、进给力和切削功率。

解 根据已知条件和加工要求选用进给量 $f=0.28\text{mm/r}$；转速 $n=6.35\text{r/s}$。

查表 3-1 得

$$C_F=61.2,\quad X_F=1.0,\quad Y_F=0.7$$

$$C_M=0.0311,\quad X_M=2.0,\quad Y_M=0.8$$

$$K_{Mm}=K_{Fm}=\left(\frac{0.628}{0.637}\right)^{0.75}=0.98938$$

$$K_{Mw}=0.87,\quad K_{Fw}=0.9$$

代入 F、T、P_m 的计算公式，得

$$F=9.81\times61.2\times20\times0.28^{0.7}\times0.98938\times0.9\text{N}=4385.82\text{N}$$

$$T=9.81\times0.0311\times20^2\times0.28^{0.8}\times0.98938\times0.87\text{N}\cdot\text{m}=37.94\text{N}\cdot\text{m}$$

$$P_m=2\times3.14\times37.94\times6.35\times10^{-3}\text{kW}=1.5137\text{kW}$$

3.2.4 麻花钻几何形状的改进

1. 标准麻花钻的缺点

麻花钻和扁钻相比，在结构上要完善得多，有一定的前角，导向及排屑好，重磨次数较多，等等。但它也还存在着不少缺点，特别是切削部分的几何参数，如：

1）前角沿主切削刃变化很大，从外圆处的约+30°到接近中心处的约-30°，各点切削条件不同。

2）横刃前角为负值，约为-60°~-54°，而横刃宽度 b_ψ 又较大，切削时挤压工件严重，轴向力大。

3）主切削刃长，切屑宽，卷屑和排屑困难，且各点的切削速度大小及方向差异很大。

4）刃带处副后角为零，而该点的切削速度又最高，刀尖角 ε_r 小，散热条件差，因此该处磨损较快，影响钻头的寿命。

麻花钻结构上的这些缺点，严重地影响了它的切削性能。为了进一步提高它的工作效率，需要按具体加工情况加以修磨改进。

2. 麻花钻常见的修磨方法

在生产中，一般常从下述几个方面对麻花钻进行修磨：

（1）修磨横刃　麻花钻上横刃的切削情况最差。为了改善钻削条件，修磨横刃极为重要。一般修磨横刃的方法有：

1）缩短横刃。如图 3-15a 所示，磨短横刃，减少其参加切削工作的长度，可以显著地降低钻削时的进给力，尤其对大直径钻头和加大钻心直径的钻头更为有效。由于这种修磨方法效果很好，又较简便，因此直径 12mm 以上的钻头，均常采用。

2）修磨前角。如图 3-15b 所示，将钻心处的前刀面磨去一些，可以增加横刃的前角。这是改善横刃切削条件的一种措施。

3）综合式磨法。如图 3-15c 所示，综合上面两种方法，同时进行修磨。

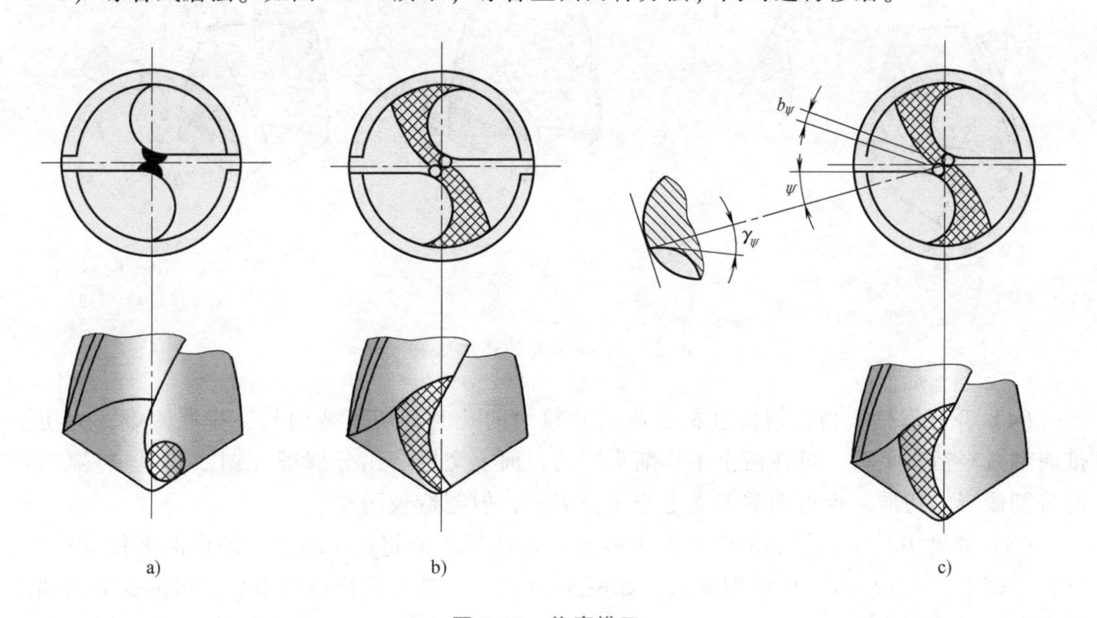

图 3-15　修磨横刃

（2）修磨多重顶角　钻头外圆处的切削速度最大，而该处又是主、副切削刃的交点，刀尖角 ε_r 较小，散热差，容易磨损。为了提高钻头的寿命，将该转角处修磨出 $2\varphi_0=70°\sim75°$ 的双重顶角（图 3-16a）、三重顶角（当钻头直径较大时）或带圆弧刃的钻头（图 3-16b）。经修磨后的钻头，在接近钻头外圆处的切削厚度减小，切削刃长度增加，单位长度切削刃的负荷减轻；顶角减小，进给力下降；刀尖角加大，散热条件改善，因而可提高钻头的寿命和加工表面质量。但钻削很软的材料时，为避免切屑太薄和扭

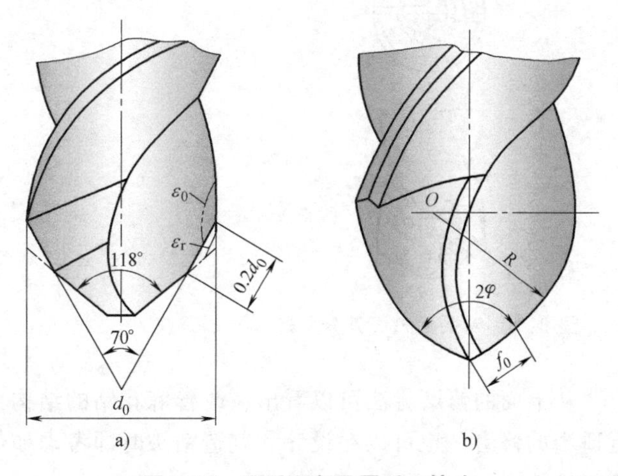

图 3-16　双重顶角及圆弧刃钻头

矩增大，一般不宜采用这种修磨方法。

（3）修磨前刀面　修磨前刀面的目的主要是改变前角的大小和前刀面的型式，以适应加工材料的要求。在加工脆性材料（如青铜、黄铜、铸铁、夹布胶木等）时，由于这些材料的抗拉强度较低，呈崩碎切屑，为了增加切削刃强度，避免崩刃现象，可将靠近外圆处的前刀面磨平一些以减小前角，如图 3-17a 所示。当钻削强度、硬度大的材料时，则可沿主切削刃磨出倒棱，稍微减小前角来增加刃口的强度（图 3-17b）。当加工某些强度很低的材料（如有机玻璃）时，为减少切屑变形，可在前刀面上磨出卷屑槽，加大前角，使切削轻快，以改善加工质量（图 3-17c）。

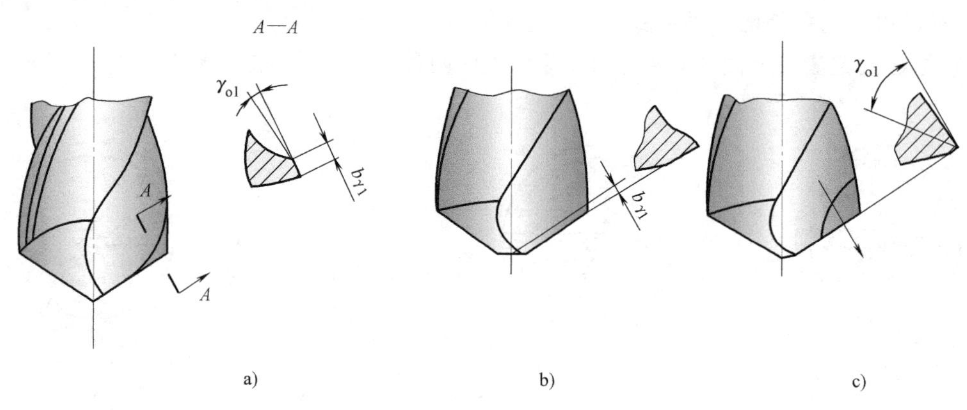

图 3-17　钻头前刀面的修磨

（4）开分屑槽　当钻削韧性材料或尺寸较大的孔时，切屑宽而长，排屑困难，为便于排屑和减轻钻头负荷，可在两个主切削刃的后刀面上交错磨出分屑槽（图 3-18），将宽的切屑分割成窄的切屑。也可在前刀面上开出分屑槽，但制造较困难。

（5）修磨刃带　因钻头的侧后角为零度，在钻削孔径超过 12mm 无硬皮的韧性材料时，可在刃带上磨出 $\alpha_o'=6°\sim8°$的副后角，如图 3-19 所示。钻头经修磨刃带后，可减少磨损和提高寿命。

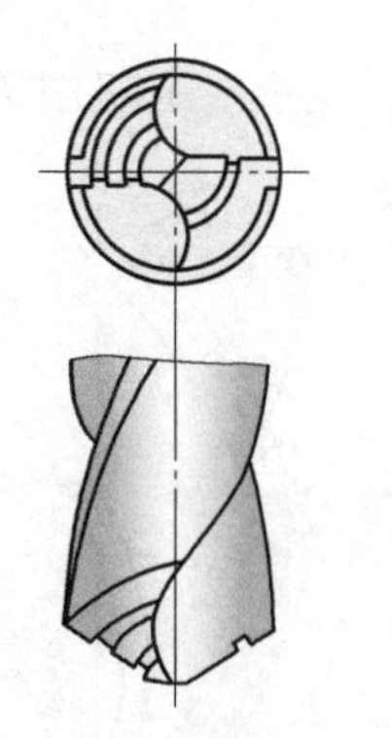

图 3-18　钻头后刀面开分屑槽

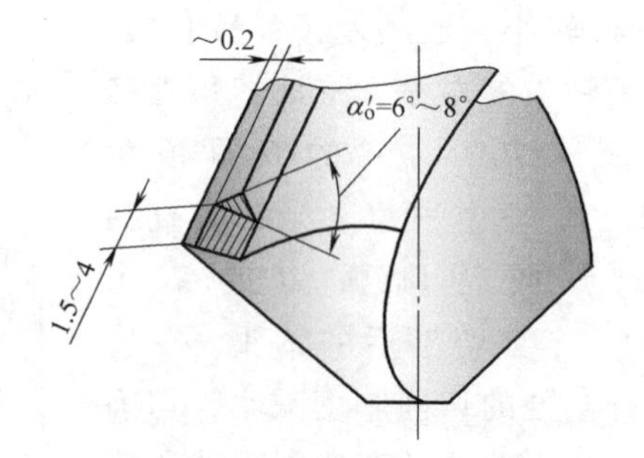

图 3-19　麻花钻修磨刃带

从上面的修磨方法可以看出，改善麻花钻的结构，既可以根据具体工作条件对麻花钻进行适当的修磨，也可以在设计和制造钻头时即考虑如何改进钻头的切削部分形状，以提高其切削性能。

3. 群钻

群钻是在长期的钻孔实践中，经过不断总结经验，综合运用了麻花钻各种修磨方法而制成的一种效果较好的钻头。群钻有许多种，标准群钻是其中的基本型式，它适合钻削普通钢材。其他型式则是在此基础上根据加工材料和工艺要求的不同加以变化而成的。

标准群钻（图 3-20）是用标准麻花钻修磨而成的。修磨的方法是：

1）修磨两个刃瓣上的后刀面（图 3-20a 中的表面 *ABEF*），得到两条对称的外直刃（*AB*），这与重磨一般的麻花钻后面基本相同。

2）在两个刃瓣的后刀面上，对称地磨出两个月牙槽。

3）修磨接近钻心处的前刀面（图 3-20a 中的表面 *CDFG*）。

4）当钻头直径大于 15mm 时，在一个刃瓣的外直刃上磨出分屑槽。

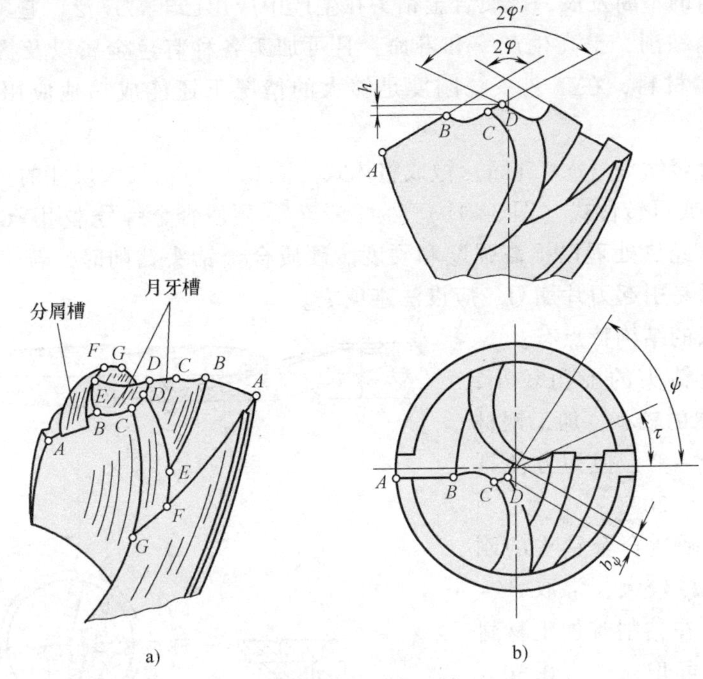

图 3-20　标准群钻

这样修磨的群钻有很多优点：

1）当修磨了接近钻心处的前刀面后，新的横刃大大缩短了，约为标准麻花钻横刃长度的 1/7~1/5。

2）修磨出来的前刀面与月牙槽表面相交而成的两条对称的内直刃 *CD* 有较大的前角（虽然仍为负值，但比标准麻花钻的横刃前角大多了）。

3）月牙槽表面与钻头螺旋槽表面相交而形成两条对称的圆弧刃 $\widehat{BC}$，不但起到分屑作用，也便于排屑，而且它能在孔的底面上切出一个凸形环台，使钻头切削时不易偏摆，起到良好的定心作用；同时，月牙槽还能使切削液容易流到切削处，有利于润滑与冷却。

4）为了避免新横刃的强度受到削弱，在磨两个月牙槽时，把它们的交线 *DD*（即新横刃）磨低一些，尽可能减小钻尖高度 *h*，同时又适当加大内直刃的顶角 $2\varphi'$（这里取 135°），这样就保护了钻尖。

由于群钻具有较合理的切削角度，特别是大大改善了标准麻花钻上切削最不利处横刃的切削条件，所以钻削时就较轻快，在加工钢料时，群钻的进给力比标准麻花钻可降低35%~50%，扭矩约减小10%~30%，而寿命比标准麻花钻可提高3~5倍。因此在保持合理寿命的情况下，群钻能显著地提高加工生产率，而且加工质量也有所改善。

根据不同加工材料（如铜、铝合金、有机玻璃等）和工艺要求而扩展成的其他型式的群钻，不但能在加工时提高其钻孔质量，并能满足对不同工作情况（如薄板、斜孔等）的加工要求。群钻的修磨较复杂，手工修磨时需有较熟练的技巧或采用修磨夹具，否则较难达到预期的效果。

3.2.5 硬质合金麻花钻的结构特点

随着工程材料的不断发展，硬质合金钻头在生产中应用已非常广泛。它不仅能对普通的钢铁材料进行高速钻削，提高生产率和寿命，且可加工各种有色金属以及橡胶、塑料、玻璃、石材等非金属材料，在工艺系统刚度足够大的情况下还能成功地应用于加工高强度材料。

小尺寸硬质合金钻头（$\phi \leqslant 5$mm）做成整体式（为什么？）；较大尺寸的一般做成刀片焊接式（图3-21a）或可转位式（图3-21b）（为什么？）。硬质合金牌号常用YG类；刀体材料则用合金工具钢，经热处理以提高强度和硬度。硬质合金钻头钻削时，若工艺系统刚度不足、横刃太长等常易引起刀片崩刃，应设法避免之。

硬质合金钻头的结构特点有：

1）硬质合金钻头的前角较小，相应的斜角 ω 也取的较小，加工钢材时，一般取 $\omega=6°\sim8°$；但为方便排屑，刀体上 $\omega=15°\sim20°$。

2）为了增强硬质合金钻头的刚度，故钻心直径 d_c 较大，常取 $d_c=(0.25\sim0.30)d_0$；在钻削难加工材料上小尺寸孔时，可取 $d_c=(0.30\sim0.35)d_0$。由于 d_c 较大，为了不减少排屑空间，故在设计时容屑槽应加宽，因而横刃需经修磨，一般横刃长度应小于 $(0.10\sim0.15)d_0$。

3）由于硬质合金刀片长度不长，又为了减少钻孔时钻头的悬伸长度以增加刚度，因此钻头工作部分较短。

4）为减少切削速度较高时的摩擦，做有较大的刀片倒锥量，其值为0.01~0.08mm/刀片全长；刀体则做成圆柱形，其直径比刀片小端的尺寸小约0.2~0.3mm。

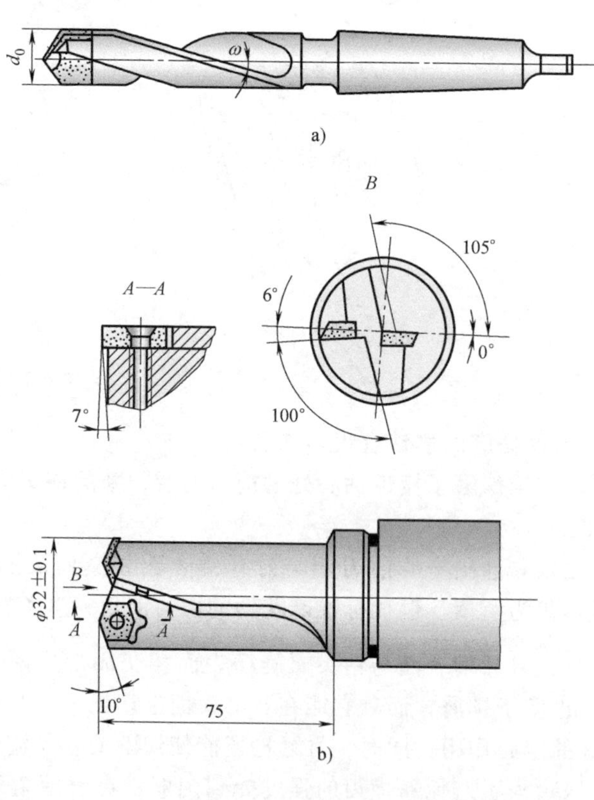

图3-21 硬质合金钻头

a）刀片焊接式 b）可转位式

5）硬质合金钻头加工时切削用量较大，最好采用强度较高的锥柄。

3.2.6 麻花钻的刃磨

麻花钻的刃磨是沿后刀面进行的，刃磨时应保证主切削刃上的后角值“内大外小”，即靠近钻心处后角要较大，靠近外圆处要较小（为什么?）。同时又因横刃是两个主切削刃后刀面的交线，因此，刃磨后还应使横刃得到合适的横刃斜角 ψ、横刃前角 γ_{ψ} 以及横刃后角 α_{ψ}。

刃磨标准麻花钻后刀面的方法主要有两种，即圆锥面磨法和螺旋面磨法。

1. 圆锥面磨法

图 3-22 为圆锥面磨法示意图，这种磨法在生产中应用较广。装夹钻头的夹具带着钻头一起绕着轴线 O-O 做往复摆动。轴线 O-O 与砂轮端面的夹角为 δ（通常 $\delta=13°\sim15°$），这样，钻头的后刀面就是锥角为 2δ 的圆锥面的一部分。由于圆锥面上各点的曲率不同，越接近锥顶曲率越大，所以当圆锥轴线和钻头轴线间的夹角 θ 一定时（$\theta=45°$），调整钻头轴线到圆锥顶点的距离 a［一般 $a=(1.8\sim1.9)d_0$］和圆锥轴线到钻头轴线间的垂距 e［一般 $e=(0.05\sim0.07)d_0$］，就能使主切削刃上各点得到不同的后角以及适当的顶角和横刃斜角等。磨完一个后刀面以后再刃磨另一个后刀面。

2. 螺旋面磨法

用这种方法磨出的后刀面是导程为 P_z' 的螺旋面的一部分，因此切削刃上任意一点 m 处的后角 α_{pm} 为

$$\tan\alpha_{pm}=\frac{P_z'}{\pi d_m}$$

即越靠近钻头中心后角越大。图 3-23 是螺旋面磨法示意图。将钻头轴心线相对于砂轮平面倾斜安装，使主切削刃位于砂轮磨削平面内。在钻头缓慢旋转的同时，砂轮除高速旋转外，还由平面凸轮带动沿其轴线做往复运动，这样就使钻头的后刀面磨成螺旋面。钻头每转一周，砂轮往复两次，就可磨出钻头的两个后刀面。

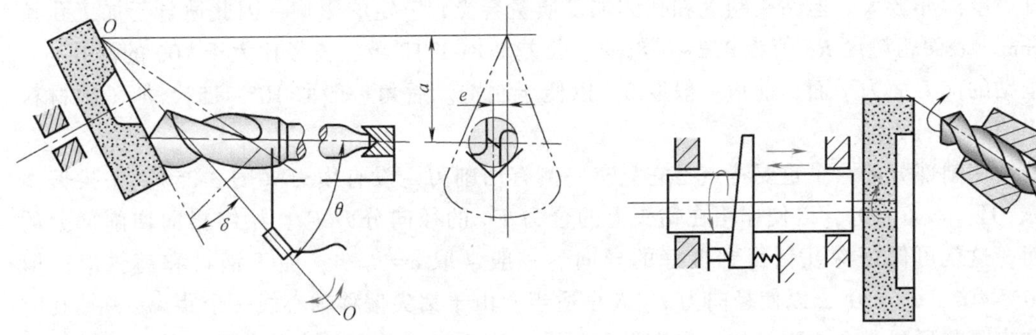

图 3-22 钻头后刀面圆锥面磨法示意图　　图 3-23 钻头后刀面螺旋面磨法示意图

用这种方法磨出的钻头，在靠近中心处的后角比用圆锥面磨法所得的还要大些，故横刃的负前角较小，因而钻削时进给力较小。但用这种钻头切削硬脆材料时，其强度较差，只适宜于钻削中等强度以下的钢材，所以这种磨法不如圆锥面磨法用得广泛。

3.3 深孔钻

3.3.1 深孔加工特点

深孔一般是指孔的“长径比”大于5的孔。对于普通的深孔，如 $l/d=5\sim20$，可以将普通的麻花钻接长而在车床或钻床上加工；对于 $20\leqslant l/d\leqslant100$ 的特殊深孔（如枪管和液压筒等），则需在专用设备或深孔加工机床上用深孔刀具进行加工。随着深孔加工技术的不断发展，特别是硬质合金刀具在深孔加工方面的广泛应用，使深孔加工质量和生产率都有了较大提高。

深孔加工不同于普通的孔加工，一些问题更为突出，因而在设计和使用深孔刀具时，应更予重视。这些问题主要有：

（1）断屑和排屑　深孔加工时必须保证可靠地断屑和排屑，否则切屑堵塞就会引起刀具损坏。

（2）冷却和润滑　孔加工属于半封闭式切削，摩擦大，切削热不易散出，工作条件差，而加工深孔时，切削液更难注入，必须采取有效的冷却和润滑措施（措施有哪些?）。

（3）导向　由于深孔的长径比大，钻杆细长，刚度较低，容易产生振动，并使钻孔偏斜而影响加工精度和生产率，因此深孔钻的导向支撑需很好解决。

3.3.2 深孔钻的类型及其结构的主要特点

1. 外排屑深孔钻

外排屑深孔钻以单面刃的应用较多。单面刃外排屑深孔钻最早用于加工枪管，故又名枪钻。枪钻的结构较简单（图3-24a），它由切削部分和钻杆部分所组成，其工作原理见图3-24b。工作时，高压切削液（约为3.5~10MPa）由钻杆后端的中心孔注入，经月牙形孔和切削部分的进油小孔到达切削区，然后迫使切屑随同切削液由120°的V形槽和工件孔壁间的空间排出。因切屑是在深孔钻的外部排出，故称外排屑。这种排屑方法无需专门辅具，排屑空间亦较大。但钻头刚度和孔的加工质量会受到一定的影响，因此适合于加工孔径2~20mm、表面粗糙度 Ra 值为3.2~0.8μm、公差IT8~IT10级、长径比大于100的深孔。

枪钻的前刀面为平面，前角一般取0，以便于制造。后角一般取10°~15°，加工硬材料时取小值（为什么?）。

枪钻切削部分的一个重要特点是它只有一侧有切削刃，没有横刃（图3-25），钻尖偏离轴线 e，且一般 $\theta_A>\theta_B$，以使作用在钻头上的合力 F_R 的径向分力 F_y，始终指向切削部分的导向面，这就可保证深孔钻得到良好的导向。一般常取 $e=d_0/4$；加工钢材和铸铁时，取 $\theta_A=30°\sim40°$，$\theta_B=20°$，以使径向力 F_y 大小适当。由于钻尖偏移轴心线一个距离 e，钻孔时将在钻尖前方形成一个小圆锥体，它有助于深孔钻定心。此外，钻尖的偏移可使切屑从钻尖处断离分成两段，便于排屑。

枪钻上的120°槽底略低于钻心一段距离 H（图3-26），以避免靠近中心处的切削刃工作后角为负值，挤压工件而恶化加工。由于切削刃低于中心 H，切削时会在钻心处留下一个芯柱，它也有利于钻削时的导向。但 H 值不能太大，否则芯柱太粗不易折断，反而会损坏钻

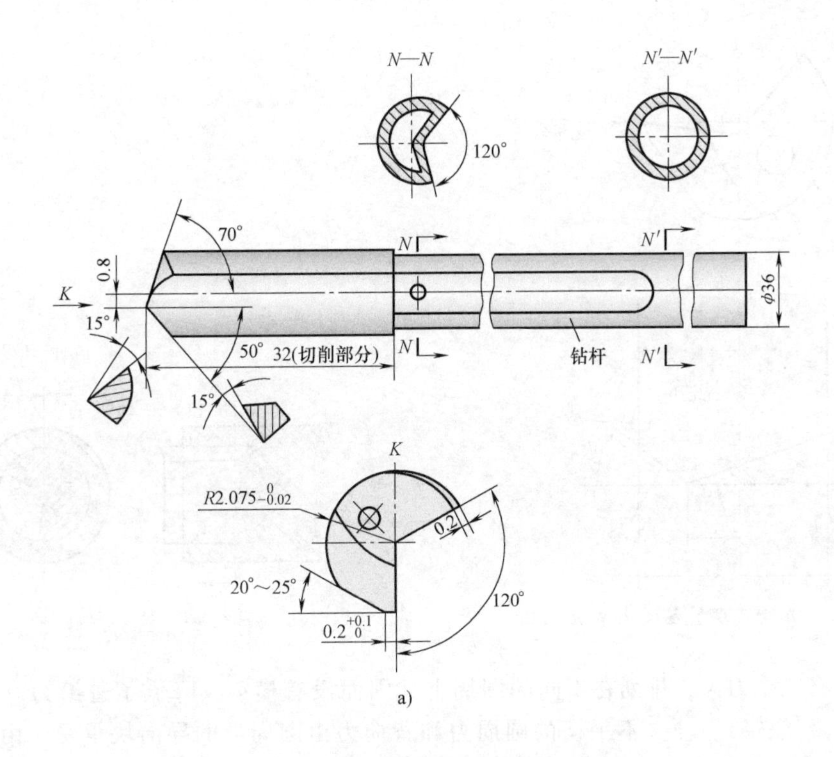

a)

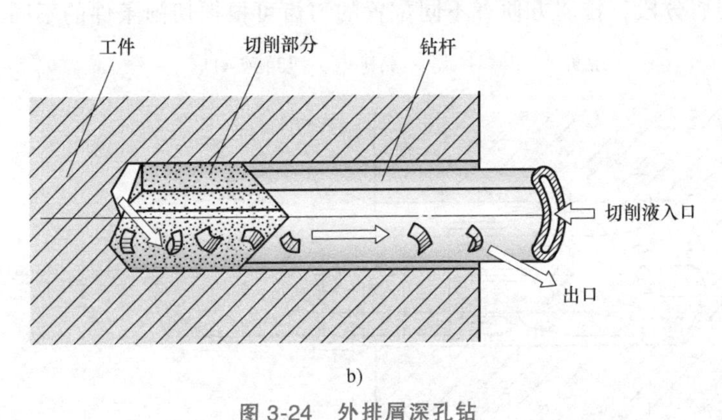

b)

图 3-24 外排屑深孔钻

头。一般常取 $H=(0.01\sim0.015)d_0$。

这种深孔钻的切削部分常用高速钢或硬质合金制造。钻杆可用无缝钢管制成，与切削部分焊接成一体。

2. 内排屑深孔钻

内排屑深孔钻一般由钻头和钻杆用螺纹连接组成。工作时，高压切削液（约 2~6MPa）由钻杆外圆和工件孔壁间的空隙注入，切屑随同切削液由钻杆的中心孔排出，故名内排屑。工作原理如图 3-27a 所示。内排屑深孔钻一般用于加工 $\phi15\sim\phi120$mm、长径比小于 100、表面粗糙度 Ra 值为 3.2μm、公差 IT6~IT9 级的深孔。由于钻杆为圆形，刚度较好，且切屑不与工件孔壁摩擦，故生产率和加工质量均较外排屑的有所提高。

内排屑深孔钻中以错齿的结构较为典型。图 3-27b 是硬质合金可转位式错齿内排屑深孔钻的结构简图，它目前已较好地用于加工孔径 60mm 以上的深孔。这种深孔钻的刀齿分布特

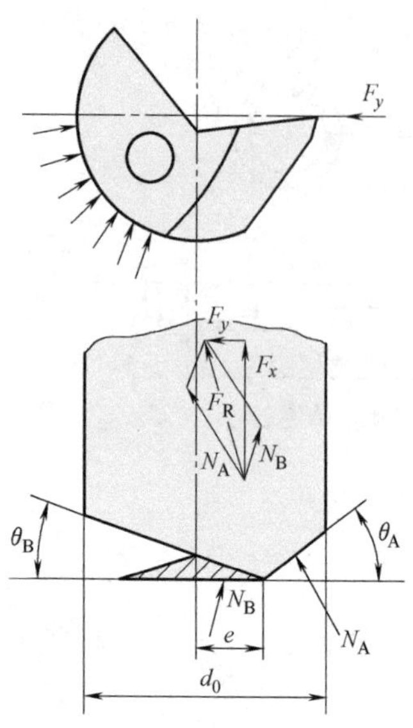

图 3-25　单面刃深孔钻受力情况

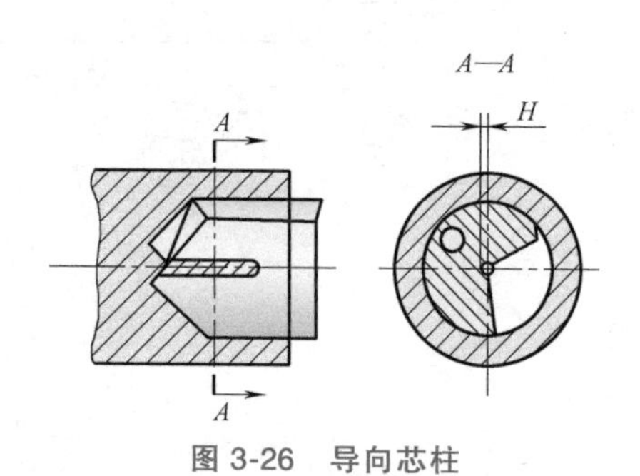

图 3-26　导向芯柱

点是：它共有三个刀齿，排列在不同的圆周上，因而没有横刃，降低了进给力（为什么没有横刃就可降低进给力?）。不平衡的圆周力和背向力由圆周上的导向块承受。由于刀齿交错排列，可使切屑分段，排屑方便。不同位置的刀齿可根据切削条件的不同，选用不同牌号

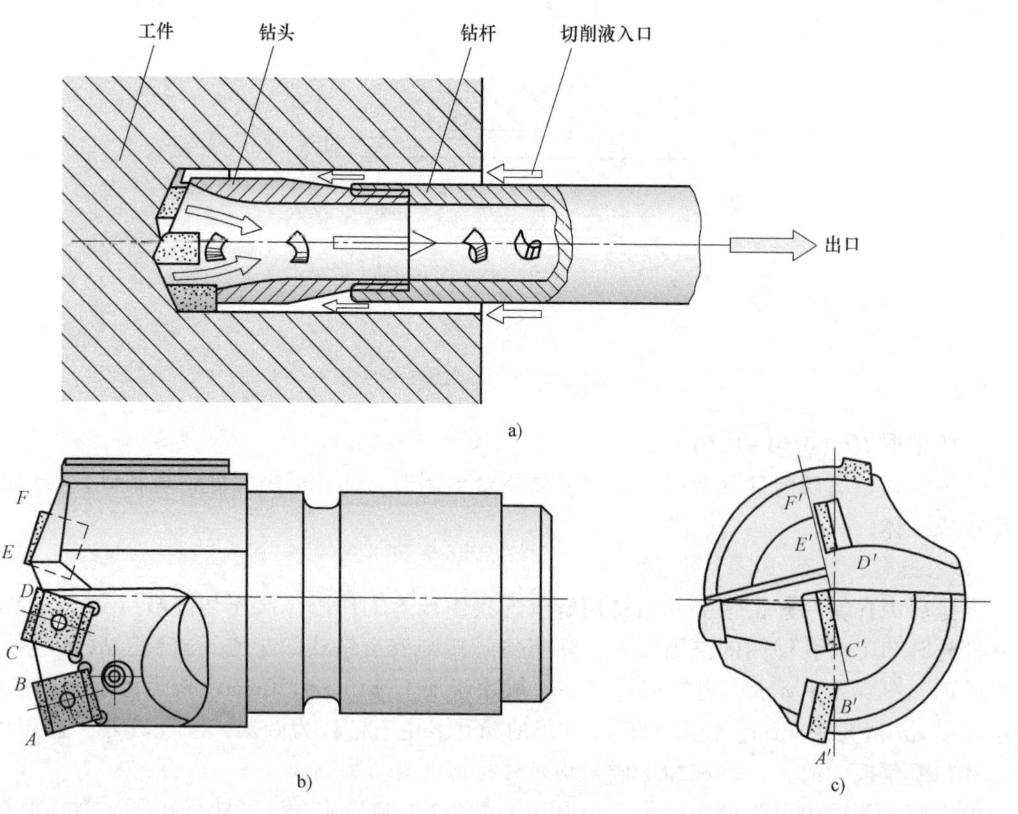

图 3-27　内排屑深孔钻

的硬质合金，以适应对刀片强度和耐磨性等的要求：外刀齿可选用耐磨性较好的 YW 或 YT 类硬质合金，而中心齿可选用韧性较好的 YG 类硬质合金。切削刃的切削角度可以通过刀齿在刀体上的适当安装而获得。外圆上的导向块可用耐磨性较好的 YW 类硬质合金制造。

为了提高钻杆的强度和刚度，以及尽可能增大钻杆的内孔直径以便于排屑，钻杆和钻头的连接一般采用细牙矩形螺纹。钻杆选用强度较好的合金钢管或结构钢管，经热处理制造而成。

3. 喷吸钻

喷吸钻是 20 世纪 60 年代初期开始应用的一种新型深孔钻。因为它利用切削液的喷射效应排出切屑，故切削液的压力可较低，一般仅为 1~2MPa。工作时不需要专门的密封装置，可在车床、钻床或镗床上应用。喷吸钻是一种内排屑的深孔钻，常做成硬质合金错齿结构。它由喷吸钻头（图 3-28a）和内、外钻管组成。喷吸钻头的结构型式、几何参数、定心导向、分屑、排屑等情况，基本上均和错齿内排屑深孔钻相类似，用以加工表面粗糙度 *Ra* 值为 3.2~0.8μm、公差 IT7~IT10、孔径 ϕ16~ϕ65mm 的深孔，效率较高。

喷吸钻的主要特点是它的排屑方法和钻杆结构，它的工作原理如图 3-28b 所示。切削液由压力油入口处进入，2/3 的切削液由内、外管之间的空隙和钻头上的六个小孔流达切削区，对切削部分和导向部分进行冷却和润滑，然后从内管中排出；另外 1/3 的切削液从内管后端四周的月牙形喷嘴向后喷射。由于喷嘴缝隙很窄，流速很快，产生喷射效应，在喷射流的周围形成低压区，因而在内管的前、后端产生了压力差，后端有一定的吸力，将切屑加速向后排出。因此，喷吸钻和一般的内排屑深孔钻相比，切削液流向稳定，排屑通畅，可以显著改进工作条件，提高钻孔效率。加工普通钢材时，切削速度可达 60~100m/min，进给量可达 0.15~0.30mm/r。

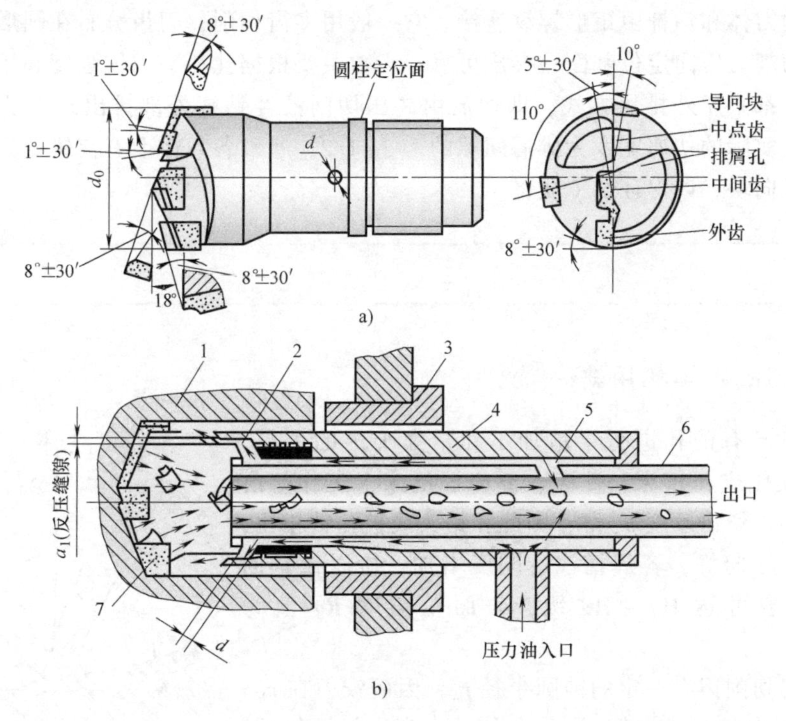

图 3-28　喷吸钻

1—工件　2—小孔　3—钻套　4—外钻管　5—喷嘴　6—内钻杆　7—钻头

喷吸钻因有内、外双重钻管，使排屑空间减少，故对断屑问题应给予注意，一般以能均匀地断成C形切屑最为合宜，故 $\phi16 \sim \phi65$mm 的喷吸钻都采用错齿排列，并在刀片前刀面上开断屑台。当孔径较大时，可以采用可转位式刀片的结构（为什么？）。

为了加大排屑空间和增加钻管的强度和刚度，也可采用单管喷吸钻。它的特点是不用内管，因而可增加管壁厚度和排屑孔径。这种深孔钻用于加工直径较小的深孔，但其喷吸装置需采用专门喷嘴和分路及密封装置，结构较为复杂。

4. 套料钻

钻削直径大于60mm的孔，采用套料钻可以将材料中心部分的料芯留下再予利用，减少了金属切削量，提高了生产率。在重型机械制造中，套料钻应用较多。图3-29为套料钻的工作示意图。

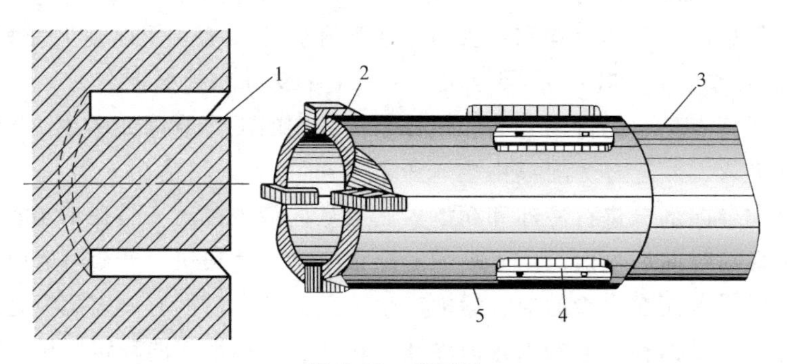

图3-29 套料钻

1—料芯 2—刀齿 3—钻杆 4—导向块 5—刀体

套料钻的刀体和钻杆由矩形螺纹连接。它一般用多齿切削，刀齿分布在圆形刀体的前端面上，这样切削力压向定位基面，夹压可靠。齿数主要根据孔径、刀体强度和排屑空间等决定。工作时大都采用外排屑方式，即切屑由高压切削液经钻杆外部排出。为了保持排屑通畅，一般应使实际的切屑宽度为排屑间隙的1/3~1/2，所以各刀齿上有交错的分屑槽。套料钻也需应用导向块，以保证加工质量。

3.4 铰刀

3.4.1 铰刀的种类和用途

铰刀是对已有的孔进行半精加工和精加工用的工具。它可以用手操作或在车床、钻床、镗床等机床上工作。由于铰削余量小，切屑厚度 a_c 薄，因此和钻头或扩孔钻相比，铰刀齿数多，导向好，容屑槽浅，刚度增加，所以铰孔的加工精度一般可达H7~H9级，表面粗糙度 Ra 值为1.6~0.4μm。

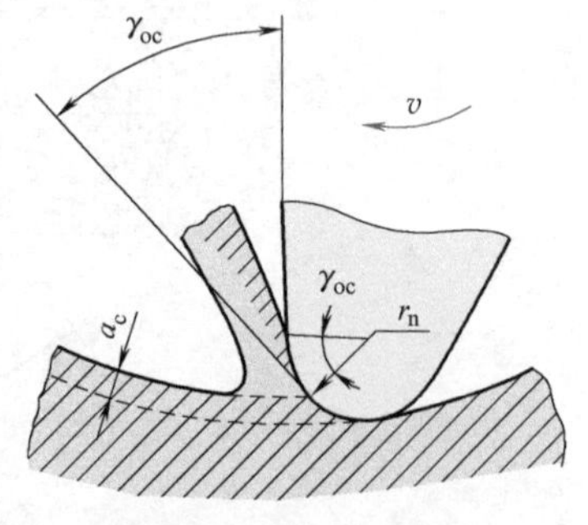

图3-30 铰刀工作情况

由于铰刀切削刃有一定的钝圆半径 r_n，因而铰刀在 $r_n > a_c$ 的情况下工作时，其前角 γ_{oc} 为负值，会产生挤压作用，如图3-30所示。此外，由于已加工表面的弹性恢复和铰刀

校准部的刃带 b_{a1}（图 3-35）也会增强这种挤压作用，所以铰削过程是一个切削和挤压的联合作用过程。

铰刀的生产率较高，费用较低，既可铰削圆柱孔，也可铰削圆锥孔，因此在孔的精加工中应用广泛。

铰刀种类很多，根据使用方式可分为手用铰刀和机用铰刀；根据用途则有圆柱孔铰刀和圆锥孔铰刀。此外，还可按刀具材料、结构等进行分类，如硬质合金铰刀、镶片铰刀等。

1. 手用铰刀

最常用的手用铰刀是整体式的（图 3-31a），直柄方头，结构简单，用手操作，使用方便。但磨损后尺寸不能调节，故使用寿命短。在修配及单件生产中铰通孔时，常采用可调节式手用铰刀，如图 3-31b 所示。当调节两端螺母使楔形刀片在刀体斜槽内移动时，就可改变铰刀尺寸。随铰刀直径的不同，其调节范围也不同。

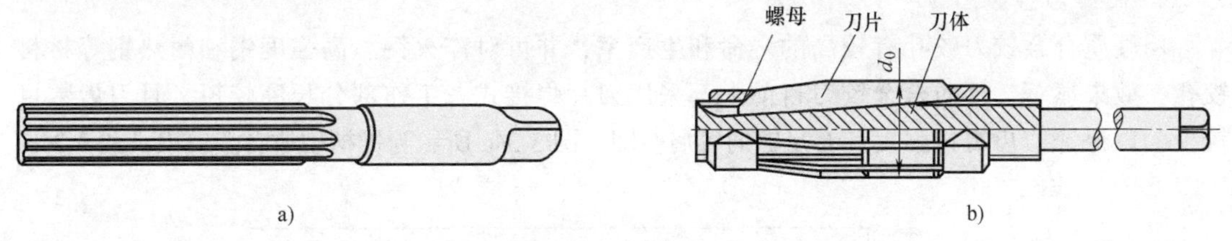

图 3-31　手用铰刀

2. 机用铰刀

机用铰刀用于机床上铰孔。随铰刀尺寸的不同，柄部有直柄的和锥柄的（图 3-32a、b）。当加工较大尺寸的孔时，为节约刀具材料，铰刀可做成套式的（图 3-32c），铰刀上 1∶30 的锥孔做定位用，端面键用以传递扭矩。套式铰刀经多次修磨后外径要减小。为延长使用寿命，可做成镶齿式的（图 3-32d）。

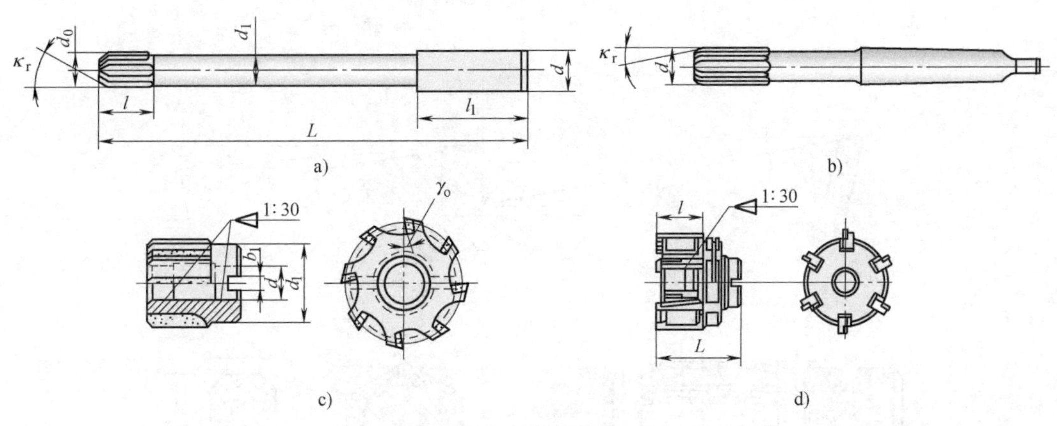

图 3-32　机用铰刀

3. 圆锥孔铰刀

圆锥孔铰刀是铰制圆锥孔用的铰刀。常用的有莫氏锥度铰刀（什么是莫氏锥度?）和 1∶50 锥度的销子孔铰刀。铰圆锥孔时，切削量大，刀齿工作比较沉重，因此常用两把铰刀组成一套，分别承担粗、精加工，如图 3-33 所示。在用手工铰孔时，柄部为直柄方头；当在机床上成批铰孔时，柄部为锥柄。在粗加工用的铰刀上，刀齿上开着按右螺旋分布的梯形分屑槽；精铰刀做成直线形刀齿，用以修整孔形。

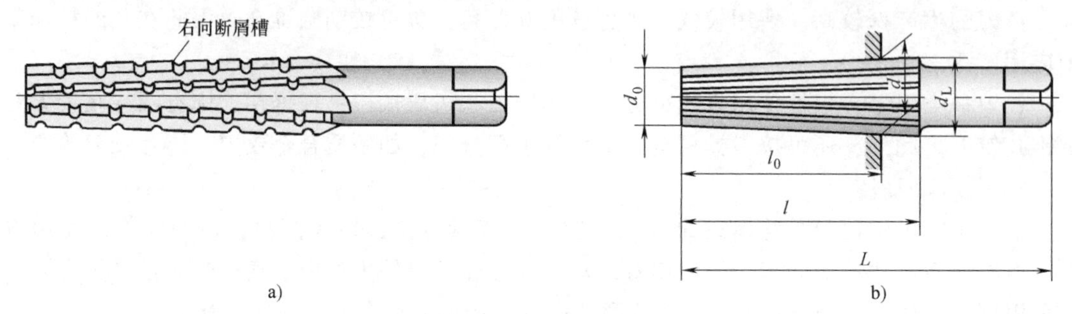

图 3-33 莫式锥度铰刀

4. 硬质合金铰刀

用硬质合金铰刀铰孔有较高的寿命和生产率，并可对淬火钢、高强度钢和耐热钢等材料铰孔，效果显著。硬质合金铰刀目前大都采用刀片焊接式，工作部分长度较短，且刀齿数目较少，以保证刀齿刃口强度和有足够的容屑空间。图 3-34a 所示为锥柄硬质合金铰刀；图 3-34b

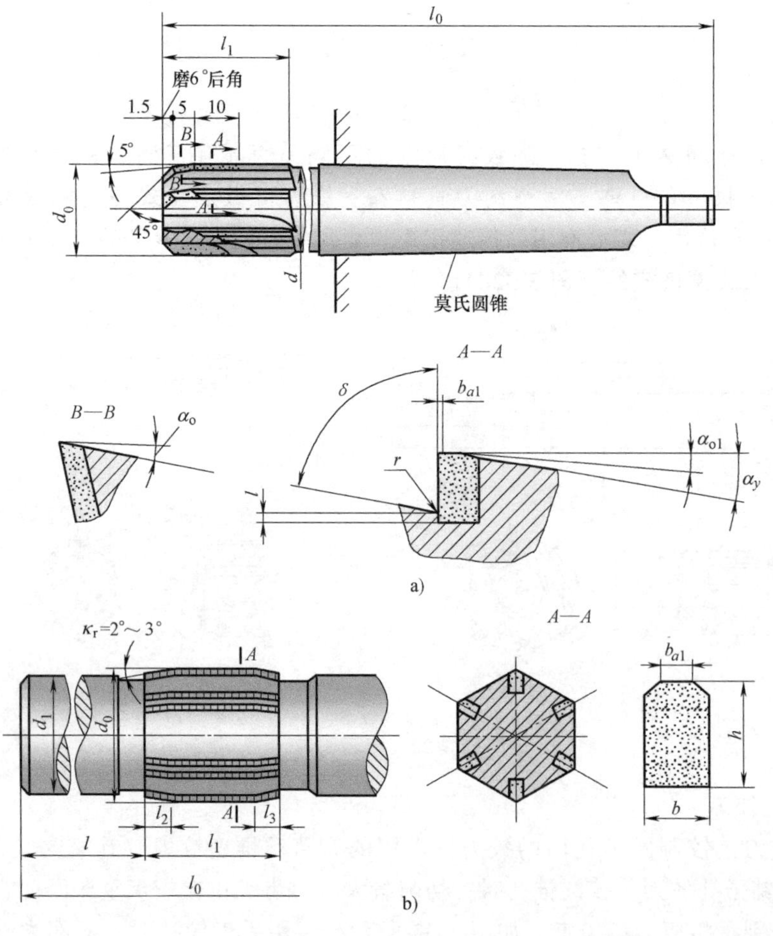

图 3-34 硬质合金铰刀

所示为硬质合金无刃铰刀，它的特点是具有很大的负前角并具有刃带，工作时主要起挤压作用，铰出的孔会有极微量的收缩，适用于对铸铁、硬青铜等孔的精加工，铰削余量小于0.05mm，用充足的煤油作为切削液。

3.4.2　铰刀的结构及几何参数

图3-35所示为铰刀的典型结构，它由刀体、颈部和刀柄组成。刀体又可分为切削部分和校准部分。切削部分为由主偏角所形成的锥体，起主要的切削作用。在此锥体的前端，有一引导锥，便于将铰刀引入孔中；校准部分是由能起导向、校准和挤光作用的圆柱部分，以及为减少摩擦并防止铰刀将孔径扩大的倒锥部分组成（在铰削韧性材料时，实践证明，可在校准部分全长上制成倒锥）。下面讲述切削部分的主要结构要素。

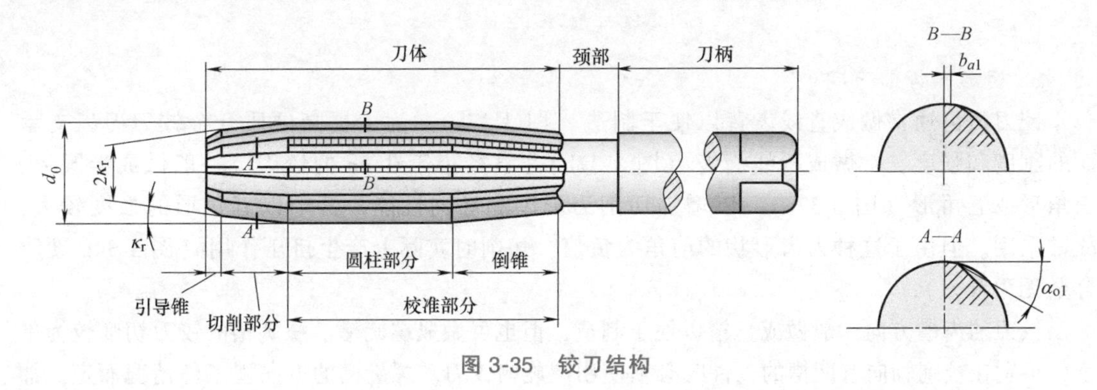

图3-35　铰刀结构

1. 齿数

铰刀的加工余量小，容屑槽浅，所以齿数可以做得较多。齿数多，则铰刀的导向好，每齿负荷轻，铰孔质量也高。但齿数过多会降低铰刀强度和减小容屑空间，故通常根据铰孔尺寸选取铰刀齿数，见表3-2。铰刀直径越大，齿数越多。为了便于测量铰刀直径，齿数一般取偶数。

表3-2　铰刀齿数

高速钢铰刀	手用	直径/mm	1~2.8	3~13	14~26	27~40	42~50
		齿数	4	6	8	10	12
	机用	直径/mm	1~2.8	3~20	21~35	36~48	50~55
		齿数	4	6	8	10	12
硬质合金铰刀		直径/mm	<6	6~12	13~24	25~40	>40
		齿数	≤3	3~4	5~6	7~8	≥10

铰刀刀齿在圆周上的分布，目前有两种不同的型式：等距分布（图3-36a）和不等距分布（图3-36b）。等距分布的铰刀制造简单。但在切削过程中可能由于黏附在孔壁上的切屑或因工件材质不纯（存在杂质）等原因而使铰刀产生周期性的振动，致使在孔壁上产生纵向刀痕，影响加工表面粗糙度。采用不等距分布型式可以避免这种现象，但其制造比较麻烦。为了便于制造和测量，常采用在半圆周上刀齿不等距但相对的刀齿的齿间角相等的分布型式。上述两种型式目前均有采用，手用铰刀大多用不等距分布，机用铰刀则常采用等距分

布（为什么?）。

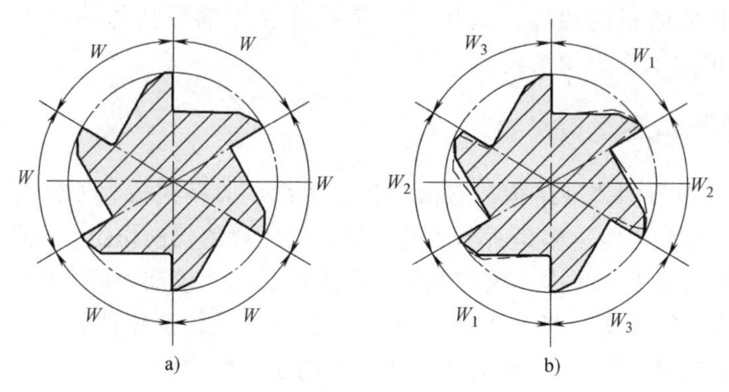

图 3-36　铰刀刀齿的分布

2. 齿形和齿槽方向

铰刀刀齿通常做成直线齿背以便于制造（图 3-37a)。为了提高硬质合金铰刀刀齿支承面的刚度和强度，常做成折线齿背（图 3-37b)。直径小于 3mm 的铰刀，一般做成半圆形、三角形或五角形（图 3-37c)，以增加切削刃强度和导向性能，其中以五角形的强度较大，故常采用。但由于这种刀齿形状的前角为负值，切削时实际上产生挤压作用（图 3-34b 硬质合金无刃铰刀)。

铰刀的齿槽方向一般做成直槽以便于制造，但也可做成螺旋槽。螺旋槽的铰刀切削较为平稳，特别在铰削轴向有凹槽的工件时必须使用螺旋槽铰刀。螺旋槽的方向视工件情况而定。加工通孔时，为使切屑向前导出并装夹牢靠，采用左螺旋槽铰刀；加工盲孔时，需用右螺旋槽铰刀使切屑沿螺旋槽向刀柄方向排出，但这时作用于铰刀上的进给力和进给运动方向相同，可能产生自动进给而影响加工质量，因此切削用量应减小。铰刀螺旋角 ω 的推荐值为：在加工普通钢材和可锻铸铁时，$\omega=12°\sim20°$；加工灰铸铁及硬钢时，$\omega=7°\sim8°$；加工轻金属时，$\omega=30°\sim45°$。硬质合金螺旋铰刀，为制造方便，可制成斜齿的，斜角一般为 3°~5°。

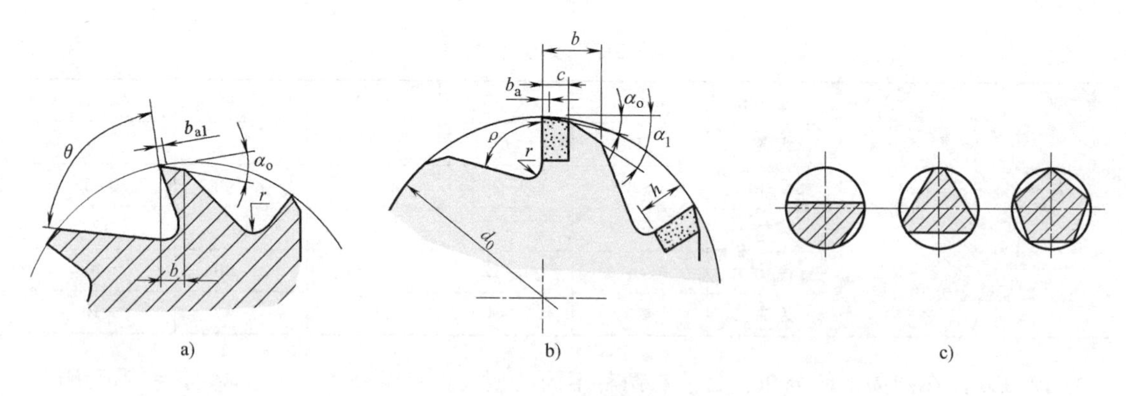

图 3-37　铰刀齿槽截形

3. 几何角度

（1）切削锥角　切削锥角的大小影响铰刀参加工作的切削刃长度和切屑厚薄以及各分力间的比值，对加工质量有较大影响。如 κ_r 小，则参加工作的切削刃较长，切屑薄，轴向力小，且切入时的导向好。但变形较大，而切入和切出的时间也长。因此手用铰刀宜取较小

的 κ_r 值，通常取 $\kappa_r=0.5°\sim1°$。机用铰刀工作时，其导向和进给由机床保证，故 κ_r 可选用较大值，一般在加工钢材时，取 $\kappa_r=15°$；铰削铸铁和脆性材料时，取 $\kappa_r=3°\sim5°$；加工盲孔时，取 $\kappa_r=45°$。

（2）前角和后角　由于铰刀切下的切屑很薄，切屑和前刀面的接触长度很短，前角的作用不显著。为制造方便，在精加工时，常取 $\gamma_o=0°$；粗铰韧性材料时，为减小切削力和抑制积屑瘤的产生，取 $\gamma_o=5°\sim10°$。由于铰削时切屑厚度薄，后角 α_o 值应较大。但考虑到铰刀重磨后径向尺寸不致变化过大，故一般取 $\alpha_o=6°\sim10°$。刃磨后角时，切削部分的刀齿必须磨尖而不留刃带；校准部分则必须留有 0.05～0.3mm 的刃带，以挤光和校准孔径，并便于制造和检验铰刀。

（3）轴向刃倾角　在直槽高速钢铰刀的切削刃上，磨有与轴线倾斜成 15°～20°的负轴向刃倾角 λ_{sx}（图 3-38a），可以使切屑向前排出，不致擦伤已加工表面，故可提高铰削塑性材料通孔时的加工质量。为了使这种带刃倾角的铰刀能用来加工盲孔，可在铰刀端部开一较大的凹孔（图 3-38b）以容纳切屑。实践证明，这对于提高铰刀寿命和加工表面质量也有很好的效果。直槽硬质合金铰刀为便于制造，一般取 $\lambda_{sx}=0°$，但有时为避免切屑擦伤已加工表面，也可取 $\lambda_{sx}=-5°\sim-3°$。

（4）直径及其公差　铰刀的直径及其公差是指校准部分而言的，因为被铰孔的尺寸是由它决定的。铰刀的公称直径 d_0 应等于被加工孔的公称直径 d，而其公差则与被铰孔的公差 δ_d、铰刀的制造公差 G、磨耗备量 H，以及铰削后孔径可能产生的扩张量或收缩量有关。一般铰孔时，由于切削振动、刀具振摆、安装误差以及积屑瘤等原因，铰出的孔径常大于铰刀校准部分的外径，而产生扩张量 P。但有时由于工件弹性或热变形的恢复（特别在使用硬质合金铰刀铰孔时，因切削温度较高），铰孔后孔径会缩小，而产生收缩量 P'。究竟铰孔后孔径是扩张还是收缩，以及它们数值的大小，需由经验或试验确定。扩张量的范围一般在 0.003～0.02mm，收缩量大致在 0.005～0.02mm。图 3-39 为铰刀直径及其公差分布图。当铰孔后产生扩张现象，则由图 3-39a 可见，铰刀在制造时的最大直径 $d_{0\max}$ 和最小直径 $d_{0\min}$ 应为

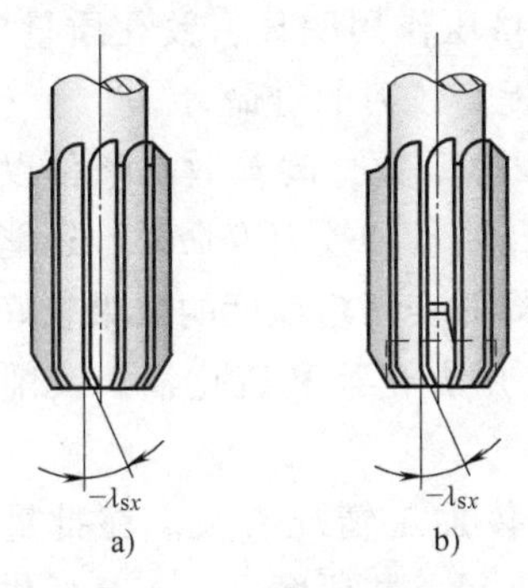

图 3-38　带有刃倾角的铰刀

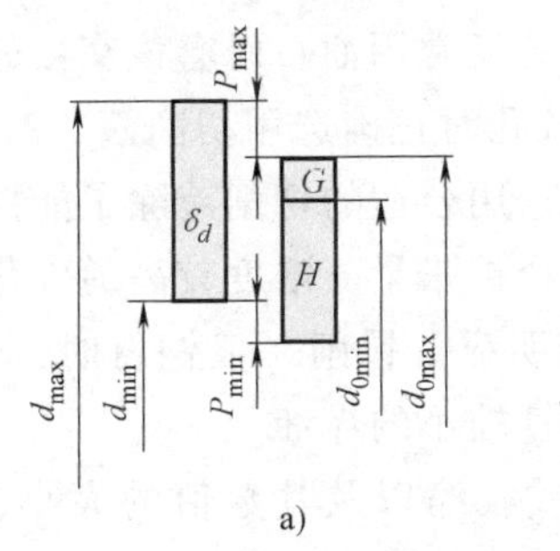

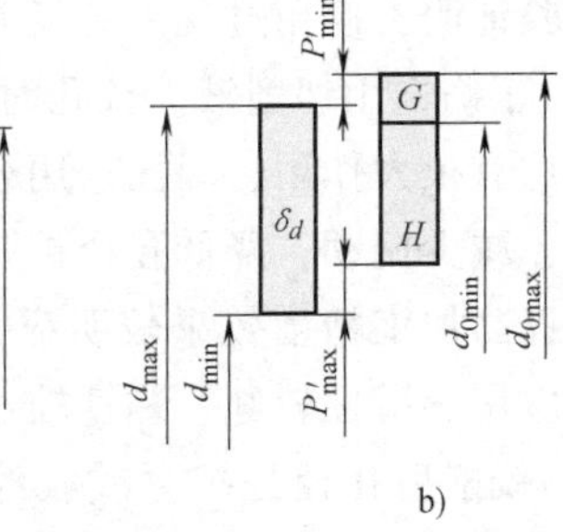

图 3-39　铰刀外径的决定

$$d_{0\max}=d_{\max}-P_{\max}$$
$$d_{0\min}=d_{\max}-P_{\max}-G$$

若铰孔后孔径收缩，则由图 3-39b 可得

$$d_{0\max}=d_{\max}+P'_{\min}$$
$$d_{0\min}=d_{\max}+P'_{\min}-G$$

铰刀的制造公差 G 不能太大，否则磨耗备量 H 小，降低了铰刀的使用寿命；但公差太小，也会使铰刀制造成本增加。国家标准中规定有铰刀的直径公差分配。

3.4.3 铰刀的合理使用

铰刀是精加工刀具，使用得合理与否，将直接影响铰孔的质量。也就是说，铰孔的精度和表面粗糙度除了与铰刀本身的结构与制造质量有关外，前道工序的加工质量、铰削用量、润滑冷却、工件材质、重磨质量，以及铰刀在机床上的装夹情况等因素，也都会影响铰孔质量。

1）底孔（即前道工序加工的孔）好坏，对铰孔质量影响很大。底孔精度低，就难以得到较高的铰孔精度，如上一道工序造成轴线歪斜，由于铰削量小，且铰刀与机床主轴常采用浮动连接，故铰孔时就难以纠正。对于精度要求高的孔，在精铰前应先经扩孔及镗孔或粗铰等工序，使底孔误差减小，才能保证精铰质量。

2）铰削用量选择合理，可以提高铰孔质量。铰削余量视工件材料和对铰孔质量等要求的不同，一般取直径上的余量为 0.06~0.12mm。铰削余量过大，则铰刀负荷重，铰孔表面质量和铰刀寿命下降；反之，铰削余量过小，虽可提高铰孔精度，但可能因不能去除前道工序留下的表面不平度和变质层而影响铰孔质量。一般来说，提高铰削时的切削速度和增加进给量，铰孔精度会下降，表面粗糙度增加，特别是当提高切削速度时，铰刀磨损加剧，且易引起振动；在加工韧性很大的材料时，切削速度低，还可以避免积屑瘤的产生（为什么？）。一般在铰削钢材时，切削速度 v=1.5~5m/min；铰削铸铁时，v=8~10m/min。进给量 f 不能取得太小，因为铰刀的切削锥角 κ_r 小，切削厚度薄，由于受切削刃钝圆半径 r_n 的影响，铰刀挤压作用明显，如果 f 太小，既不利于润滑，又将加速后刀面的磨损。铰削钢材时，通常取 f=0.3~2mm/r；铰削铸铁时，取 f=0.5~3mm/r；铰孔尺寸大和铰孔质量要求高时 f 取较小值。

3）铰刀的磨损主要发生在切削部分和校准部分交接处的后刀面上。随着磨损量的增加，切削刃钝圆半径也逐渐加大，致使铰刀切削能力降低，挤压作用明显，铰孔质量下降。实践经验证明，使用过程中若经常用油石研磨该交接处，可提高铰刀的寿命。

4）正确选用切削液。铰孔时正确选用切削液，对降低摩擦系数，改善散热条件以及冲走细屑均有很大作用，因而选用合适的切削液除了能提高铰孔质量和铰刀寿命外，还能消除积屑瘤，减少振动，降低孔径扩张量。浓度较高的乳化油对降低表面粗糙度的效果较好，硫化油对提高加工精度效果较明显。铰削一般钢材时，通常选用乳化油和硫化油。铰削铸铁时，可应用润滑性较好、黏性较小的煤油。

5）铰削后孔径是扩大或收缩以及其数值的大小，与具体加工情况有关。在批量生产时，应根据现场经验或通过试验来确定，然后才能确定铰刀外径，并研磨之。工具厂供应备有留研量的铰刀，而研磨工作则由使用厂自己进行。铰刀外圆的研磨，可用铸铁研磨圈沿校准部分刃带进行，如图 3-40 所示。研磨时，铰刀装在两顶尖间由车床主轴带动做低速转动，研磨圈沿铰刀轴线均匀移动。研磨圈上铣有斜槽，由三个螺钉支承在外套内。当调节螺钉时，可使研磨圈产生弹性收缩而与铰刀圆柱刃带轻微接触。研磨时，选用 200~500 号金刚砂粉和煤油拌和作为研磨剂。

6）铰刀用钝后重磨切削部分的后面，切削刃上应无缺口和毛刺，表面粗糙度 Ra 值不

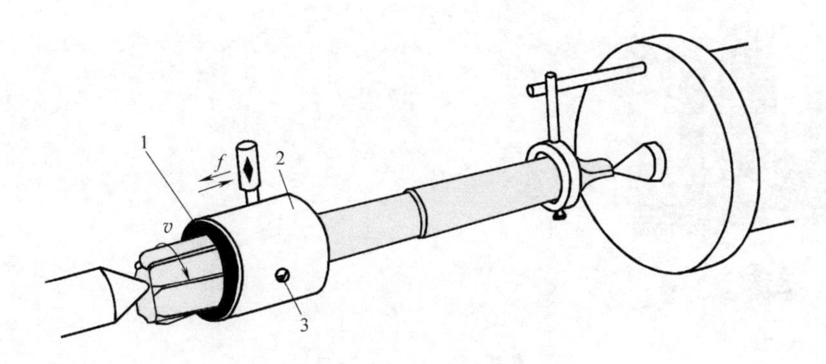

图 3-40 铰刀外圆的研磨

1—研磨圈 2—外套 3—调节螺钉

大于 0.4μm。为了避免铰刀轴线或进给运动方向与机床回转轴线不一致，铰刀和机床常不用刚性连接，而采用浮动装置。

复习思考题

3-1 试作图表示麻花钻的结构。

3-2 麻花钻有哪些几何角度？它们有什么特点？试作图表示之。

3-3 试分析麻花钻的前角和后角以及刃磨后刀面的方法。

3-4 钻削有哪些要素？试用图表示之。

3-5 试对钻削扭矩和进给力进行分析说明。

3-6 为什么要对麻花钻进行修磨？有哪些修磨方法？各适用于何种场合？

3-7 标准群钻有些什么特点？为什么？

3-8 深孔加工的特点是什么？深孔钻在结构上应如何考虑？它有哪些类型？

3-9 铰削的特点是什么？铰刀的结构和几何角度应如何与铰削的要求相适应？

3-10 决定铰刀外径尺寸时应考虑些什么问题？为什么？

3-11 铰刀比麻花钻和扩孔钻能获得较高的加工质量，试分析其原因。

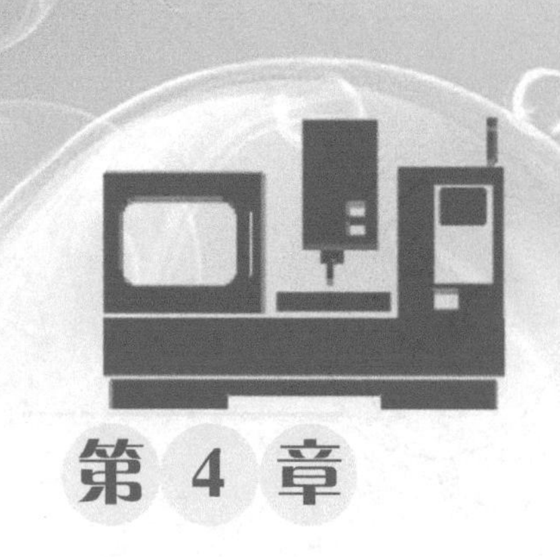

第 4 章

铣　　刀

4.1　铣刀的种类和用途

铣刀是一种应用很广泛的多齿多刃回转刀具。铣削加工时，铣刀绕其轴线转动（主运动），而工件则做进给运动。

铣削加工与刨削加工比较，铣削时同时参加工作的切削刃总长度较长，且无空行程，而使用的切削速度也较高，故加工生产率一般较高，表面粗糙度值较小。

铣刀的种类很多。按用途分有：

1）加工平面用的，如圆柱平面铣刀、面铣刀（端铣刀）等，分别如图 4-1a、b 所示。

2）加工沟槽用的，如立铣刀、两面刃或三面刃铣刀、锯片铣刀、T 形槽铣刀和角度铣刀，分别如图 4-1c、d、e、f、g、h 所示。

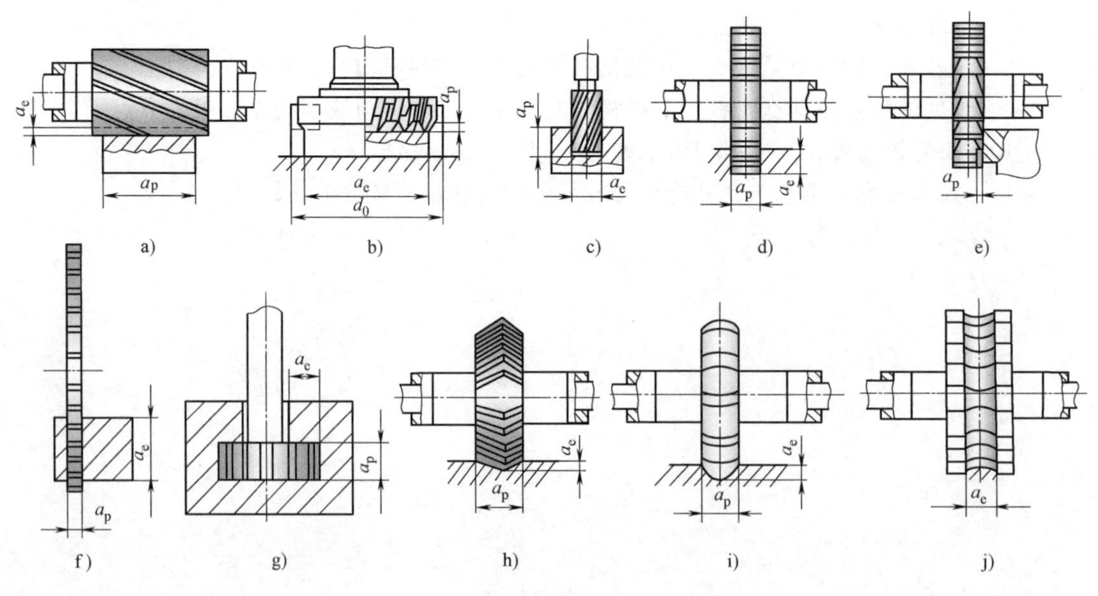

图 4-1　铣刀种类

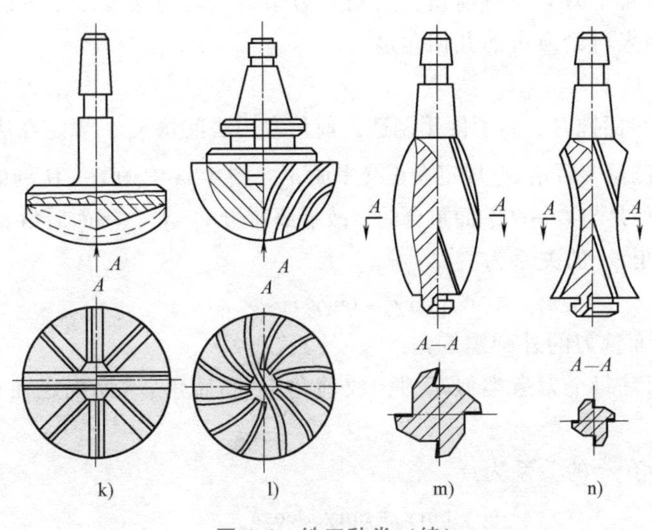

图 4-1　铣刀种类（续）

3）加工成形表面用的，如凸半圆和凹半圆铣刀，分别如图 4-1i、j 所示，以及加工其他复杂成形表面用的铣刀，如图 4-1k、l、m、n 所示。

按刀齿齿背形式和重磨方式分有：

1）尖齿铣刀：其后刀面常做成简单的平面（图 4-2a）或直母线的螺旋面（图 4-3a）。如加工平面和沟槽用的铣刀一般都用此齿背型式。这类铣刀用钝后，重磨后刀面，比较方便。

2）铲齿铣刀：其后刀面常做成特殊形状的曲面（图 4-2b）。如加工成形表面的铣刀常用此齿背型式。这类铣刀用钝后重磨前刀面，可以保持切削刃原有的形状。

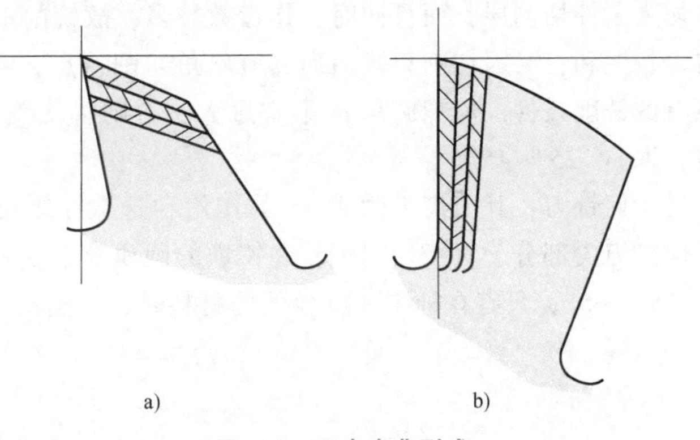

图 4-2　刀齿齿背型式

a）尖齿铣刀及其修磨　b）铲齿铣刀及其修磨

按刀齿数目分有粗齿铣刀和细齿铣刀。它们的区别在于，在相同直径下，粗齿铣刀的齿数较少、刀齿强度较高和容屑空间较大，适宜用于粗加工；细齿铣刀则齿数较多，适宜用于半精加工和精加工。

4.2　铣刀的几何角度

铣刀是由工作部分和夹持部分组成的。由图 4-1 可见，工作部分的刀齿有螺旋齿的，也有直齿的；夹持部分的型式，一般小尺寸铣刀常做成带柄的（图 4-1c、g 等），较大直径的铣刀则常做成带孔型式而套装在刀杆上（图 4-1a）。

铣刀工作部分的每个刀齿，有前角、后角和刃倾角等几何角度。本节以圆柱平面铣刀和面铣刀两种类型为例来讨论刀齿的几何角度。

1. 前角和后角

对于螺旋齿圆柱平面铣刀，为了便于制造，前角常用法前角 γ_n，规定在法平面 p_n（图 4-3a 中的 $N—N$ 剖面）内测量，后角 α_o 规定在正交平面 p_o（图 4-3a 中的 $O—O$ 剖面）内测量。习惯上称谓的端剖面在此处是与 $O—O$ 剖面重合的，故端面前角 $\gamma_f=\gamma_o$，端面后角 $\alpha_f=\alpha_o$。

法前角 γ_n 与前角 γ_o 的关系为

$$\tan\gamma_n=\tan\gamma_o\cos\omega$$

式中 ω——圆柱平面铣刀的外圆螺旋角。

对于面铣刀，因其每个刀齿类似车刀，故前角 γ_o 和后角 α_o 都规定在正交平面 p_o 内测量（图 4-3b）。

前角 γ_o 与法前角 γ_n 的关系为

$$\tan\gamma_o=\tan\gamma_n/\cos\lambda_s$$

式中 λ_s——面铣刀刀齿的刃倾角。

铣刀的前角可参阅表 4-1 选取，后角可参阅表 4-2 选取。

2. 刃倾角

对于圆柱平面铣刀，其螺旋角 ω 就是刃倾角 λ_s。具有 ω 角的螺旋齿铣刀，因其切削刃逐渐切入工件切削层，而且同时工作齿数较多，故铣削工作较直齿铣刀要平稳得多，且排出切屑也较顺利；又因切削刃倾斜而具有斜角切削特点，实际前角将比 γ_n 大很多，这就改善了原有的铣削条件。但螺旋角 ω 不宜过大，否则将使铣刀制造和刃磨困难。一般圆柱平面铣刀，取 $\omega=25°\sim45°$。

对于面铣刀，其刀齿刃倾角 λ_s 的作用和选取原则类似于车刀。但铣削加工冲击较大，为了保护刀尖部分，对于切削钢材和铸铁的硬质合金面铣刀，刃倾角 λ_s 常取负值，一般取 $\lambda_s=-15°\sim-5°$；只有在加工强度较低的材料时，才选用正的刃倾角 $\lambda_s=5°$（为什么?）。

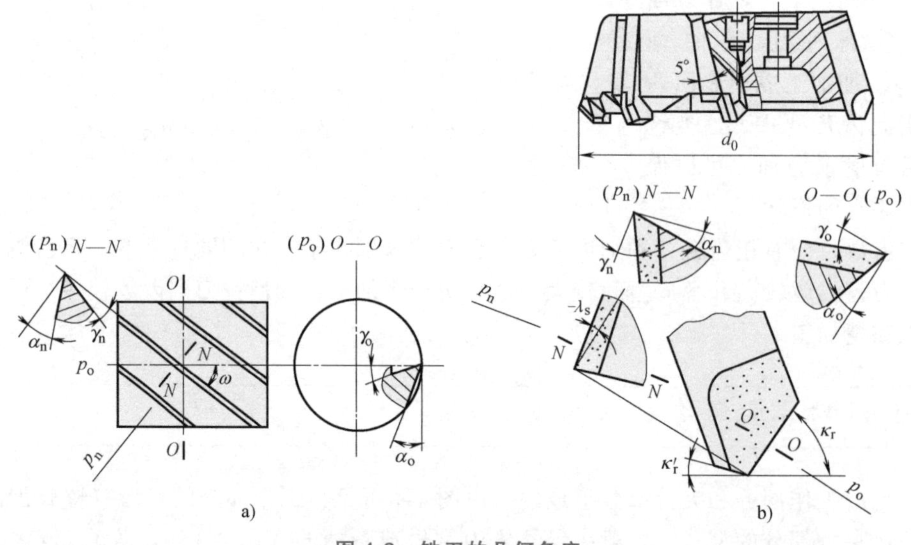

图 4-3 铣刀的几何角度

a）螺旋齿圆柱平面铣刀 b）硬质合金面铣刀

表 4-1 铣刀的前角参考值

工件材料 R_m/GPa		高速钢铣刀	硬质合金铣刀
钢料	<0.589	20°	5°~10°
	0.589~0.981	15°	-5°~5°
	>0.981	10°~12°	-10°~-5°
铸铁		5°~15°	-5°~5°

表 4-2 铣刀的后角参考值

高速钢铣刀硬质合金铣刀			
粗齿	细齿	粗铣	精铣
12°	16°	6°~8°	12°~15°

4.3 铣削要素与切削层面积

4.3.1 铣削要素与切削层参数

1. 铣削要素

铣削要素有铣削速度、进给量与吃刀量。

(1) 铣削速度　铣削速度 v_c 为铣刀旋转时的切削速度，具体为

$$v_c=\frac{\pi d_0 n}{1000}$$

式中 v_c——铣削速度（m/min）；
d_0——铣刀直径（mm）；
n——铣刀转速（r/min）。

(2) 进给量

1）进给量 f：铣刀每转一周时，它与工件的相对位移，常用计量单位为 mm。

2）每齿进给量 f_z：铣刀每转过一个刀齿时，它与工件的相对位移，具体为

$$f_z=f/z$$

式中 z——铣刀齿数。

3）每秒进给量：即进给速度 v_f，铣刀与工件的每秒钟相对位移，具体为

$$v_f=fn/60=f_z zn/60$$

式中 v_f——进给速度（mm/s）。

(3) 背吃刀量　背吃刀量 a_p 指平行于铣刀轴线方向的吃刀量，如图 4-1 所示。

(4) 侧吃刀量　侧吃刀量 a_e 指垂直于铣刀轴线方向的吃刀量，如图 4-1 所示。

2. 切削层参数

切削层参数有切削厚度和切削宽度。

(1) 切削厚度　切削层厚度 a_c 指铣刀相邻刀齿主切削刃的运动轨迹（即相邻切削表面）间的垂直距离，如图 4-4 所示。

（2）切削宽度　切削宽度 a_w 指铣刀主切削刃与工件切削层的接触长度。

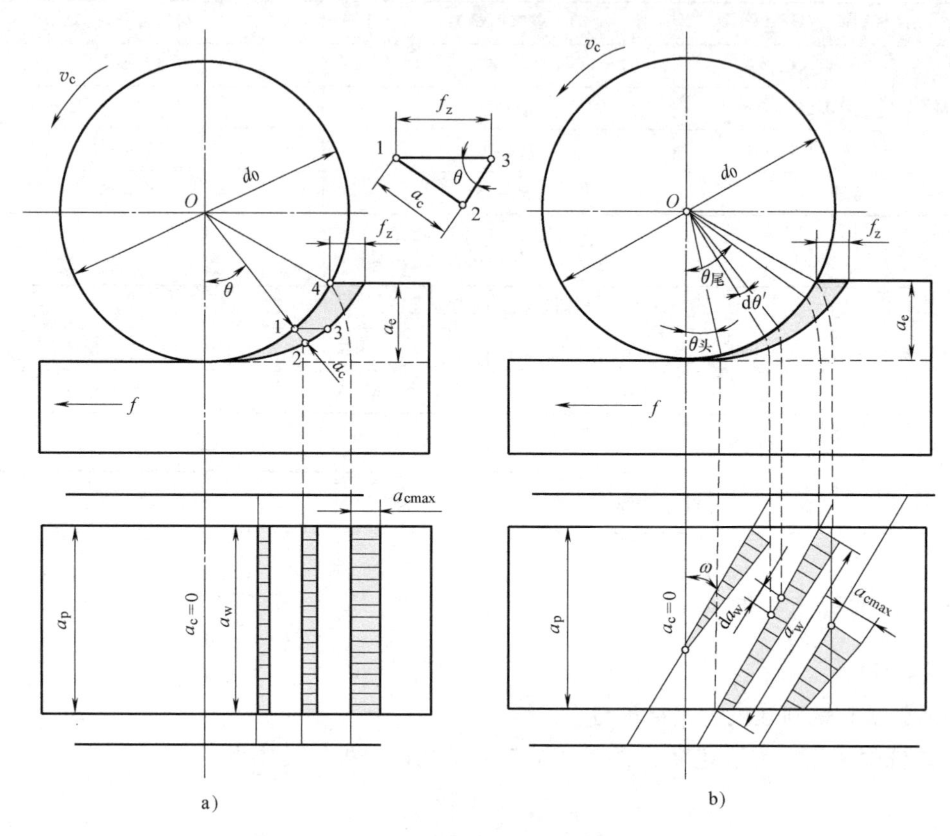

图 4-4　圆柱平面铣刀切削情况

a）直齿圆柱平面铣刀加工　b）螺旋齿圆柱平面铣刀加工

4.3.2　切削层面积

1. 直齿圆柱平面铣刀

直齿圆柱平面铣刀切削情况如图 4-4a 所示，每个刀齿的切削层面积为

$$A_{cz}=a_c a_w$$

切削层总面积 $A_{cz\Sigma}$ 是同时工作的各刀齿的 A_{cz} 之和，即

$$A_{cz\Sigma}=\sum_1^{z_e}A_{cz}=\sum_1^{z_e}a_c a_w$$

式中　z_e——同时工作的齿数。

由图 4-4a 可见，a_c 与瞬时接触角 θ 有关，从近似三角形，即△123 可知

$$a_c=f_z\sin\theta$$

而 $a_w=a_p=$常数，故

$$A_{cz\Sigma}=\sum_1^{z_e}a_c a_w=f_z a_p\sum_1^{z_e}\sin\theta$$

2. 螺旋齿圆柱平面铣刀

螺旋齿圆柱平面铣刀的切削情况如图 4-4b 所示，它的每个刀齿上的 a_c 和 a_w 都是变化

的，具体有

$$a_c \approx f_z \sin\theta$$

$$da_w = \frac{d_0}{2}d\theta \frac{1}{\sin\omega}$$

$$dA_{cz} = a_c da_w = f_z \frac{d_0}{2\sin\omega}\sin\theta d\theta$$

$$A_{cz} = \int_{\theta_{头}}^{\theta_{尾}} dA_{cz} = \frac{f_z d_0}{2\sin\omega}\int_{\theta_{头}}^{\theta_{尾}} \sin\theta d\theta = \frac{f_z d_0}{2\sin\omega}(\cos\theta_{头} - \cos\theta_{尾})$$

故
$$A_{cz\Sigma} = \sum_1^{z_e} A_{cz} = \frac{f_z d_0}{2\sin\omega}\sum_1^{z_e}(\cos\theta_{头} - \cos\theta_{尾})$$

3. 面铣刀

面铣刀切削情况如图 4-5 所示，它的每个刀齿上的 a_c 也是变化的，而 a_w 则是常数。由图 4-5 可知

$$a_c = f_z \cos\theta \sin\kappa_r$$

$$a_w = a_p / \sin\kappa_r$$

式中 θ——瞬时接触角；

κ_r——刀齿主偏角。

每个刀齿上的切削面积

$$A_{cz} = a_c a_w = f_z a_p \cos\theta$$

切削层总面积为

$$A_{cz\Sigma} = \sum_1^{z_e} A_{cz} = f_z a_p \sum_1^{z_e} \cos\theta$$

由上可知，切削层总面积 $A_{cz\Sigma}$ 是变化的，当同时工作齿数 z_e 越少时，$A_{cz\Sigma}$ 相对变化越大（为什么?）。这就是铣削不均匀性产生的原因之一。

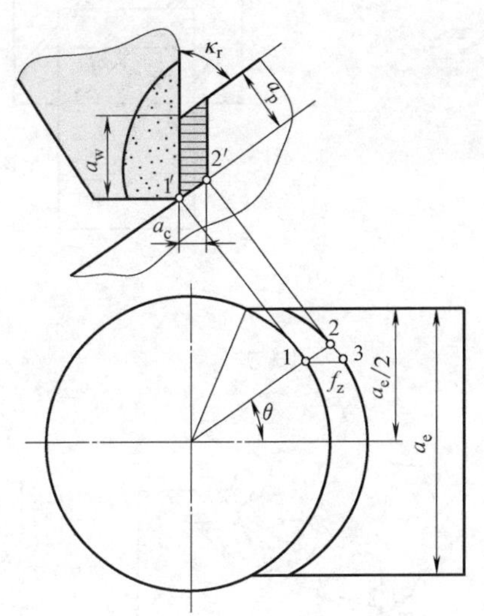

图 4-5 面铣时的切削层参数

4.4 铣削力及功率

1. 铣削力

铣削加工与车削加工一样，铣刀每个刀齿上都受到一定的切削力，它也可以分解为三个方向的分力：圆周切削力 F_c、垂直切削力 F_{cN} 和背向力 F_p（图 4-6a）。

（1）圆周切削力 F_c　它是作用于铣刀外圆切线方向的力，将使铣刀产生切削阻力矩 M，具体为

$$M = F_c \frac{d_0}{2}$$

式中 d_0——铣刀直径。

所以 F_c 是主要消耗功率的力。同时它将引起铣床主轴产生扭转变形和弯曲变形，故主轴强度应以 F_c 为计算的主要依据。此外，铣刀刀齿强度也应按 F_c 计算。

（2）垂直切削力 F_{cN}　它是作用于铣刀半径方向的力，将引起铣床主轴发生弯曲。它与 F_c 一起组成合力 F_r 使主轴产生弯曲变形，故主轴刚度应考虑此影响。

（3）背向力 F_p　它是作用于铣刀轴线方向的力。对于螺旋齿圆柱平面铣刀，F_p 是由于螺旋齿而产生的，因此，直齿圆柱平面铣刀则无此力。它对铣床主轴的轴承增加了轴向负荷，这就要求在选取轴承型号时考虑力 F_p 的影响。

铣削加工时，如果有 z_e 个刀齿同时切削，则 F_c 和 F_{cN} 可由各刀齿上受到的各力 F_{c1}，F_{c2}，…和 F_{cN1}，F_{cN2}，…合成而得，如图 4-6b、c 所示。

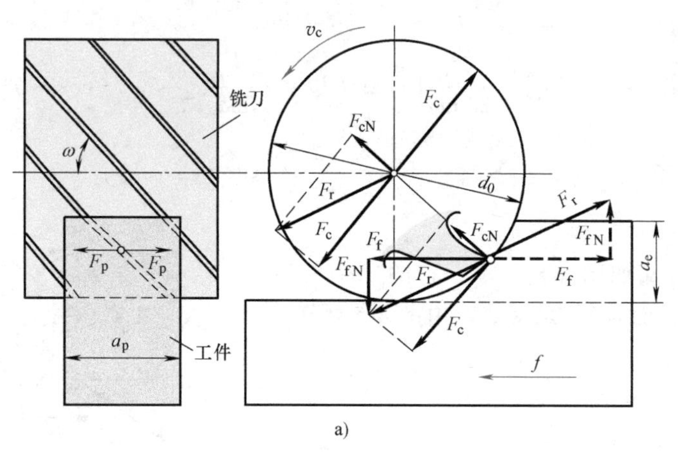

a)

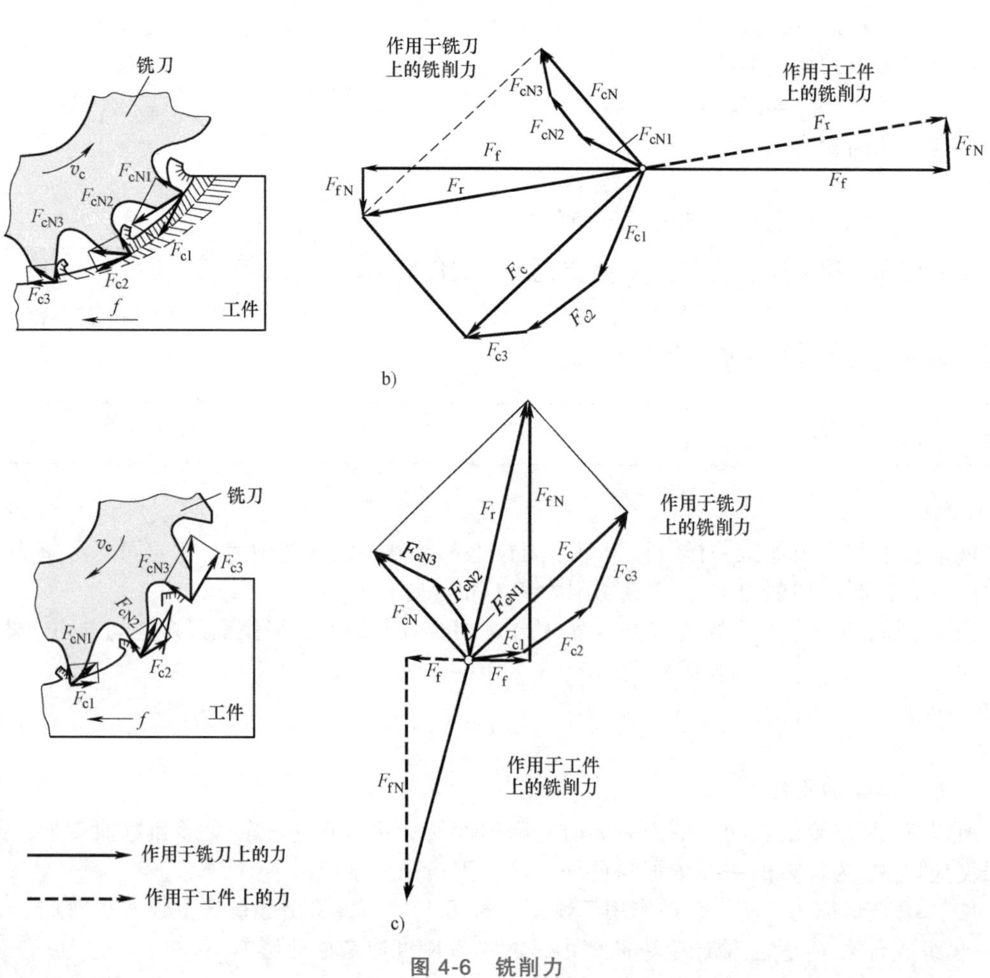

b)

c)

图 4-6　铣削力

为了便于分析铣削力，常将合力 F_r 分解为进给力 F_f 和垂直进给力 F_{fN}，以代替 F_c 和 F_{cN}。图 4-6b 所示为逆铣加工，见本章 4.5 节，此时作用于工件上的 F_f 与进给运动方向相反，使进给运动能够平稳地进行；而 F_{fN} 的方向是朝上的，这就有可能将工件挑起来，故此时要注意工件的定位和夹紧问题。图 4-6c 所示为顺铣加工，其作用于工件上的 F_f 与工件进给方向一致，因此有将工件往前拉而引起进给速度不均匀的趋势，故此时应注意铣床进给机构中存在的间隙问题；但 F_{fN} 的方向朝下，将增加工件装夹的稳定性。

面铣刀加工时的铣削力，则与圆柱铣削类同，也可分解为 F_c、F_{cN} 和 F_p，它们对机床、刀具和工件的影响也类似于圆柱铣削加工。

在设计机床、刀具和夹具时，常需知道铣削力的数值。对此，可以参照金属切削原理中建立车削力数学模型的方法，来建立铣削力的数学模型。为了应用方便，现介绍一些铣削力的经验计算式及比值，见表 4-3~表 4-5。

表 4-3　圆柱铣削和面铣时的铣削力计算式

铣刀类型	刀具材料	工件材料	切削力 F_c(N) 计算式
圆柱铣刀	高速钢	碳钢	$F_c=9.81(65.2)a_e^{0.86}f_z^{0.72}a_pzd_0^{-0.86}$
		灰铸铁	$F_c=9.81(30)a_e^{0.83}f_z^{0.65}a_pzd_0^{-0.83}$
	硬质合金	碳钢	$F_c=9.81(96.6)a_e^{0.88}f_z^{0.75}a_pzd_0^{-0.87}$
		灰铸铁	$F_c=9.81(58)a_e^{0.90}f_z^{0.80}a_pzd_0^{-0.90}$
面铣刀	高速钢	碳钢	$F_c=9.81(78.8)a_e^{1.1}f_z^{0.80}a_p^{0.95}zd_0^{-1.1}$
		灰铸铁	$F_c=9.81(50)a_e^{1.14}f_z^{0.72}a_p^{0.90}zd_0^{-1.14}$
	硬质合金	碳钢	$F_c=9.81(789.3)a_e^{1.1}f_z^{0.75}a_pzd_0^{-1.3}n^{-0.2}$
		灰铸铁	$F_c=9.81(54.5)a_ef_z^{0.74}a_p^{0.90}zd_0^{-1.0}$
被加工材料或硬度不同时的修正系数 k_{F_c}			加工钢料时 $k_{F_c}=\left(\frac{R_m}{0.637}\right)^{0.30}$（式中 R_m 的单位：GPa）
			加工铸铁时 $k_{F_c}=\left(\frac{\text{布氏硬度值}}{190}\right)^{0.55}$

表 4-4　圆柱铣削时切削力的比值

铣削条件	比值	铣削方式	
		逆铣	顺铣
$a_e=0.05d_0$ $f_z=0.1\sim0.2$	F_p/F_c	0.3~0.4	0.35~0.40
	F_f/F_c	1.0~1.2	0.80~0.90
	F_{fN}/F_c	0.2~0.3	0.75~0.80

表 4-5　面铣时切削力的比值

铣削条件	比值	铣削方式		
		对称铣削 （图 4-8a）	不对称铣削（切入时）	
			a_c 较小（图 4-8b）	a_c 较大（图 4-8c）
$a_e=(0.04\sim0.8)d_0$ $f_z=0.1\sim0.2$	F_p/F_c	0.50~0.55	0.50~0.55	0.50~0.55
	F_f/F_c	0.3~0.4	0.6~0.9	0.15~0.30
	F_{fN}/F_c	0.85~0.95	0.45~0.70	0.90~1.0

2. 铣削功率

铣削过程中消耗的功率主要是按圆周切削力和铣削速度来计算的，即铣削时消耗的功率 P_c 为

$$P_c = F_c v_c$$

但是进给运动也消耗一些功率 P_f，一般为

$$P_f \leqslant 0.15P_c$$

若 P_f 取较大值 $0.15P_c$，则铣削功率 P_m 为

$$P_m = P_c + P_f = 1.15P_c$$

由此可计算机床电动机功率 P_E 为

$$P_E = P_m / \eta$$

式中　η——机床效率，一般 $\eta = 0.70 \sim 0.85$。

4.5　铣削方式

1. 圆柱平面铣刀加工平面的铣销方式

（1）逆铣　铣刀旋转切入工件的方向与工件的进给运动方向相反称为逆铣（图 4-7a）。逆铣时，刀齿的切削厚度从 $a_c=0$ 至 a_{cmax}。当 $a_c=0$ 时，刀齿在工件表面上受挤压和摩擦，刀齿较易磨损。同时，工件表面受到较大的挤压应力，冷硬现象严重，更会加剧刀齿磨损，

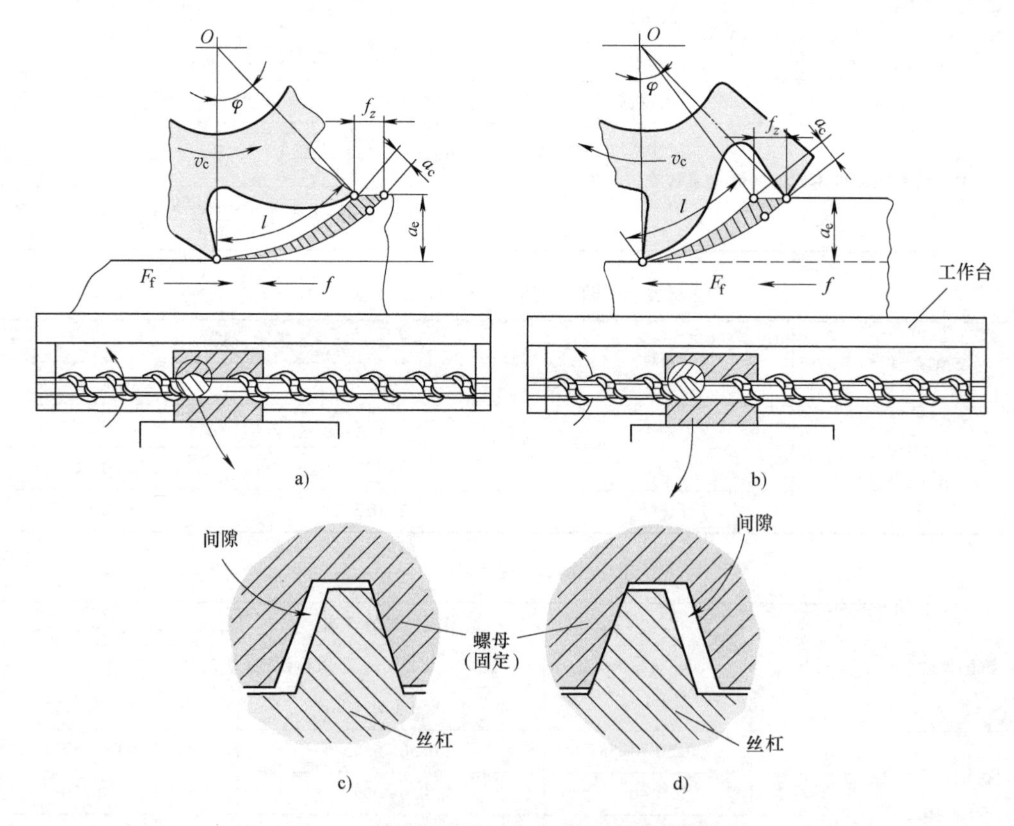

图 4-7　圆柱平面铣刀加工平面时的铣削方式

并影响已加工表面质量。此外，逆铣时刀齿作用于工件上的垂直进给力 F_{fN} 朝上（图 4-6b）有挑起工件的趋势，这就要求工件装夹紧固。但是逆铣时刀齿是从切削层内部开始工作的，当工件表面有硬皮时，对刀齿没有直接影响；同时作用于工件上的进给力 F_f 与其进给运动方向相反，使铣床工作台进给机构中的丝杠螺母始终保持良好的右侧面接触（图 4-7c），因此进给速度比较均匀。

（2）顺铣　铣刀旋转切入工件的方向与工件进给运动方向相同称为顺铣（图 4-7b）。顺铣时，刀齿的切削厚度从 a_{cmax} 到 $a_c=0$，容易切下切削层，刀齿磨损较少，已加工表面质量较高。有些试验表明，顺铣法可提高刀具寿命 2~3 倍，尤其铣削难加工材料时效果更加明显。但在顺铣过程中，作用于工件上的进给力 F_f 是与进给运动方向相同的（图 4-6c 和图 4-7b），此时如果工作台下面的传动丝杠与螺母之间的间隙较大，则力 F_f 有可能使工作台连同丝杠一起沿进给运动方向移动，导致丝杠与螺母之间的间隙转移到另一侧面上去（图 4-7d），引起进给速度时快时慢，影响工件表面粗糙度，有时甚至会因进给量突然增加很多而损坏铣刀刀齿。因此，使用顺铣法加工时，要求铣床的进给机构具有消除丝杠螺母间隙的装置。此外，用顺铣法加工时，要求工件表面没有硬皮，否则铣刀很易磨损。

2. 面铣刀加工平面时的铣销方式

（1）对称铣削　刀齿切入工件与切出时的切削厚度 a_c 相同者称为对称铣削（图 4-8a）。一般面铣时常用这种铣削方式。

（2）不对称铣削　刀齿切入时的切削厚度小于或大于切出时的切削厚度者称为不对称铣削（图 4-8b、c）。

采用不对称铣削，可以调节切削厚度，以提高刀具寿命。如铣削 9Cr2 钢与高强度低合金钢时，选用切入时较小的不对称铣削（图 4-8b），减小了冲击，刀具寿命能提高近一倍；而铣削加工 2Cr13、1Cr18Ni9Ti 和 4Cr14Ni14W2M 等不锈钢和耐热钢时，选用切入时 a_c 较大的不对称铣削（图 4-8c），刀具寿命可提高 3 倍左右。其原因尚待进一步研究。

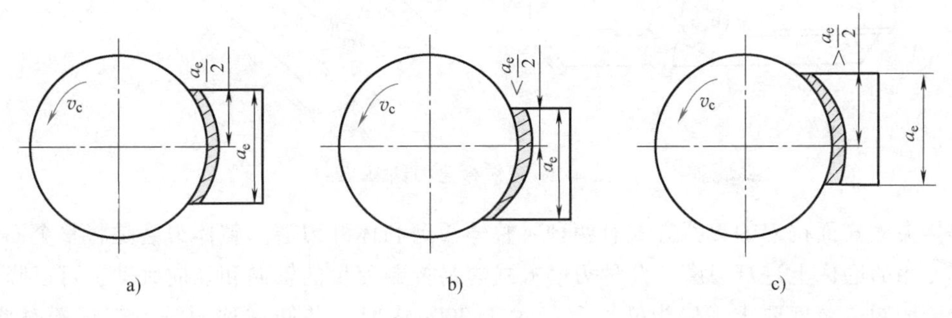

图 4-8　面铣刀加工平面时的铣削方式

4.6 硬质合金面铣刀

硬质合金面铣刀主要用于平面加工，与高速钢面铣刀相比，它可以实现高速铣削，加工生产率高，表面质量也较好，并可加工带有硬皮和淬硬层的工件，故目前使用日趋广泛。

1. 硬质合金面铣刀的类型

硬质合金面铣刀按刀片和刀齿安装方式可分为：

(1) 直接焊接式（图 4-9a） 它是将硬质合金刀片直接焊在铣刀的钢料刀体上。这种结构由于焊接质量难以保证，且随着刀片崩刃或多次重磨后不能再使用时，刀体也将一并报废，这样就浪费了刀体材料，故目前已很少使用。

(2) 焊接夹固式（图 4-9b、c） 它是将硬质合金刀片焊在刀齿上，再将刀齿用机械夹固法装夹于刀体的刀槽中。图 4-9b 是用螺钉直接紧固刀齿，图 4-9c 和图 4-3b 则是用斜楔紧固刀齿。这种结构由于刚性好，刀齿的伸出长度也便于调节，故目前应用较多。

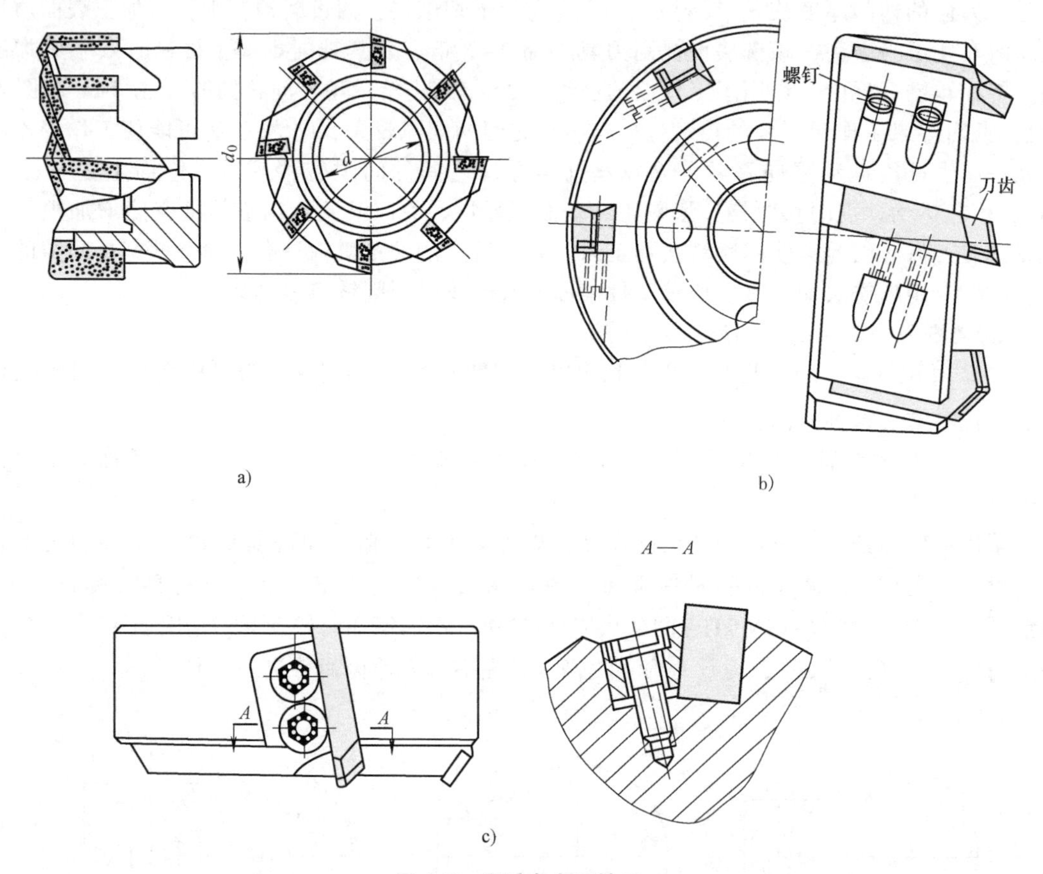

图 4-9 硬质合金面铣刀

焊接夹固式面铣刀的刃磨方式有两种：整体刃磨和体外刃磨。整体刃磨是将整个面铣刀装夹在专用的磨床上进行刃磨。此种刃磨方式容易控制刀齿的轴向和径向跳动，可以降低刀齿和刀槽的制造精度要求。但当铣刀直径大于 300mm 时，装卸这种面铣刀就很费时费力，而且也缺少专用磨床，所以宜用体外刃磨方式。

体外刃磨就是将面铣刀的刀齿从刀体上拆下后去单独刃磨。此种刃磨方式的优点是在万能刃磨设备上就可进行，不需专用磨床；同时更换刀齿很方便。但是，对刀齿和刀槽的制造精度要求较高，而且刀齿单独刃磨时的几何角度与刀齿装夹在刀体上的切削角度不相同，必须进行换算，求出刀齿的刃磨角度后方能进行刃磨。

(3) 机夹可转位式（图 4-10） 由于焊接夹固式面铣刀的刃磨比较复杂，且也存在焊接质量问题，因此现又大量使用机夹可转位式硬质合金面铣刀，它是将多刃刀片（多边形）用机械夹固法装夹在刀体上的。

图 4-10 所示是一种机夹可转位式面铣刀，它是由刀体、硬质合金刀片和楔块等组成。切削加工时，当多刃刀片的一个切削刃（一条边）用钝后，可松开楔块，将刀片转动一个位置，使另一个新切削刃（新边）参与切削。当整个刀片上各个切削刃都用钝后，就更换新刀片。因此，这种可转位式面铣刀，可不必考虑切削刃用钝后的重磨问题。

可转位式面铣刀上的刀片切削角度，是由刀片本身的几何角度、刀片垫块的几何角度及安装刀片的刀槽几何角度等组合而成的。因此，在选择合适的硬质合金刀片后（即已知其几何形状及原有角度后），就可按铣刀要求的切削角度，来计算刀体上刀槽的形状和角度，其原理及计算方法类似于机夹可转位式车刀。

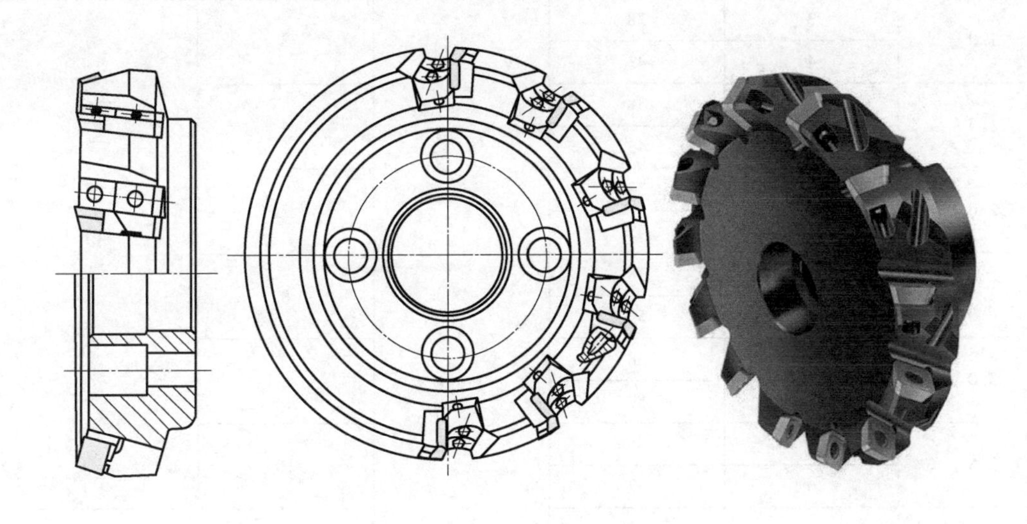

图 4-10　机夹可转位式面铣刀

（4）高性能整体硬质合金（微细）面铣刀　加工面积比较小、加工精度及表面质量要求高时，通常采用高性能整体硬质合金面铣刀（图 4-11），其型式与尺寸可参考国家标准 GB/T 16770. 1—2008《整体硬质合金直柄立铣刀　第 1 部分：型式与尺寸》，其主要参数标准见表 4-6。一种典型的高性能整体硬质合金面铣刀及其特点见表 4-7。

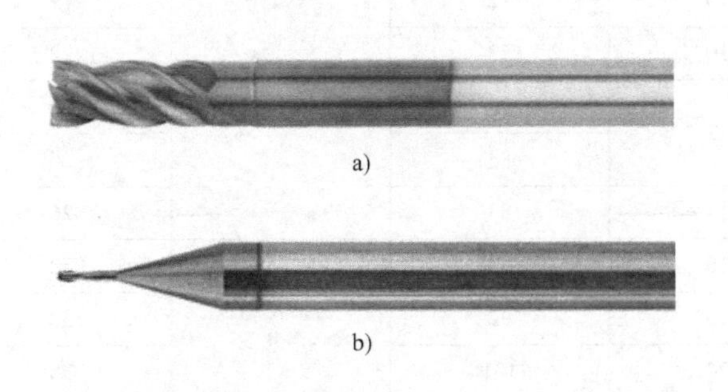

图 4-11　整体硬质合金面铣刀

a）整体硬质合金普通铣刀　b）整体硬质合金微细铣刀

表 4-6　整体硬质合金直柄立铣刀型式与尺寸　　（单位：mm）

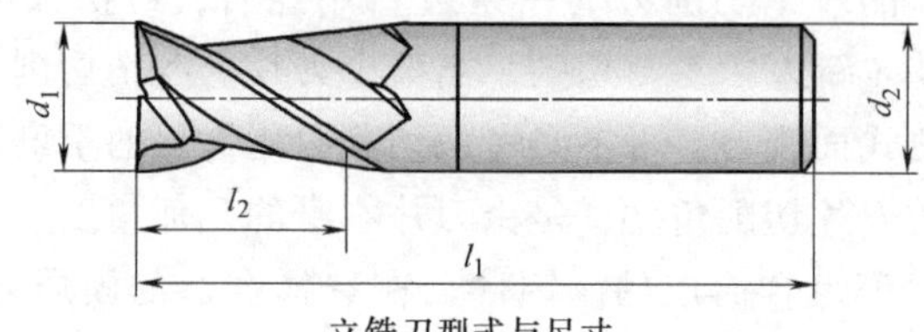

立铣刀型式与尺寸

直径 d_1 h10	柄部直径 d_2 h6	总长 l_1 公称尺寸	总长 l_1 极限偏差	刃长 l_2 公称尺寸	刃长 l_2 极限偏差
1.0	3	38	$^{+2}_{0}$	3	$^{+1}_{0}$
	4	43			
1.5	3	38		4	
	4	43			
2.0	3	38		7	
	4	43			
2.5	3	38		8	
	4	57			
3.0	3	38		8	
	6	57			
3.5	4	43		10	
	6	57			
4.0	4	43		11	$^{+1.5}_{0}$
	6	57			
5.0	5	47		13	
	6	57			
6.0	6	57		13	
7.0	8	63		16	
8.0	8	63		19	
9.0	10	72		19	
10.0	10	72		22	
12.0	12	76		22	
		83		26	$^{+2}_{0}$
14.0	14	83		26	
16.0	16	89	$^{+3}_{0}$	32	
18.0	18	92		32	
20.0	20	101		38	

注：1. 2 齿立铣刀中心刃切削（加工键槽）。3 齿或多齿立铣刀可以中心刃切削。

2. 表内尺寸可按 GB/T 6131.2 做成削平直柄立铣刀。

表 4-7 典型高性能整体硬质合金面铣刀

微细面铣刀	
 F2AH…WS · Short(F2AH…WS · 短型) 特点与优势:标准规格,刃口过中心切削(过心刃口)	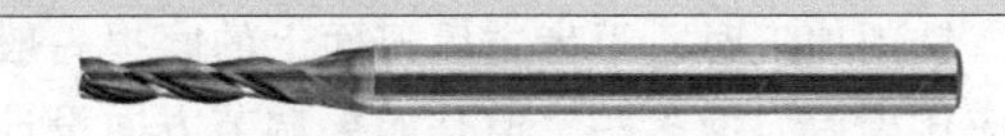 F3AH…WS · Short(F3AH…WS · 短型) 特点与优势:标准规格,过心刃口
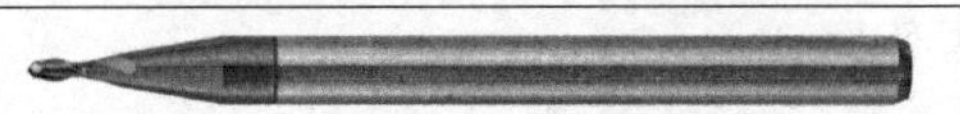 F2AL…WS · Short(F2AL…WS · 短型) 特点与优势:标准规格,过心刃口	 F2AL…WS · Extended Neck(F2AL…WS · 长颈型) 特点与优势:标准规格,过心刃口
F2AL…WM · Extended Neck · Long (F2AL…WM · 长颈型 · 长型) 特点与优势:标准规格,过心刃口	 F2AH…WS-WM · Extended Neck · Long (F2AH…WS-WM · 长颈型 · 长型) 特点与优势:标准规格,过心刃口
宏观面铣刀	
 KHDA · 52 - 65 HRC · Hard Steels (KHDA · 52 - 65 HRC · 硬钢) 特点与优势:标准规格,非过心刃口,高进给	 KMDA · <52 HRC · Medium Steels (KMDA · <52 HRC · 中碳钢) 特点与优势:高进给,标准规格,非过心刃口
 XE · 4-Flute End Mill · Asymmetrical Flute Spacing (XE · 4 四刃立铣刀 · 非对称刃口分布) 特点与优势:①非对称刃口分布和可变螺旋角设计可减少共振、确保平稳的加工过程。②过心刃口。③可用于粗加工和精加工的通用型刀具,刀具设置简单。④标准系列产品	 XER · 4-Flute End Mill · Asymmetrical Flute Spacing (XER · 4 四刃立铣刀 · 非对称刃口分布) 特点与优势:①非对称刃口分布和可变螺旋角设计可减少共振、确保平稳的加工过程。②过心刃口。③可用于粗加工和精加工的通用型刀具,刀具设置简单。④标准系列产品

2. 硬质合金面铣刀设计时应注意的问题

（1）硬质合金刀片的几何角度要合适　硬质合金面铣刀通常用于高速切削，故加工时冲击性大，振动也较大。为了防止发生崩刃等现象，加工钢料时，宜用前角 $\gamma_o>0°$、刃倾角 $\lambda_s<0°$ 或前角 $\lambda_o<0°$、刃倾角 $\lambda_s<0°$。

1）$\gamma_o>0°$、$\lambda_s<0°$：正前角能减少切削变形，但会导致刃边强度较低，故宜用负倒棱来弥补（与硬质合金车刀类似）；负的刃倾角使刀尖不受冲击，并可提高刀片强度与抗冲击能力。因此 $\gamma_o>0°$、$\lambda_s<0°$ 适用于背吃刀量较大的重切削，并建议取 $\gamma_o=0°\sim10°$、$\lambda_s=-8°\sim0°$。

2）$\gamma_o<0°$、$\lambda_s<0°$：能大大提高切削刃强度，但刀刃并不锋利，切削变形较大，故适宜于加工背吃刀量不大、硬度较高的高强度和淬硬钢工件，并建议取 $\gamma_o=-10°\sim-5°$、$\lambda_s=-10°\sim-5°$。

（2）面铣刀结构应简单合理　为了保证面铣刀使用可靠和刀具成本尽可能低，要求装夹刀片的零件尽量少，刀体结构工艺性要好。对于机夹可转位式面铣刀，还要求刀片的定位面精度较高，以保证刀片安装后的径向和轴向圆跳动量不大于 0.01mm。这样就能提高刀具寿命及工件表面的加工质量。

（3）刀齿的调节方向要合理选择　为使焊接夹固式硬质合金面铣刀刀齿重磨后仍能保

持其原有的伸出长度，通常将刀齿设计成可以调节的，而且为了使刀齿在重磨时磨去的硬质合金层最少，应设计合理的调节方向。

铣削加工时，刀齿主后刀面上的磨损一般比副后刀面要大得多，所以主后刀面上的磨去量应比副后刀面多些。但是如果调节方向设计得不合理，就达不到这个要求。

刀齿的调节方向是由刀槽的斜角 δ 决定的（图 4-12）。设刀齿的主偏角为 κ_r，副偏角为 κ_r'，主切削刃的磨去量为 f，副切削刃的磨去量为 b，则由图可列出关系式为

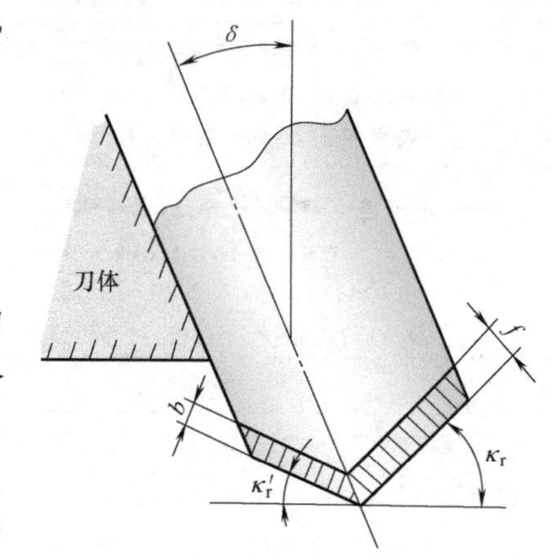

图 4-12　刀齿的调节方向

$$b=\frac{f\cos(\kappa_r'+\delta)}{\cos(\kappa_r-\delta)}$$

由上式可知，当 $\delta=0°$时，$b=f\cos\kappa_r'/\cos\kappa_r$。

因一般 $\kappa_r'<\kappa_r$，所以当 $\delta=0°$时，$b>f$，即副切削刃上的磨去量反而比主切削刃上的大，这显然是不合理的。

如果希望 $b=f$，则应使 $\kappa_r'+\delta=\kappa_r-\delta$，即 $\delta=\frac{\kappa_r-\kappa_r'}{2}$；

若希望 $b<f$，则应使 $\kappa_r'+\delta>\kappa_r-\delta$，即 $\delta>\frac{\kappa_r-\kappa_r'}{2}$。

由于 κ_r 和 κ_r'都是定值，所以刀槽的倾斜角 δ 越大，越可使 $b<f$。但是如果 δ 过大，刀齿则将几乎要安装在刀体的端面上，这就会造成刀齿的装夹可靠性很差。所以一般取折衷方案，即取角 $\delta=\frac{\kappa_r-\kappa_r'}{2}$，使 $b=f$。

4.7　铣削特点及高效铣刀

1. 铣削特点

（1）刀具连续转动　铣刀切削时是连续的旋转运动，所以相对刨刀而言，铣削加工允许使用较高的切削速度。

（2）多刀多刃切削　铣刀的刀齿多，切削刃的总长度大，这有利于提高加工生产率和刀具寿命。但由于刀齿多，容屑空间常是一个问题。因为每个刀齿在切削过程中切下的切屑被封闭在刀槽中，直至该刀齿完全离开工件时才能将切屑抛出，所以要求刀槽应有足够的容屑空间。

（3）断续切削　铣削加工时，铣刀每旋转一周，一个刀齿仅参与一段时间的切削，其余大部分时间是在空气中冷却，这种自然冷却作用对提高刀具寿命有利。但另一方面，各刀齿断续切削会引起冲击振动；同时铣削总面积是变化的，铣削力的波动也较大，故铣削均匀性较差，工件表面粗糙度 Ra 值达 6.3~1.6μm。

（4）加工范围广　利用顺铣和逆铣、对称铣和不对称铣等切削方式，来适应不同材料的可加工性和加工要求，可以提高刀具寿命和加工生产率。在普通铣床上使用各种不同的铣刀可以完成加工平面（平行面、垂直面、斜面）、台阶、沟槽（直角沟槽、V 形槽、T 形

槽、燕尾槽等特型槽)、特型面等加工任务。加上分度头等附件的配合运用,还可以完成花键轴、螺旋轴、齿式离合器等工件的铣削加工。

2. 高效铣刀

为了改善铣刀的切削性能,提高铣削效率,增加经济效益,生产实践中常采取改变某些参数(如螺旋角、齿数等)及选用硬质合金刀具等方法来实现其目标,现分述如下。

(1) 大螺旋角铣刀　加工韧性材料和余量较大的工件时,为了提高铣削均匀性和改善切削条件,可以适当增大螺旋角 ω。ω 增大后,不但可以增加同时工作齿数和切削刃的工作长度,而且增大了斜角切削的效果,因而实际切削前角 γ_c 将显著增加,切削条件大为改善。

切削前角 γ_c 的计算式为

$$\sin\gamma_c = \sin^2\omega + \frac{\cos^2\omega\tan\gamma_f}{\sqrt{1+\tan^2\omega+\tan^2\gamma_f}}$$

式中　γ_f——铣刀端面前角,从图 4-3a 可见,$\gamma_f = \gamma_o$。

计算举例　圆柱平面铣刀设计的法前角 $\gamma_n = 10°$:①当选取 $\omega = 20°$时,由式 $\tan\gamma_n = \tan\gamma_f\cos\omega$ 可求得端面前角 $\gamma_f = 10°38'$,再由上式算得实际切削前角 $\gamma_c = 15°41'(\approx 1.5\gamma_n)$;②当选取 $\omega = 60°$时,求得 $\gamma_f = 19°26'$,$\gamma_c = 52°30'(\approx 5.2\gamma_n)$。

由计算可知,当 ω 角较小时,前角 γ_c 与 γ_n 相差不大;但当 $\omega = 60°$时,γ_c 相当于 γ_n 的 5.2 倍,这就大大改善了切削条件。因此,实际生产中采用大螺旋角($\omega = 50° \sim 70°$)圆柱铣刀后,加工生产率能成倍提高,其主要原因就在于此。但是螺旋角 ω 选取过大也不合适,因为这会降低铣刀寿命,增加铣刀制造和重磨的困难。

(2) 容屑空间增大、齿数减少的铣刀　加工有色金属和不锈钢材料时,为了提高每齿进给量 f_z 和侧吃刀量 a_e,某厂将直径 110mm 的高速钢锯片铣刀进行改进,将齿数由 50 减少到 18,将刀齿前角由 8°增大到 25°,并采用曲线齿背。这样,用该铣刀加工铜和铝合金时,可取 $v_c = 400 \sim 420\text{mm/min}$,$v_f = 750 \sim 950\text{mm/min}$,$a_e = 25 \sim 50\text{mm}$,加工不锈钢时,可取 $v_c = 10 \sim 12\text{m/min}$,$v_f = 47.5 \sim 60\text{mm/min}$,$a_e = 35\text{mm}$。这与普通锯片铣刀相比,生产率可提高 20 倍。

(3) 开有分屑槽的铣刀及波形刃铣刀　为了改善切削条件,在圆柱铣刀上可开分屑槽(图 4-13),也可使用波形刃铣刀(图 4-14)。它们都将改变切削形态,使原来宽切屑分割成数条较窄的切屑,这样,可使铣削过程中切屑的形成、卷曲和排出情况都得以改善。由于切削变形减小,铣削力也随之降低,铣刀寿命相应得到提高,因而可以使用较大的切削用量,但是这种铣刀的制造较为复杂。

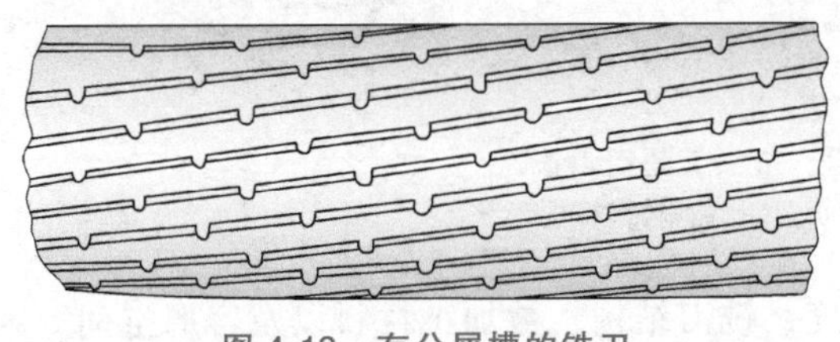

图 4-13　有分屑槽的铣刀

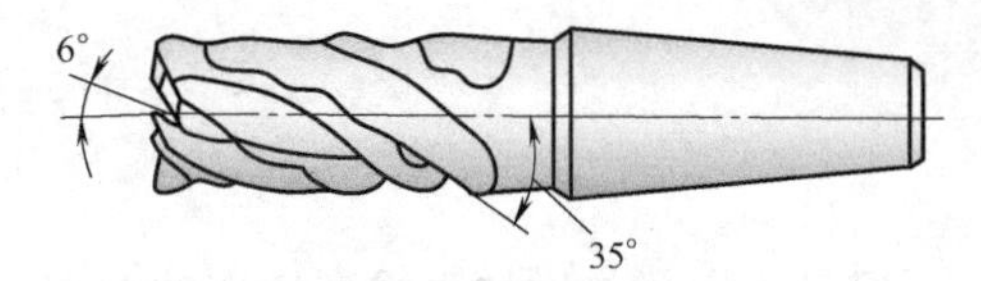

图 4-14　波形刃铣刀

(4) 硬质合金圆柱铣刀　为了实现高速铣削,可使用硬质合金圆柱铣刀。其一般用焊接方法(图 4-15a)或机械夹固方法(用螺钉楔块,图 4-15b),将硬质合金刀片紧固在钢料的刀体上。对于小尺寸铣刀可整体用硬质合金制造。

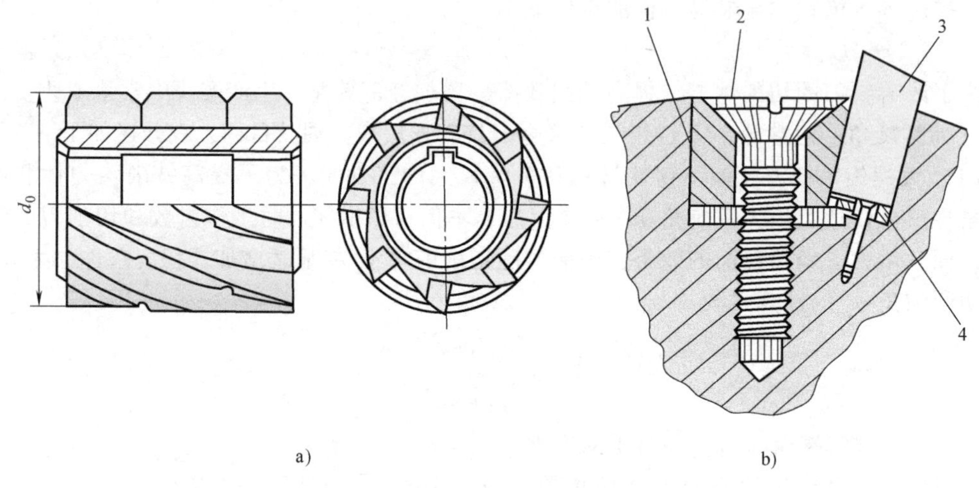

a)　　　　　　　　　　b)

图 4-15　硬质合金圆柱铣刀的结构型式

1—斜楔　2—螺钉　3—硬质合金刀片　4—垫块

（5）硬质合金密齿铣刀　由于制造业对加工效率及质量的要求不断提高，传统的低速、重载加工已不能满足部分难加工材料的加工要求，而高速铣削技术又受到机床、刀具等诸多因素的影响，因而密齿铣削技术得到了发展。密齿铣削可以较好地解决平面铣削过程中面临的加工效率低和表面粗糙度高等问题。密齿铣刀主要用于铸铁、铝合金和有色金属的大进给速度切削加工。

目前，对密齿铣刀尚没有精确定义，一般以切削直径与刀齿齿数的比值来衡量，密齿铣刀较常规铣刀在相同的切削直径内齿数更多，如图 4-16 所示。如 Sandvik 公司 80mm 常规盘铣刀齿数为 5，密齿盘铣刀齿数为 8，超密齿盘铣刀齿数为 12。密齿铣削具有的主要优势如下：可大幅提高铣削效率，可以保证稳定的表面粗糙度，切削更平稳，更适合高速切削。同时，采用密齿铣刀也要求机床主轴功率大，刚度好。

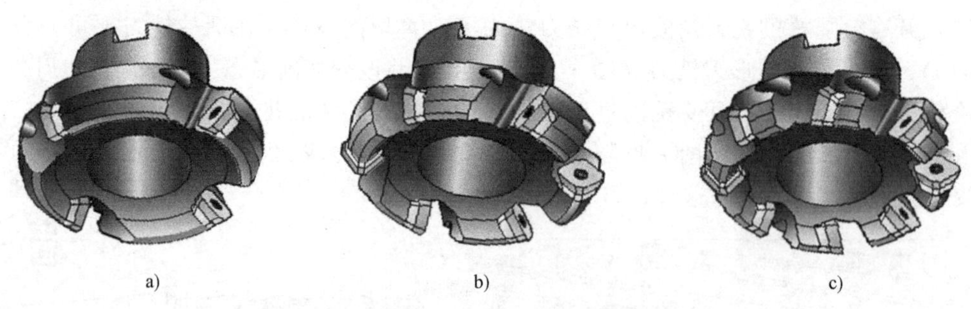

a)　　　　　　b)　　　　　　c)

图 4-16　硬质合金疏齿、密齿与超密齿铣刀

a）疏齿　b）密齿　c）超密齿

但是，齿数的增加也受到机床的功率、刚度、铣刀结构、被加工材料以及容屑空间等因素的限制。当加工铸铁且加工余量不太大时，采用密齿铣刀来提高材料去除率，进而提高切削效率效果显著。所以，为了提高铣削效率和加工质量，往往使用大功率、高刚度的专用铣床，同时采用密齿铣刀。

3. 高进给铣削和高进给铣刀

（1）高进给铣削 高进给铣削的基本原理是用小的主偏角和小的切削深度实现平均铣屑厚度的减小，从而提高进给量。因此所有的高进给加工都需要较小的主偏角，切屑厚度随着主偏角的减小而减小。当使用具有小主偏角的刀具或使用圆刀片刀具铣削时，由于薄切屑效应，可以以极高的每齿进给量（高达4mm/齿）进行面铣。虽然切削深度较小，但是极大的进给量使它成为一种高生产效率的铣削方法。

高进给铣削的特点是较小的切削深度与较大的进给量。从加工受力方向进行分析，高进给铣削与传统的加工方式比较，综合切削力的方向（主切削力、进给力、切向力的合成力方向）更接近刀体回转中心线，即切削加工刃所产生的法向抗力的大部分分力是进给力；而传统的加工方式综合切削力的方向与回转中心线之间所形成的角度较大（45°~90°）。因此，相对于传统的铣削方式，高进给铣削方式的加工稳定性和抗振动能力都得到有效提高。

高进给铣削的基本原理是通过改变刀具的主偏角而形成更薄的切屑，因此具有以下优点：加大切削刃和零件的接触线长度，降低刃口的应力，因而可提高刀片寿命；减少径向切削力，减少振动和主轴偏移，保证刀片与零件的稳定接触；提高进给速度，从而可提高金属去除率。

（2）高进给铣刀 通常，在钢件加工中把每齿进给量f_z>0.5mm定义为高进给加工。高进给加工主要应用于粗加工，一般采用刀片。目前主要的刀具（刀片）结构型式有以下几种：

1）将普通方形刀片调整角度安装，改变加工时的主偏角，如图4-17a所示。

2）弧边刀片，即将图4-17a中刀片的直边变成弧边，使切削分力更加合理，如图4-17b所示。

3）弧边三刃刀片，如图4-17c所示，增加了刀片的支承面，具有较强的稳定性，兼做插铣刀时a_e较大。

4）经过改进的弧边三刃铣刀，如图4-17d所示。铣刀增加了刀尖圆弧的强度，同时提高了刀具在超过a_{pmax}时的适应性，坡铣角较大。

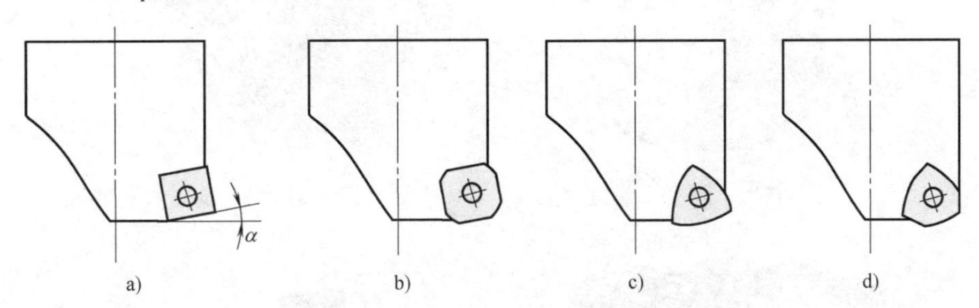

图4-17 常见高进给刀具结构型式

要实现高进给加工，主要方法是改变传统铣削加工中刀具主偏角为0°的设计。通过改变切削加工中刀具的主偏角，使加工中产生的主切削力经过刀具和刀柄系统的传递，直接作用于主轴，从而在高进给铣削时，保证刀具的稳定性。一般情况下主偏角设计为10°左右，如图4-18所示。目前，高进给铣刀的最大轴向背吃刀量一般为a_{pmax}≤3mm。图4-19所示为典型的商用高进给铣刀。

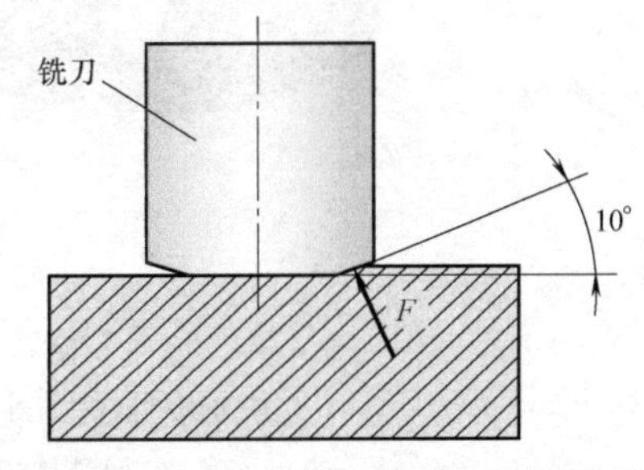

图4-18 高进给铣刀主偏角结构型式

图4-19a为伊斯卡大进给铣削FF SOF铣刀，带15°

主偏角，可夹持标准双面铣刀刀片，带 8 个或 16 个切削刃，兼具飞碟铣刀高效加工的优点及方刀片、八角刀片的经济性。采用此铣刀于面铣粗加工中，可实现高的金属去除率（如铣削钢时，进给可达到 1.5mm/齿），成功地扩展了标准铣刀片的应用。FF SOF 铣刀可用于大多数材料的加工，部分铣刀盘设计有内冷却通孔，使得切削液直达每刀片切削区域。

图 4-19b 为瓦尔特 Xtra · tec 高性能铣刀 F4030，它是带有双头凸三角形可转位刀片的面铣、插铣和仿形铣刀。负型刀片有 6 个有效切削刃，可实现高工艺可靠性和轻快切削。每齿进给量可达 3.5mm。通过小背吃刀量和每齿大进给量的结合，提高金属去除率；长悬伸刀具的低振动倾向和稳定的可转位刀片，实现高工艺可靠性；使用 Tiger · tec Silver 切削材质且每个可转位刀片有 6 个切削刃，可有效降低加工成本。

图 4-19c 为山特维克 CoroMill 357 是一种新型多刃面铣刀，主要用于钢件和铸铁的粗加工与毛坯加工。带有坚固而稳定的刀体，刀片座带刀垫保护，并且具有一个能够实现快速简单刀片转位的夹紧系统。其优点主要是拥有高金属去除率和出色的生产率；容易进行刀片转位和换刀，甚至可戴手套操作——无需拆下螺钉便可完成刀片转位；拥有可靠的性能和极具成本效益的解决方案，多刃设计。其特点是大背吃刀量能力，可运用更高的每齿进给量；创新的刀片夹紧系统能够迅速而简单地完成刀片转位和换刀，节省辅助时间；双面厚五边形刀片，有刀垫保护刀体；大的径向、轴向和底部支承面能够防止变形，并确保始终如一的性能。这样铣刀主要应用于粗面铣，特别是毛坯加工、断续的工件特征、切削余量不均匀的零件，以及锻件/焊件和铸件。适用于 ISO 50 和更大主轴的机床，切削深度可达 10mm，每齿进给量可达 0.7mm。

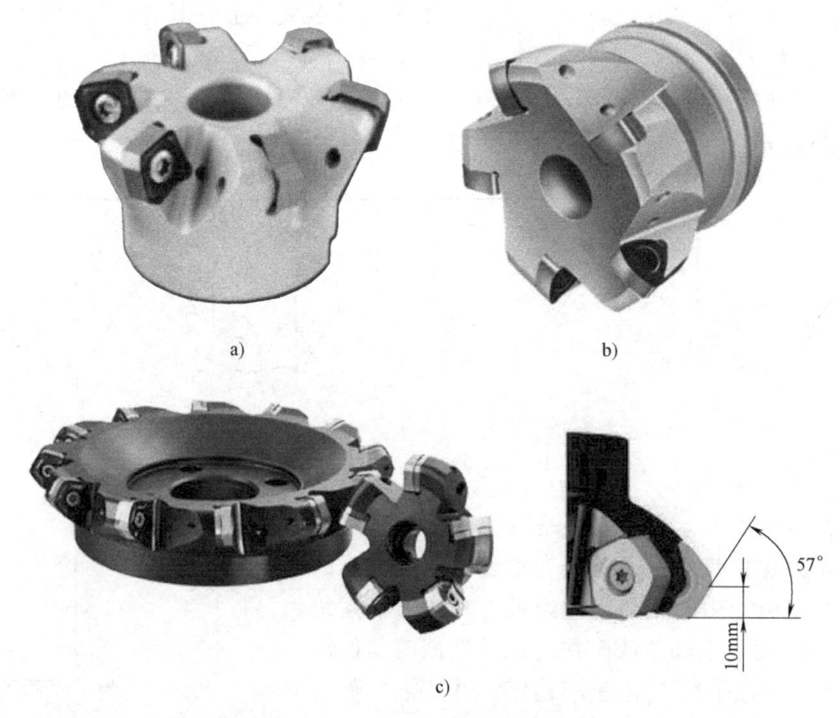

图 4-19　典型的商用高进给铣刀

a）伊斯卡大进给铣削 FF SOF 铣刀　b）瓦尔特 Xtra · tec 高进给铣刀 F4030

c）山特维克 CoroMill 357 多刃粗加工面铣刀

4.8 成形铣刀

1. 成形铣刀的种类和用途

成形铣刀是用来加工成形表面的专用刀具，如加工凹、凸圆弧面的成形铣刀以及加工齿轮用的盘形齿轮铣刀等。它和成形车刀一样，其切削刃廓形是根据工件的成形表面形状设计计算的。

成形铣刀有尖齿和铲齿两种类型。尖齿成形铣刀与一般尖齿铣刀一样，用钝后重磨刀齿后面，其寿命和加工表面质量都比较高。但因其后刀面也是成形表面，重磨时必须用专门靠模夹具（图 4-20)。铲齿成形铣刀用钝后则重磨前刀面，比较方便。

2. 铲齿成形铣刀的齿背曲线及后角

(1) 铲齿目的和要求　成形铣刀常做成前角为零度，并重磨前刀面。但是，为使每次重磨后刀齿的刃形保持不变，则要求铣刀任意轴剖面内的刃形都相同（图 4-21)；同时刀齿在每次重磨前刀面以后，都需有适当的后角。因此，铣刀的各个轴向剖面中形状相同的切削刃还应沿铣刀半径方向均匀地趋近铣刀轴线。为了满足这个要求，铣刀的后刀面应是以新刀切削刃绕其轴线回转、同时均匀地向轴线移动而形成的表面。这种表面可以用铲齿加工方法获得。例如，用零前角的平体成形车刀（即铲刀）在铲齿车床（如 C8955 铲齿机）上即可对成形铣刀进行铲齿加工。

(2) 刀齿的齿背曲线（铲背曲线）　铲齿铣刀的齿背曲线，是刀齿的后刀面在铣刀端剖面中的截线。刀齿的齿背曲线应满足规定的设计后角，而且在铣刀每次重磨前刀面以后，其后角应保持不变。生产上常采用阿基米德螺线作为齿背曲线。

由几何学知，阿基米德螺线上各点的矢量半径 ρ 随其转角 θ 的增减而等比例地增减。现用图 4-22 所示的极坐标来分析阿基米德螺线。

由图可知，当 $\theta=0$ 时，$\rho=R$（R 为铣刀半径），而当 $\theta>0$ 时，$\rho<R$。因此，阿基米德螺线的一般方程式为

$$\rho=R-c\theta \tag{4-1}$$

式中　c——常数。

由高等数学可知，齿背曲线上任意点 M 的切线与该点矢量半径之间的夹角 ψ 可用下式求得，即

$$\tan\psi=\frac{\rho}{\mathrm{d}\rho/\mathrm{d}\theta}=\frac{R-c\theta}{-c}=\theta-\frac{R}{c}$$

设齿背曲线在点 M 处的后角为 α_{fM}，则因 $\alpha_{fM}=\psi-90°$，故

$$\tan\alpha_{fM}=\tan(\psi-90°)=-\frac{1}{\tan\psi}=\frac{1}{\dfrac{R}{c}-\theta} \tag{4-2}$$

由上式可知，随着 θ 角逐渐增大，α_{fM} 也逐渐增大。因此用阿基米德螺线作为齿背曲线时，在铣刀每次重磨前刀面以后，其后角有所增加。但因其增加量很小，一般可不予考虑。

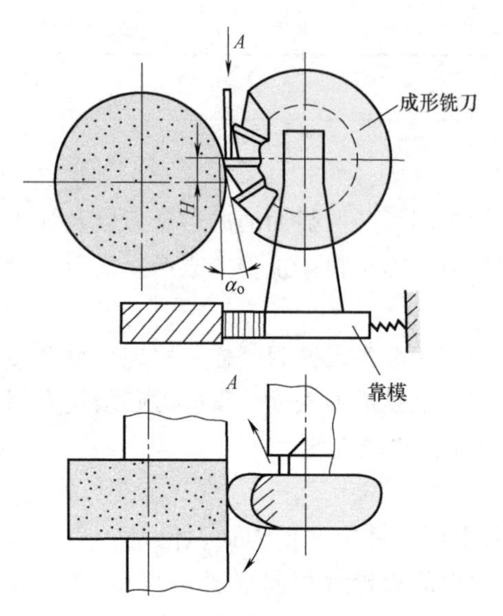

图 4-20　尖齿成形铣刀的刃磨

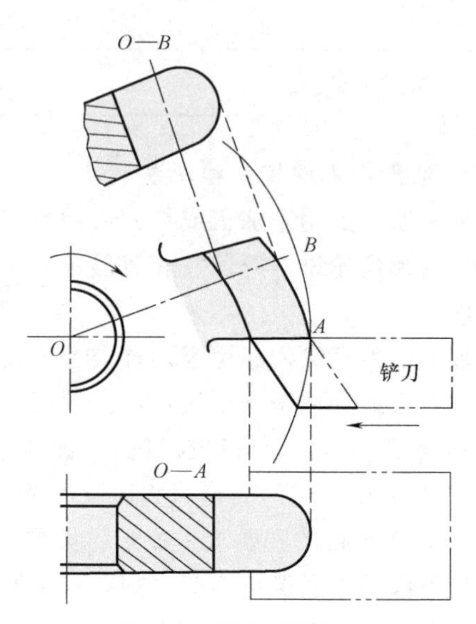

图 4-21　铲齿成形铣刀

(3) 刀齿的铲削量及端面后角

1) 齿背曲线的铲齿加工。从上述已知，铲齿成形铣刀的齿背曲线常做成阿基米德螺线，线上各点的矢量半径 ρ 与其转角 θ 是成等比例增减的。因此，可以将它看作是这样形成的（图 4-22），即某一点 A 绕铣刀轴线做等速旋转运动，同时沿铣刀半径方向做等速的直线运动（趋近轴线），两个运动组合的运动轨迹，就是阿基米德螺线。按此形成原理，成形铣刀的齿背曲线就可以在铲齿车床上用“径向”铲齿法切出。

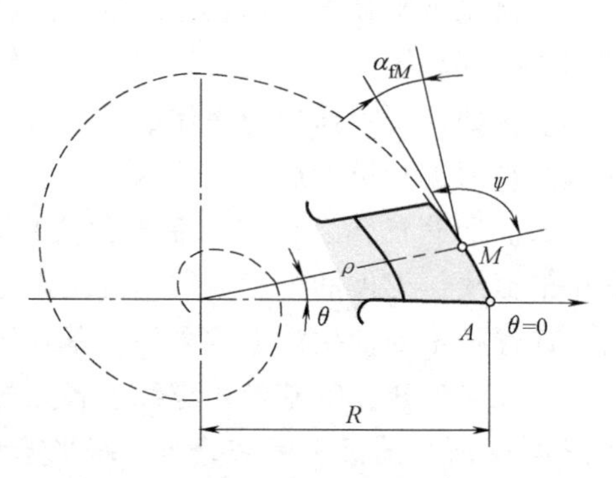

图 4-22　阿基米德螺线

图 4-23 为径向铲齿示意图。铣刀（工件）安装在铲齿车床的主轴上做等速转动，同时铲齿车刀（简称铲刀）在凸轮作用下沿铣刀半径方向做等速的直线前进运动，这两个运动的组合，使铲齿车刀在铣刀齿背上铲出阿基米德螺线。

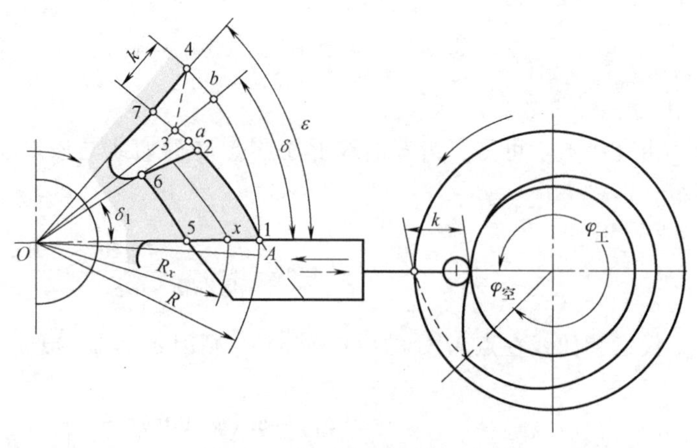

图 4-23　成形铣刀的径向铲齿

铲齿加工过程如下：将零前角的铲刀的前刀面准确地安装在铲床中心平面内。当铣刀的前刀面转到铲床中心平面时，铲刀就在凸轮作用下沿铣刀半径方向推进。当铣刀转过一个 δ 角时，铲刀推进一个距离 $\overline{b3}$ 此时不但齿背曲线已全部被铲出，同时全部后面（即齿背曲线 $\overline{12}$ 到其等距线 $\overline{56}$ 间的表面）

也都被铲出。实际上，当铣刀转过 δ_1 角时，全部后面已经铲出，而角度差（$\delta-\delta_1$）则是一个附加的安全角度。铲刀完成一个刀齿的铲背工作后，立即沿$\overline{34}$路线回到起始位置（为了保证刀齿顶点 1 能铲出，铲齿的起始位置宜提前一些，即以图中的径向线 OA 为铲齿起始位置）。以后则重复上述过程，铲削后一个刀齿的齿背。

由上可知，在任意半径上，齿背曲线与它的任一等距线间的距离是相同的，而且在同一等距线上不同各点处的刀齿宽度也是相同的，因此可以保证铣刀任意轴向截形也是相同的。

2）铲削量 k 及端面后角 α_f。铲削量 k 是指铣刀（工件）转过一个齿间角 $\varepsilon\left(\varepsilon=\dfrac{2\pi}{z}\right)$ 时，铲刀沿着铣刀半径方向推进的距离，如图 4-23 中的$\overline{47}$。它是假设铲刀在铲完一个刀齿的齿背曲线后继续铲下去，直至到达后一个刀齿的刀尖半径线$\overline{04}$上的点 7 时铲刀推进的距离。

由图 4-23 可见，铲削量 k 是由凸轮控制的。当铣刀转过一个齿间角 ε 时，凸轮则转过一周（360°），凸轮升高量（即 360°内半径的差值）就等于铲削量 k。

凸轮的圆周轮廓曲线也应是阿基米德螺线，这样才能使铲刀获得等速运动。凸轮的转角及其升高量是与铣刀的转角和铲削量互相配合的，如铣刀转过 δ 角时，凸轮应转过角 $\psi_{工}$。此时凸轮的半径与最小半径（即 0°时的半径）之差就应等于铲刀推进的距离 $\overline{b3}$。

铲削量 k 是根据铣刀所需的后角 α_f 的来计算确定的（$\alpha_f=10°\sim15°$）。

由图 4-23 可见，当铣刀转角 $\theta=\varepsilon=2\pi/z$ 时，向量半径 $\rho=R-k$，将它们代入式（4-1）中，可得 $c=kz/2\pi$，故齿背曲线方程为

$$\rho=R-\frac{kz}{2\pi}\theta \tag{4-3}$$

由式（4-2）可得齿背曲线上任一点 M 处的端面后角 α_{fM}（图 4-22）为

$$\tan\alpha_{fM}=\frac{1}{\dfrac{2\pi R}{kz}-\theta} \tag{4-4}$$

当 $\theta=0\text{rad}$ 时，α_{fM} 就成为刀齿齿顶处的端面后角 α_f，故

$$\tan\alpha_f=\frac{kz}{2\pi R}=\frac{kz}{\pi d_0}$$

由此可得

$$k=\frac{\pi d_0}{z}\tan\alpha_f \tag{4-5}$$

式中 d_0——铣刀直径。

由式（4-5）计算所得之 k，再按铲齿车床已有凸轮的 k 值选取其邻近值。

因铲削量 k 对于铣刀切削刃上任一点都是相同的，故切削刃上任一点 x 的端面后角 α_{fx}（图 4-24）为

$$\tan\alpha_{fx}=\frac{kz}{2\pi R_x}=\frac{R}{R_x}\tan\alpha_f \tag{4-6}$$

式中 R_x——切削刃上任意一点 x 的半径。

（4）铲齿成形铣刀的法后角　设计铲齿成形铣刀时，除了规定切削刃上最大半径一点上的端面后角 α_f 还应考虑切削刃上每一点 x 都应有足够的法后角 α_{nx}（图 4-24）。为此，常

需进行验算，要求 $\alpha_{nx} \geqslant 2°$。法后角 α_{nx} 与端面后角 α_{fx} 的关系为

$$\tan\alpha_{nx} = \tan\alpha_{fx}\sin\varphi_x \tag{4-7}$$

式中　φ_x——切削刃上任意一点 x 处的切线与铣刀端面的夹角。

如将式（4-6）代入上式，则得

$$\tan\alpha_{nx} = \frac{R}{R_x}\tan\alpha_f\sin\varphi_x \tag{4-8}$$

由于铣刀的刀齿高度与铣刀半径之比一般很小，故可认为 $R_x \approx R$，这样就可写成近似计算式为

$$\tan\alpha_{nx} \approx \tan\alpha_f\sin\varphi_x \tag{4-9}$$

从上式可知，在径向铲齿时，如切削刃上某点的 φ_x 很小，则其法后角 α_{nx} 就很小；当 $\varphi_x = 0°$时，$\alpha_{nx} = 0°$。

为使铣刀在加工时不致很快被磨损，要求切削刃上每点的最小法后角 α_{nx} 不小于 2°。如不能满足时，应设法加以改善。方法有：

1）加大刀齿顶刃后角 α_f。从式（4-9）可知，当 $\varphi_x > 0°$时，增大 α_f 可增大 α_{nx}。但 α_f 不宜超过 15°，否则将削弱刀齿强度。

2）改变工件的安装位置。如图 4-25a 的工件安装方法，在铣刀切削刃 ab 处，$\varphi_x = 0°$，故 $\alpha_{nx} = 0°$。若将工件相对铣刀轴线斜置某一个 τ 角，如图 4-25b 所示，则切削刃 ab 处的 $\varphi_x > 0°$，就能使 $\alpha_{nx} \geqslant 2°$，从而改善了铣削条件。

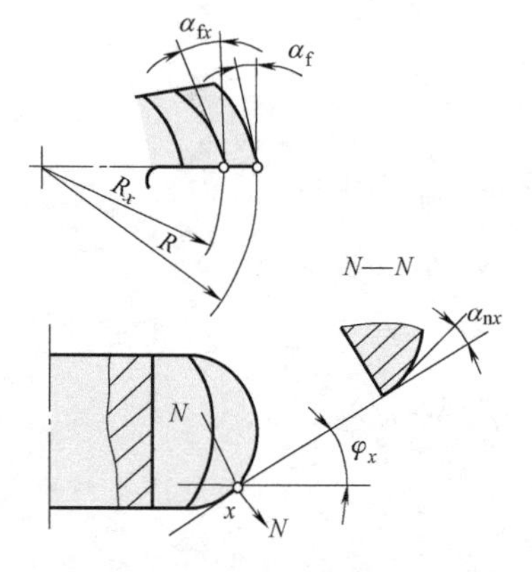

图 4-24　铲齿成形铣刀的法后角

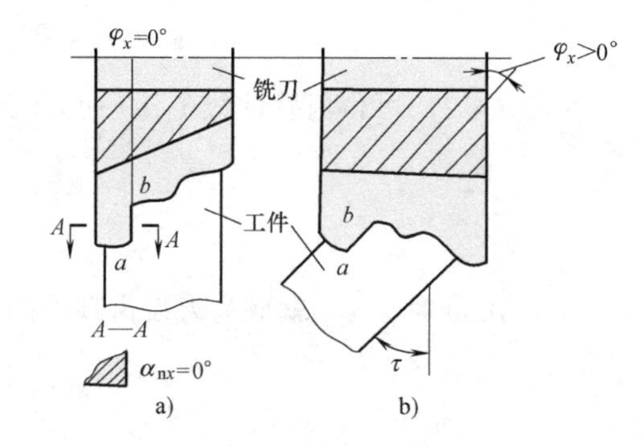

图 4-25　斜置工件铣削法

3）斜向铲齿。此法是铲齿时将铲刀的运动方向由径向改成与铣刀端面倾斜一个 τ 角而进行铲齿，如图 4-26 所示。

可以证明，斜铲时铣刀切削刃上任意一点 x 的端面后角 α_{fx} 为

$$\tan\alpha_{fx} = \frac{k_\tau z}{2\pi R}(\cos\tau + \sin\tau\cot\varphi_x)$$

式中　k_τ——沿 τ 方向的铲削量。

若将上式代入式（4-7），化简后则可得切削刃上任意一点 x 的法后角 α_{nx} 为

$$\tan\alpha_{nx} = \frac{k_\tau z}{2\pi R_x}\sin(\varphi_x + \tau) \tag{4-10}$$

4）修改铣刀的切削刃形状。如图4-27a所示的凸半圆铣刀，在圆弧切削刃两末端A、B处，$\varphi_x=0°$，$\alpha_{nx}=0°$。为了改善该处的切削条件，将C、D两点后的一段圆弧切削刃修改成与圆弧相切的直线切削刃，如做成$\varphi_x=10°$的切削刃，使该处的$\alpha_{nx}=2°$。但这种方法将使工件形状发生变化。

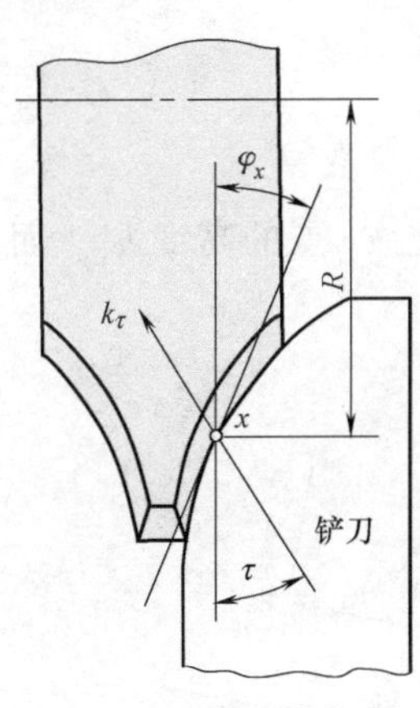

图4-26 斜向铲齿法

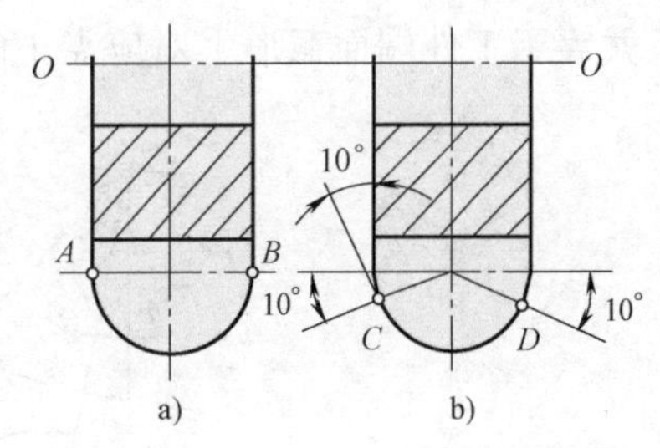

图4-27 修改铣刀切削刃形状

3. 铲齿成形铣刀前角$\gamma_f>0°$时刀齿廓形计算

铲齿成形铣刀的刀齿廓形是指通过刀齿后刀面的轴向截形。对于精加工用的铲齿成形铣刀，常做成零度前角，即$\gamma_f=0°$。此时，其刀齿廓形就是刀齿前刀面上的切削刃廓形，而且与直槽工件的端面截形（端剖面内的截形）相同。这种铣刀在制造和重磨时容易保证刀齿廓形精度。

粗加工用的铲齿成形铣刀，为了改善切削条件，常将前角做成$\gamma_f>0°$（为什么粗加工时前角可以为正?）。此时刀齿廓形就不同于前刀面上的切削刃廓形，它们与工件端面截形都不相同，所以对刀齿截形必须进行计算。

前角$\gamma_f>0°$的铲齿成形铣刀的刀齿廓形计算原理，与成形车刀类似，主要是对截形高度进行修正计算，即根据工件端面截形上若干组成点的高度，求出成形铣刀刀齿截形上对应点的高度。至于刀齿截形宽度，则与工件端面截形宽度相同，无需进行计算。

下面按图4-28的工件槽形来求铲齿成形铣刀的刀齿截形。

设已知工件端面截形1-2-3-4上每点的坐标尺寸（如b_1、h_1等）；成形铣刀的直径d_0（半径$R=d_0/2$）、齿数z、端面前角γ_f、铲削量k（端面后角α_f）也都已确定。要求计算成形铣刀的刀齿截形尺寸。

由图4-28可见，如刀齿前刀面上的切削刃截形为A_2-A_3-E_4'-E_1'，则当铣刀绕其轴线做旋转运动时，切削刃上的A_2、A_3点分别切出工件截形上的点2、点3，而切削刃上的E_1'、E_4'点在旋转到G点位置时切出工件截形上的点1和点4。

设阿基米德螺线ABC是按铲削量k作出的齿背曲线，过E点作ABC的径向等距线，则由图4-28可求得刀齿截形上E_1点的高度h_1'为

$$h_1'=\overline{BE}=\overline{AD}=\overline{AG}-\overline{DG}=h_1-\Delta h$$

而$\Delta h=\overline{DG}=\overline{MB}=k\theta/\varepsilon=kz\theta/2\pi$

故
$$h_1' = h_1 - \frac{kz}{2\pi}\theta \tag{4-11}$$

式中角 θ 可从△OAE 中利用正弦定律求出，即

$$\frac{R}{\sin[180° - (\theta + \gamma_f)]} = \frac{R - h_1}{\sin\gamma_f}$$

故
$$\theta = \arcsin\left(\frac{R\sin\gamma_f}{R - h_1}\right) - \gamma_f \tag{4-12}$$

由上式求出角 θ 后，代入式（4-11），就可求出刀齿截形上 E_1 点的高度 h_1'。而 E_1 点的宽度 b_1'，就等于工件端面截形上对应点 1 的宽度 b_1，即 $b_1' = b_1$。

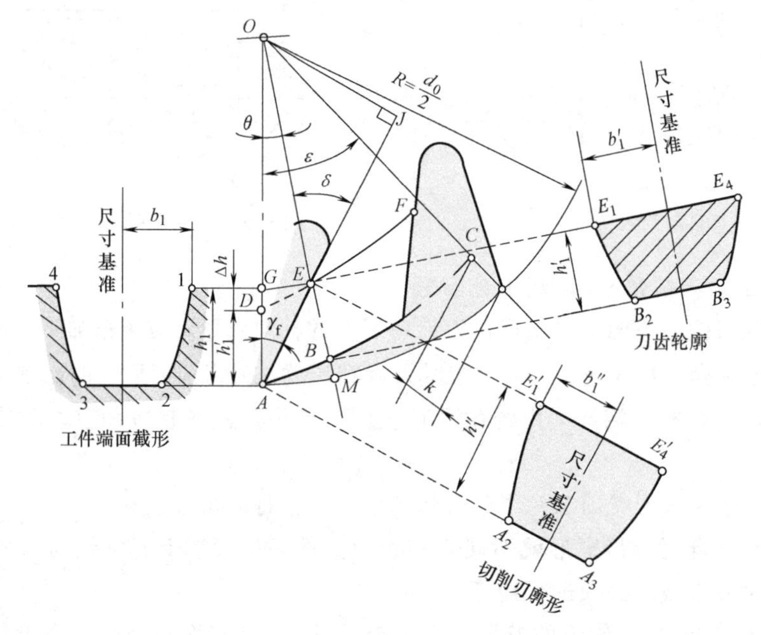

图 4-28 铲齿成形铣刀的刀齿廓形计算

利用这样的分析计算法，就可求出铣刀刀齿截形上其他各点坐标。

这种成形铣刀用铲齿车刀铲制时，通常用样板沿刀齿前刀面检查切削刃截形 A_2-A_3-E_4'-E_1'，所以还必须求出切削刃廓形上各点坐标。由图 4-28 可知，切削刃截形 E_1'点的高度 h_1''为

$$h_1'' = \overline{AE} = \overline{AJ} - \overline{EJ} = R(\cos\gamma_f - \sin\gamma_f \cot\delta) \tag{4-13}$$

其中
$$\delta = \theta + \gamma_f$$

而 E_1'点的宽度 $b_1'' = b_1$。用同样计算方法，可求出切削刃截形上其他各点坐标。

铲齿成形铣刀用钝重磨后，其直径 d_0（或半径 R）将减小。这样由式（4-11）~式（4-13）可知，刀齿廓形和切削刃廓形都将发生变化。因此，用重磨后的铲齿成形铣刀加工的工件形状，就会出现截形误差。

4.9 加工螺旋槽的成形铣刀的廓形设计计算

生产中经常遇到一些带有螺旋槽的工件，例如，钻头上有螺旋槽，斜齿轮和蜗杆上也有

螺旋槽。当这些螺旋槽的精度要求较高时，经常要设计专用的成形铣刀来加工。

铣切螺旋槽时，铣刀轴线与工件轴线间的交错角 Σ 一般为 $90°-\omega$，即铣床工作台应转动一个螺旋角 ω（图 4-29）。铣槽时，铣刀做旋转的切削运动，而工件则做螺旋运动，即当工件旋转一周时，还沿其轴向移动一个导程的距离。

为了加工出精度较高的螺旋槽，必须正确设计成形铣刀的廓形。为了精确地求解铣刀廓形，必须建立一些概念，以便使设计工作顺利地进行。

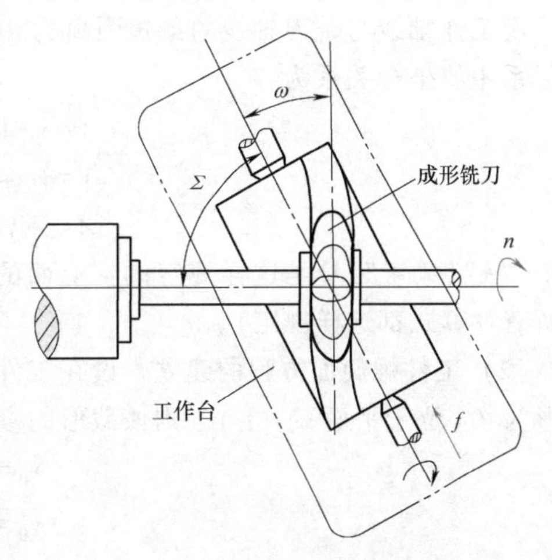

图 4-29 螺旋槽工件的铣削加工

1. 基本概念

（1）加工螺旋槽的成形铣刀的廓形概念　成形铣刀的廓形是指铣刀的切削刃绕其轴线所形成的回转面的轴向截形。加工直槽工件用的成形铣刀的廓形应与工件槽的端剖面截形是一致的，其回转面与工件直槽的接触线，是铣刀轴剖面内的曲线（平面曲线）。但是，在加工螺旋槽工件时，螺旋槽表面是铣刀切削刃的回转面相对于工件做螺旋运动时所形成的包络面（这种方法可称为无瞬心包络法）。这个回转面与工件螺旋槽的接触线不在铣刀轴剖面内，接触线不是平面曲线，而是一条空间曲线。所以铣刀的廓形，不同于工件槽任何剖面内的截形，必须按下面的计算法去求解。

（2）求解成形铣刀廓形的原理

1）成形铣刀加工螺旋面时，其切削刃按切削速度的要求绕铣刀轴线回转，形成一个回转面，这个回转面在空间可视为固定不动的。

2）铣削加工时，工件按其本身的导程做螺旋运动。设想工件的螺旋面早已被正确切成，则当工件做螺旋运动时，由于螺旋面上每一点都沿着通过该点的螺旋线移动。因此，这个螺旋面在空间也可视为静止不动。这样，刀具和工件的相对位置可视为没有改变。

3）铣刀回转面要包络出工件螺旋面，那么，这两个表面应沿着一条空间曲线相切接触，这条曲线称为接触线。由于刀具回转面和工件螺旋面都被看作固定不动的，所以它们的接触线在空间也视为固定不动的。

4）将接触线绕铣刀轴线回转，就可得到铣刀回转面，再作回转面的轴剖面，所得的轴向截形，就是要求解的铣刀廓形。

根据上面所述的原理，下面来分析成形铣刀廓形的计算法。

2. 成形铣刀廓形的计算法

用计算法求成形铣刀廓形的过程可这样进行，在已知工件螺旋槽端剖面截形和螺旋参数、螺旋方向后，建立工件螺旋面方程；在已知铣刀轴线与工件轴线的最短距离后，建立铣刀与工件螺旋面的接触线方程；最后求出接触线绕铣刀轴线旋转所形成的铣刀回转面方程及铣刀截形。

（1）坐标系的建立　为了便于分析问题：在工件上建立坐标系 $oxyz$，其 z 轴与工件轴线重合（图 4-30），在刀具上建立坐标系 $OXYZ$，其 Z 轴与刀具轴线重合，而 X 轴则与工件坐标系中的 x 轴重合，且方向一致。

上述两个坐标系在空间位置是固定的，不随工件和刀具转动。

设工件轴线与铣刀轴线的最短距离为 A，两轴线的交错角为 Σ，则由图 4-30 可知，两个坐标系中的坐标关系为

$$\left.\begin{aligned}X&=x-A\\Y&=y\cos\Sigma\pm z\sin\Sigma\\Z&=\mp y\sin\Sigma+z\cos\Sigma\end{aligned}\right\}\tag{4-14}$$

其中“±”、“∓”号是这样规定的：上面的用于右旋螺旋面，下面的用于左旋螺旋面（以后所有计算式都这样规定）。

（2）工件螺旋面方程的建立　设在工件坐标系 $oxyz$ 中（图 4-31），已知螺旋槽的端剖面截形为 T（位于平面 xoy 上），则该截形的参数方程为

$$\left.\begin{aligned}x_0&=x_0(u)\\y_0&=y_0(u)\end{aligned}\right\}\tag{4-15}$$

式中　u——参变数。

当端剖面截形 T 绕 z 轴做等速转动，同时沿 z 轴做等速移动时，它在空间将形成一个螺旋面。如在端剖面截形上取一任意点 $M_0(x_0,y_0,0)$，当它绕 z 轴转过一个 θ 角时，则该点必将沿着一条螺旋线移动而到达另一点 M（x，y，z）。

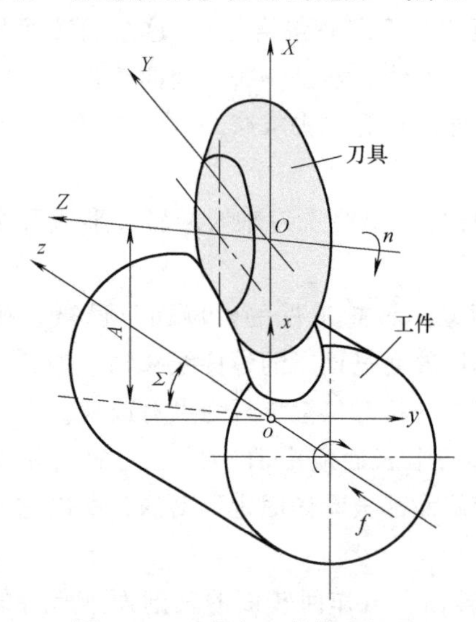

图 4-30　刀具与工件的坐标系

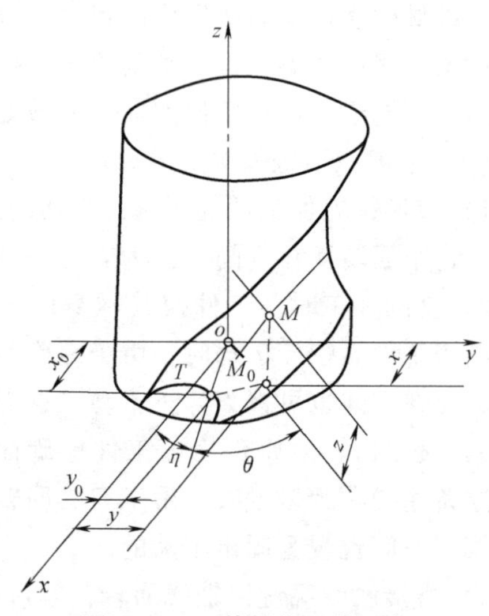

图 4-31　工件螺旋面的形成

设螺旋面的导程为 P_z，角度 θ 的旋转方向是由 x 轴转向 y 轴时，则 M 点的坐标为

$$\left.\begin{aligned}x&=r\cos(\eta+\theta)\\y&=r\sin(\eta+\theta)\\z&=\pm p\theta\end{aligned}\right\}\tag{4-16}$$

式中　r——M_0 点到坐标原点的距离；

η——直线 oM_0 与轴线 x 的夹角；

θ——角度参数；

p——螺旋参数，$p=P_z/2\pi$。

由于 $x_0=r\cos\eta$，$y_0=r\sin\eta$，如将它们代入式（4-16），则得螺旋面在工件坐标系 $oxyz$ 中

的方程为

$$\left.\begin{aligned}x&=x_0\cos\theta-y_0\sin\theta\\y&=x_0\sin\theta+y_0\cos\theta\\z&=\pm p\theta\end{aligned}\right\}\tag{4-17}$$

如将式（4-17）代入式（4-14），则得螺旋面在刀具坐标系 $OXYZ$ 中的方程式。

（3）接触方程的建立　根据前面提到的求解成形铣刀廓形的原理，来建立刀具回转面与工件螺旋面的接触方程。作剖面 $P—P$ 垂直于刀具轴线（图 4-32），并令它与平面 XOY 相隔一定的距离 z，则剖面 $P—P$ 与刀具回转面的交线 C 必定是一个圆（图 4-33），而与工件螺旋面的交线 $I—I$ 则是一条平面曲线。由于刀具回转面与工件螺旋面是相切的，所以圆 C 与平面曲线 $I—I$ 必在某点 a 上相切。显然，切点 a 就是整条接触线上的一个接触点，它也就是接触线与剖面 $P—P$ 的交点。

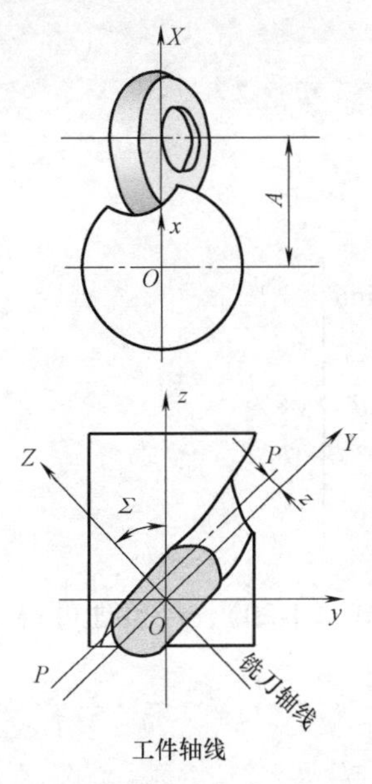

图 4-32　刀具与工件在坐标系中的投影图

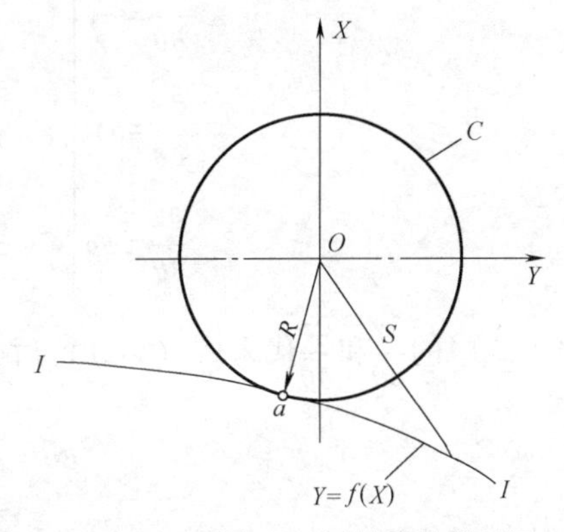

图 4-33　垂直于刀具轴线的截形图

下面进一步讨论接触点 a 成立的条件，即建立接触方程。

设剖面 $P—P$ 与平面 XOY 相隔的距离 Z＝常数，则可将式（4-14）中的第三式单独列出，即

$$Z=\mp y\sin\Sigma+z\cos\Sigma=\text{常数}\tag{4-18}$$

而平面曲线 $I—I$ 在刀具坐标系中的方程为

$$Y=f(X)$$

又设曲线 $I—I$ 上任意点到刀具轴线的距离为 S，则由图 4-33 可知

$$S=\sqrt{X^2+Y^2}=\sqrt{X^2+f(X)^2}$$

由上式可知，S 是 X 的一元函数。根据刀具截圆 C 与工件截线 $I—I$ 相切条件可知，求刀具截圆 C 的半径，就成为求函数 $S[X,f(X)]$ 的极小值问题了。因此可对上式求导，并令导数等于零，即

$$\frac{\mathrm{d}S}{\mathrm{d}X}=\frac{2X+2f(X)\dfrac{\mathrm{d}f(X)}{\mathrm{d}X}}{2\sqrt{X^2+f(X)^2}}=0$$

故得

$$X\mathrm{d}X+Y\mathrm{d}Y=0 \tag{4-19}$$

上式说明如满足此条件式时，刀具截圆 C 就与工件截线相切，即在 a 点相接触，故式（4-19）可称为接触条件式，即接触方程。由这个方程，可导出接触点 a 的参数值 u 和 θ 的关系。

为了导出 u 和 θ 的关系，需先明确在任意剖面内曲线 $I—I$ 上各点的增量 $\mathrm{d}u$ 和 $\mathrm{d}\theta$ 的关系。

对式（4-18）进行全微分，则得

$$\mathrm{d}Z=\mp\mathrm{d}y\sin\Sigma+\mathrm{d}z\cos\Sigma=0 \tag{4-20}$$

其中

$$\left.\begin{aligned}\mathrm{d}y&=\frac{\partial y}{\partial u}\mathrm{d}u+\frac{\partial y}{\partial\theta}\mathrm{d}\theta\\ \mathrm{d}z&=\frac{\partial z}{\partial u}\mathrm{d}u+\frac{\partial z}{\partial\theta}\mathrm{d}\theta\end{aligned}\right\} \tag{4-21}$$

再从式（4-17）中求偏导数，有

$$\left.\begin{aligned}\frac{\partial x}{\partial\theta}&=-y\\ \frac{\partial y}{\partial\theta}&=x\\ \frac{\partial z}{\partial\theta}&=\pm p\end{aligned}\right\},\quad \left.\begin{aligned}\frac{\partial x}{\partial u}&=\frac{\mathrm{d}x_0}{\mathrm{d}u}\cos\theta\ \frac{\mathrm{d}y_0}{\mathrm{d}u}\sin\theta\\ y&=\frac{\mathrm{d}x_0}{\mathrm{d}u}\sin\theta\ \frac{\mathrm{d}y_0}{\mathrm{d}u}\cos\theta\\ z&=0\end{aligned}\right\} \tag{4-22}$$

将上式中的$\dfrac{\partial y}{\partial\theta}$和$\dfrac{\partial z}{\partial\theta}$代入式（4-21）后，再将该式代入式（4-20），经整理可得

$$\mathrm{d}u=\frac{x-p\cot\Sigma}{-\dfrac{\partial y}{\partial u}\pm\dfrac{\partial z}{\partial u}\cot\Sigma}\mathrm{d}\theta \tag{4-23}$$

对于曲线 $I–I$ 上的点，有下列关系：

$$\mathrm{d}X=\mathrm{d}x=\frac{\partial x}{\partial u}\mathrm{d}u+\frac{\partial x}{\partial\theta}\mathrm{d}\theta \tag{4-24}$$

以及

$$\mathrm{d}Y=\mathrm{d}y\cos\Sigma\pm\mathrm{d}z\cos\Sigma$$

$$\mathrm{d}Z=\mp\mathrm{d}y\cos\Sigma+\mathrm{d}z\cos\Sigma=0[\text{即式}(4\text{-}20)]$$

由上面两式消去 $\mathrm{d}y$，可得

$$\mathrm{d}Y=\pm\frac{\mathrm{d}z}{\sin\Sigma}=\pm\frac{1}{\sin\Sigma}\left(\frac{\partial z}{\partial u}\mathrm{d}u+\frac{\partial z}{\partial\theta}\mathrm{d}\theta\right) \tag{4-25}$$

将式（4-22）中的$\dfrac{\partial x}{\partial\theta}$和$\dfrac{\partial z}{\partial\theta}$分别代入式（4-24）和式（4-25），然后再将该两式代入式（4-19）则得

$$X\left(\frac{\partial x}{\partial u}\mathrm{d}u-y\mathrm{d}\theta\right)+\frac{Y}{\sin\Sigma}\left(\pm\frac{\partial z}{\partial u}\mathrm{d}u+p\mathrm{d}\theta\right)=0$$

再将式（4-23）以及式（4-14）中的 X、Y 代入上式，整理可得

$$(x-A)\left[x\frac{\partial x}{\partial u}+y\frac{\partial y}{\partial u}-\left(p\frac{\partial x}{\partial u}\pm y\frac{\partial z}{\partial u}\right)\cot\Sigma\right]+(y\cot\Sigma\pm z)\left(\pm x\frac{\partial x}{\partial u}-p\frac{\partial y}{\partial u}\right)=0 \tag{4-26}$$

设

$$\left.\begin{aligned}E&=\pm p\frac{\partial y}{\partial u}-x\frac{\partial z}{\partial u}\\F&=\mp P\frac{\partial x}{\partial u}-y\frac{\partial z}{\partial u}\\G&=x\frac{\partial x}{\partial u}+y\frac{\partial y}{\partial u}\end{aligned}\right\} \tag{4-27}$$

将式（4-27）代入式（4-26），即得

$$Ez\pm FA\cot\Sigma+G(A-x+p\cot\Sigma)=0 \tag{4-28}$$

由于式（4-28）中的 A、Σ 和 p 都是常数值，而其他各值都是参变数 u 和 θ 的函数，所以式（4-28）就是以参变数 u 和 θ 表示的接触方程。

（4）刀具廓形方程　从接触方程式（4-28）可知，如果选定一个 u 值，即在工件的端剖面截形上选定一个点（如图 4-31 中的 M_0 点）后，就可解出一个对应的 θ 角值，这就表示该点（如 M_0 点）转过一个 θ 角后就成为接触点了。然后将这一组（u,θ）值代入式（4-15）、式（4-17）和式（4-14）后，就可求出该接触点在刀具坐标系 $OXYZ$ 中的坐标（X,Y,Z）。

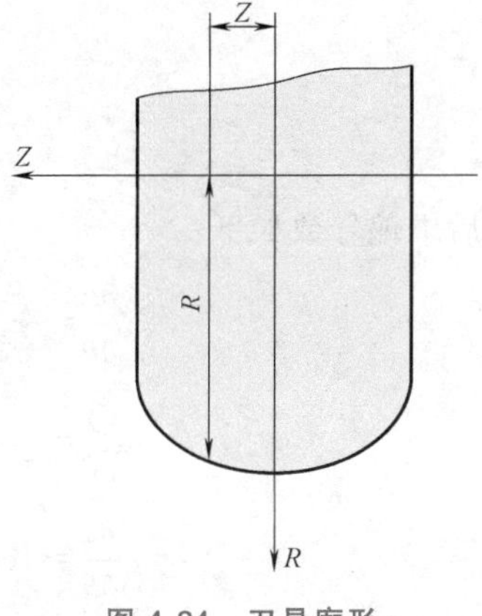

图 4-34　刀具廓形

这样，根据工件螺旋面端剖面截形的参数范围，选定一系列的 u 值，用上述方法便可求得一系列接触点的坐标（X, Y, Z）。由此，就可求得刀具回转面的轴向截形（图 4-34），即刀具廓形方程为

$$\left.\begin{aligned}Z&=Z\\R&=\sqrt{X^2+Y^2}\end{aligned}\right\} \tag{4-29}$$

式（4-29）是计算新成形铣刀廓形的公式。当铣刀用钝重磨后，其直径将减小，这将引起加工时的 A 减小，因此，铣刀廓形应相应变化。但是成形铣刀重磨前刀面后，其廓形没有变化，因而使加工的螺旋槽端面截形将产生误差。

（5）计算举例

1）已知条件。

工件端剖面截形参数（图 4-35）：r_1 = 15mm，r_2 = 30mm，工件外圆螺旋角 ω = 30°，螺旋方向为右旋。

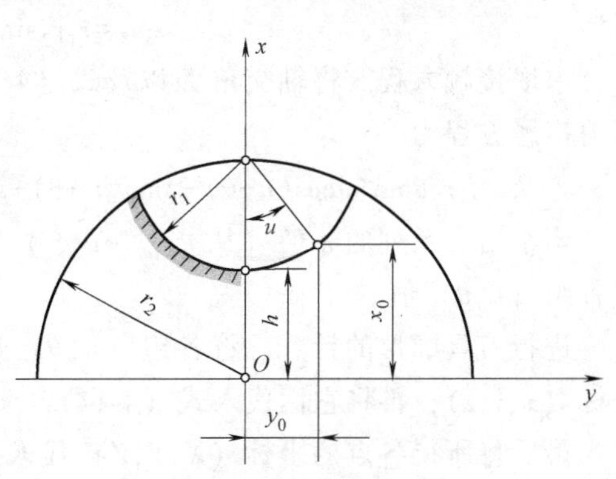

图 4-35　工件的端剖面截形

铣刀最大直径 $d_{0\max}=120\text{mm}(R_{\max}=d_{0\max}/2)$，刀具轴线与工件轴线的最短距离 A 可按下式计算，即

$$A=R_{\max}+h=R_{\max}+r_2-r_1=75\text{mm} \tag{4-30}$$

两轴线交错角 $\Sigma=90°-\omega=60°$。

为了减少计算工作量，对于端剖面截形对称的工件，可将其对称线选得与 x 轴重合。这样，所得的刀具廓形也将是对称的，而在计算时只要求出刀具廓形的一半即可。

2）刀具廓形方程的建立步骤。

工件端剖面截形方程由图 4-35 可知为

$$\left.\begin{aligned} x_0 &= r_2 - r_1\cos u \\ y_0 &= r_1\sin u \end{aligned}\right\} \tag{4-31}$$

式中　u——参变数。

因工件端剖面截形是对称的，故取截形的一半，有

$$u_{\min} = 0°$$

$$u_{\max} = \arccos\left(\frac{r_1}{2r_2}\right) = 75.05225°$$

计算工件的右旋螺旋面方程。

因螺旋槽导程　$P_z = 2\pi r_2 \cot\omega$

故螺旋参数　$p = P_z/2\pi = r_2\cot\omega$　(4-32)

将式（4-31）、式（4-32）代入式（4-17）可得

$$\left.\begin{aligned} x &= r_2\cos\theta - r_1\cos(u-\theta) \\ y &= r_2\sin\theta + r_1\sin(u-\theta) \\ z &= r_2\theta\cot\omega \end{aligned}\right\} \tag{4-33}$$

然后求偏导数如下：

$$\left.\begin{aligned} \frac{\partial x}{\partial\theta} &= -r_2\sin\theta - r_1\sin(u-\theta) \\ \frac{\partial y}{\partial\theta} &= r_2\cos\theta - r_1\cos(u-\theta) \\ \frac{\partial z}{\partial\theta} &= r_2\cot\omega \end{aligned}\right\},\quad \left.\begin{aligned} \frac{\partial x}{\partial u} &= r_1\sin(u-\theta) \\ \frac{\partial y}{\partial u} &= r_1\cos(u-\theta) \\ \frac{\partial z}{\partial u} &= 0 \end{aligned}\right\} \tag{4-34}$$

再求 E、F、G 值。将式（4-32）、式（4-33）、式（4-34）代入式（4-27）整理可得

$$\left.\begin{aligned} E &= r_1 r_2\cot\omega\cos(u-\theta) \\ F &= -r_1 r_2\cot\omega\sin(u-\theta) \\ G &= r_1 r_2\sin u \end{aligned}\right\} \tag{4-35}$$

求取接触方程。将轴交角 Σ 以及式（4-32）、式（4-33）和式（4-35）代入式（4-28），可得接触方程为

$$r_2\theta\tan^2\omega\cos(u-\theta) - A\sin(u-\theta) + \sin u\left[A + r_1\cos(u-\theta) + r_2(1-\cos\theta)\right] = 0$$

当给出一系列的 u 值（从 $u_{\mathrm{mim}} \to u_{\max}$）后，代入上式，可解出各相应的 θ 角值，最后可得各组 (u,θ) 值。

进行刀具廓形的计算。将各组 (u,θ) 逐个代入式（4-33），即得螺旋面上相应各点的坐标 (x,y,z)，再将它们代入式（4-14），又得各点的坐标 (X,Y,Z)。

最后将所得各点的坐标 (X,Y,Z) 代入式（4-29），就得到刀具廓形上相应点的坐标 Z 和 R。

计算结果见表 4-8。

表 4-8 计算结果

序号	u/(°)	θ/(°)	Z/mm	R/mm
1	0	0	0	0
2	10	−0. 9041043	−2. 4573526	59. 734777
3	20	−1. 7784486	−4. 819802	58. 951017
4	30	−2. 5940284	−6. 998099	57. 683564
5	40	−3. 3231156	−8. 9136999	55. 987688
6	50	−3. 9390471	−10. 502717	53. 935410
7	60	−4. 4135157	−11. 718451	51. 611600
8	70	−4. 7014671	−12. 532448	49. 113127
9	74	−4. 7377196	−12. 742678	48. 091717
10	76	−4. 727202	−12. 823058	47. 582354

最后将算出的各点按比例放大画在方格纸上，并用光滑曲线连接各点，就得到铣刀的廓形，如图 4-36 所示。

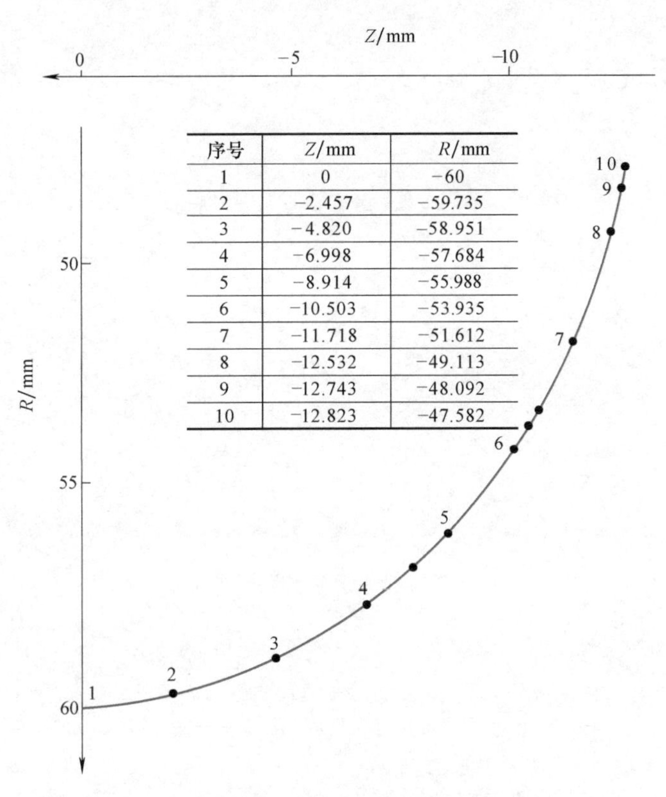

序号	Z/mm	R/mm
1	0	−60
2	−2.457	−59.735
3	−4.820	−58.951
4	−6.998	−57.684
5	−8.914	−55.988
6	−10.503	−53.935
7	−11.718	−51.612
8	−12.532	−49.113
9	−12.743	−48.092
10	−12.823	−47.582

图 4-36 成形铣刀的廓形曲线

从上可见，成形铣刀廓形的计算法，论证严密，可以精确计算。如借助于计算机，将会大大减轻刀具设计的工作量。

复习思考题

4-1 试分析比较圆柱铣削与端面铣削的切削厚度、切削宽度、切削层面积和铣削力，以及它们对铣削过程的影响。

4-2 试从铣削力、铣刀寿命和铣削表面质量三方面来分析顺铣和逆铣两种铣削方式，以及它们各自适用的场合。

4-3 为何加工平面、沟槽等铣刀的刀齿常做成尖齿型，而加工成形表面的铣刀的刀齿常做成铲齿型？这两种类型的刀齿后角宜如何选取？

4-4 试设计一把加工矩形花键 $\gamma_f>0°$ 的铲齿成形铣刀。并分析该铣刀重磨后的廓形变化情况。

4-5 试分析成形铣刀加工螺旋槽有时会出现过切（干涉）现象的原因，以及如何减少这种过切现象。

4-6 试设计一把加工麻花钻螺旋槽的成形铣刀。

4-7 如已知成形铣刀的廓形曲线，如何能求出用该铣刀加工的工件螺旋槽端剖面截形？

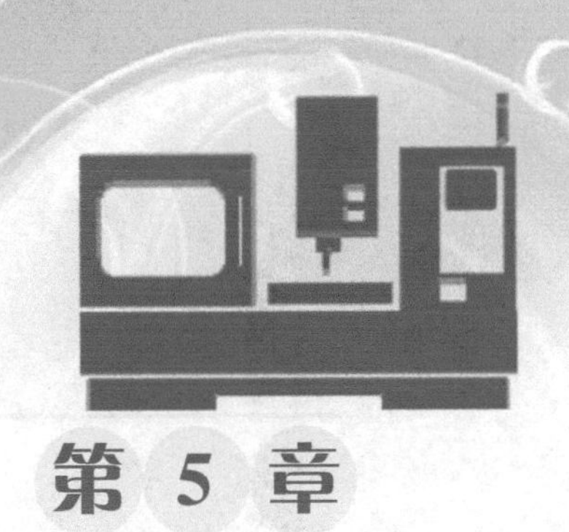

第 5 章

拉　刀

5.1　拉刀的种类和用途

拉刀上有很多刀齿，后一个刀齿（或后一组刀齿）的齿高要高于（或齿宽要宽于）前一个刀齿（或前一组刀齿），所以当拉刀做直线运动时（对某些拉刀来说则为旋转运动或螺旋运动），便能依次地从工件上切下很薄的金属层，如图 5-1 所示。因此拉刀加工质量好，生产效率高。拉刀寿命长，并且拉床结构简单。但拉刀结构复杂，制造比较麻烦，价格较高，一般是专用刀具，因而多用于大批量生产的精加工。

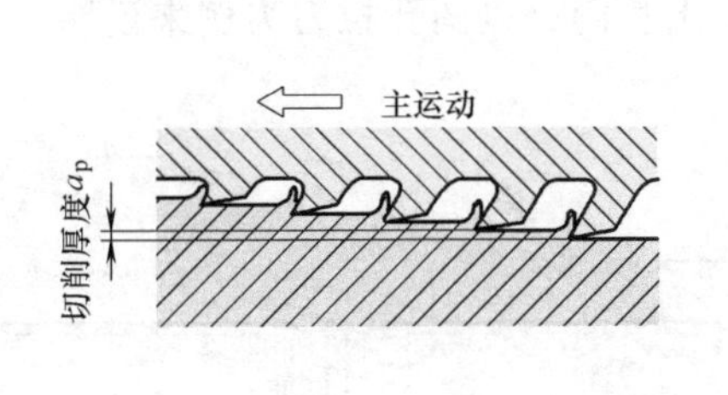

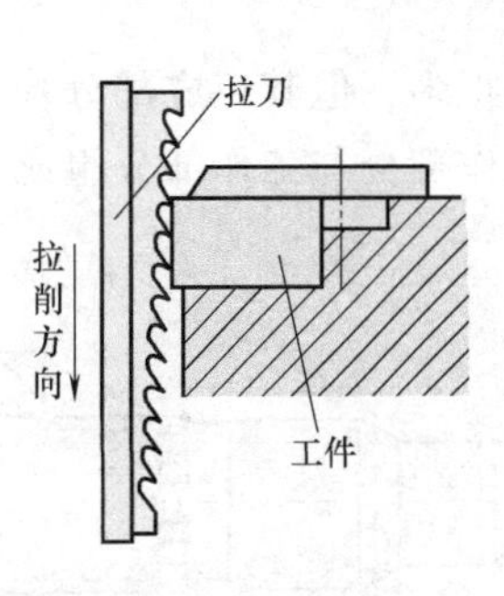

图 5-1　拉削过程

拉刀种类很多，通常从两方面来分类：

1）按照加工表面的不同，可分为加工圆形、方形、花键槽、键槽、多边形等通孔的内拉刀和加工平面、燕尾槽、燕尾头等外表面的外拉刀，常见类型拉刀的形状如图 5-2 所示。

2）按照结构的不同，可分为整体式拉刀和装配式拉刀，后者多为大型外拉刀。

拉刀是在拉伸状态下工作的，刀具承受拉力。实际生产中还常采用一种叫作推刀的刀具，它是在压缩状态下工作的，推刀形状如图 5-3 所示。它的工作部分与拉刀相似，但齿数少，长度短（为什么不同?），制造比较容易，主要用于精校孔或校准热处理后（硬度小于 45HRC）变形的孔。

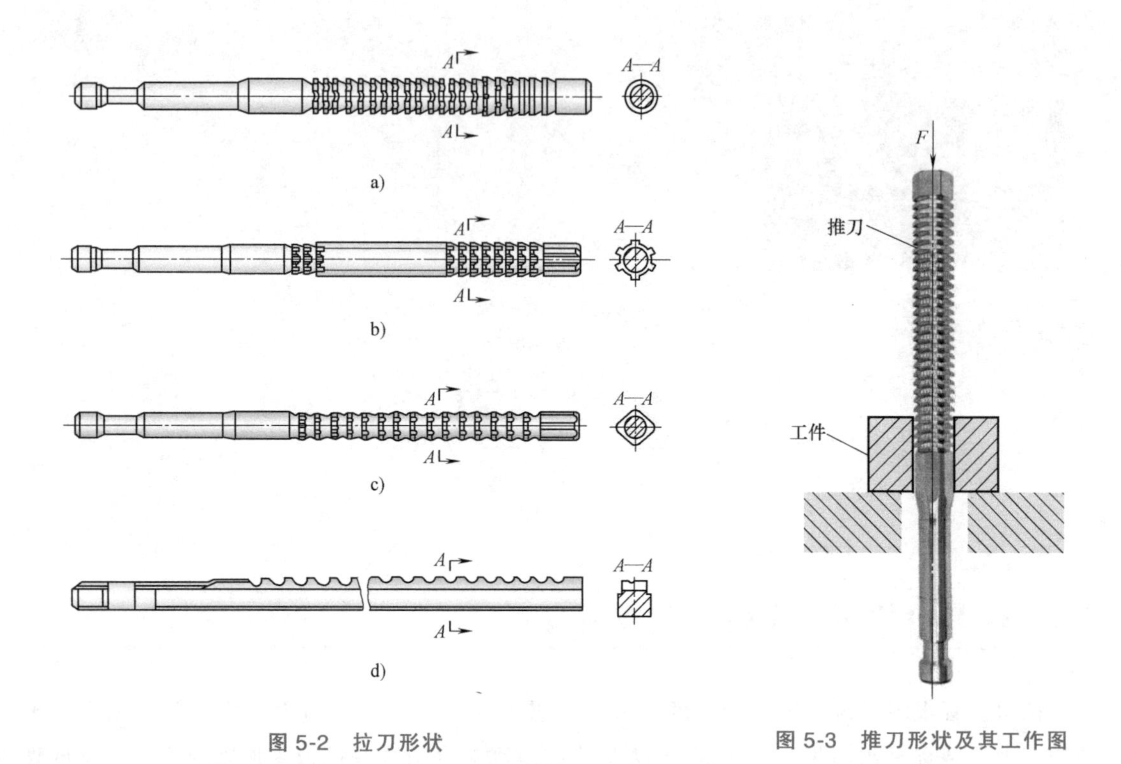

图 5-2　拉刀形状

a）圆拉刀　b）花键拉刀　c）四方拉刀　d）键槽拉刀

图 5-3　推刀形状及其工作图

5.2　拉刀的结构

拉刀种类很多，但其组成部分基本上相同，以圆孔拉刀为例来说明。如图 5-4 所示，圆孔拉刀由非工作部分与工作部分组成。

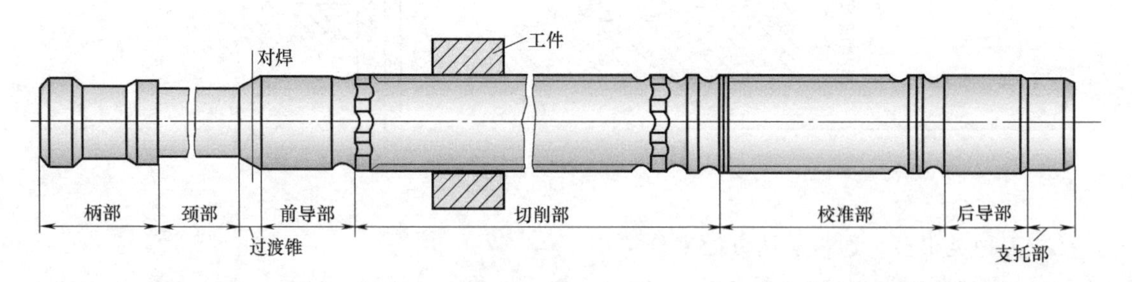

图 5-4　圆孔拉刀结构

1. 非工作部分

非工作部分包括下列几部分。

（1）柄部　供拉床夹头夹住以传递动力。其直径 D_1 至少应比拉削前的孔径小 0.5mm。柄部形状如图 5-5 所示，各尺寸可查有关资料。

（2）颈部　连接柄部与其后各部分。其长度能使拉刀第一刀齿未进入工件孔之前，拉床夹头可以夹住柄部。拉刀的标记就打在颈部。

颈部长度 l_2（图 5-6）为

$$l_2 \geqslant m+B+A-l_3$$

式中 m——拉床夹头与拉床床壁的间隙，$m=10\sim20\text{mm}$；

B——拉床床壁厚度；

A——拉床花盘法兰厚度；

l_3——过渡锥长度，一般有 10mm、15mm、20mm 三种。

颈部直径 D_2 可比 D_1 小 0.3~1mm，或 $D_2=D_1$（便于磨制）。

图样上通常不标注颈部长度，而标注柄部前端到第一刀齿之间的长度 L_1'。

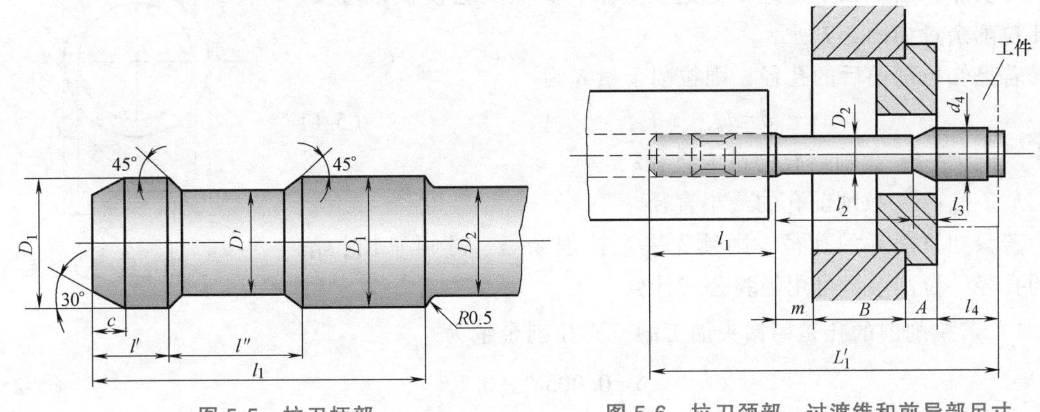

图 5-5 拉刀柄部　　图 5-6 拉刀颈部、过渡锥和前导部尺寸

（3）过渡锥　使拉刀容易进入工件孔中，起对准中心的作用。

（4）前导部　起导向和定心作用，防止拉刀歪斜（若发生歪斜会产生什么样的后果?），并可检查拉削前孔径是否太小，以免拉刀第一刀齿负荷太大而损坏。其直径 d_4 应等于拉削前孔的最小直径 $d_{\omega\min}$，长度 l_4 一般等于拉削孔长度 l；若孔的长度与直径的比值大于 1.5 时，可取 $l_4=0.75l$，但不小于 40mm。

（5）后导部　保持拉刀最后的正确位置，防止拉刀即将离开工件时，工件下垂而损坏已加工表面。其直径等于拉削后孔的最小直径 d_{mmin}，长度等于（0.5~0.7）l，但不小于 20mm。

（6）支托部　防止长而重的拉刀（拉刀直径≥60mm）因自重下垂，影响加工质量和损坏刀齿。

2. 工作部分

工作部分包括下列两部分。

（1）切削部　有若干刀齿，分粗切齿、过渡齿和精切齿，刀齿直径逐齿依次增大，它们起切削作用，切去全部加工余量。

（2）校准部　有几个校准齿，其直径都相同，基本上等于拉削后的孔径，它们起校准与修光作用，并作为精切齿的后备齿。

拉刀总长度是拉刀所有组成部分长度的总和，一般拉刀总长度 L 为

$$L=(30\sim40)d_0$$

式中 d_0——拉刀直径。

确定拉刀总长度时应考虑拉床工作范围及拉刀制造的可能性，若设计的拉刀太长，可设计成两把以上的成套拉刀。

圆孔拉刀两端做有带保护锥的中心孔，作为制造与重磨时的基准。

5.3 圆孔拉刀设计

1. 拉削余量

拉削余量应保证拉削后能把前道工序留下的加工误差和破坏层全部切除，余量太小则达不到这些要求，太大又会使拉刀增长。圆孔拉削余量如图 5-7 所示。

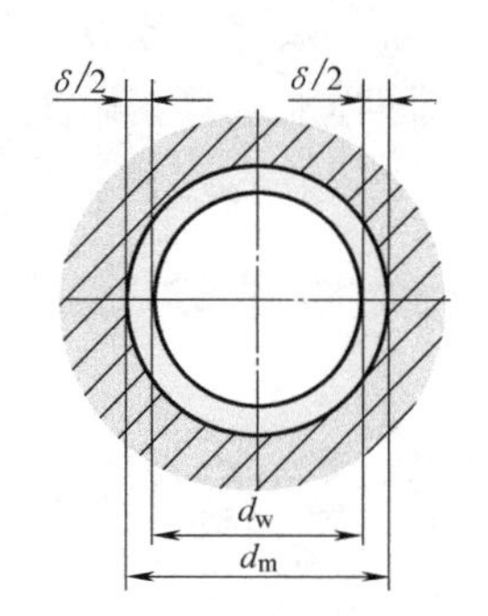

图 5-7 圆孔拉削余量图

若已知拉削前后的孔径，则拉削余量 δ 为

$$\delta=d_{mmax}-d_{wmin} \tag{5-1}$$

式中 d_{mmax}——拉削后孔的最大直径；

d_{wmin}——拉削前孔的最小直径。

若只知拉削后的孔径，则须先决定拉削余量，才可求出拉削前的孔径，拉削余量可用经验公式计算：

1）若拉削前的孔是用钻头加工的，则拉削余量为

$$\delta=0.005d_m+0.1\sqrt{l} \tag{5-2}$$

式中 δ——拉削余量（mm）；

l——拉削孔的长度（mm）；

d_m——拉削后孔的公称直径（mm）。

2）若拉削前的孔是用扩孔钻加工的，则拉削余量为

$$\delta=0.005d_m+0.075\sqrt{l} \tag{5-3}$$

3）若拉削前的孔是精扩孔或镗孔，则拉削余量为

$$\delta=0.005d_m+0.05\sqrt{l} \tag{5-4}$$

计算后取小数点后一位。（请思考是什么因素导致拉削余量的计算公式不同）

2. 拉削方式

拉削方式又称拉削图形，它决定拉削时每个刀齿切下的切削层的横截面形状、切削顺序和切削位置，它与切削力的大小、刀齿的负荷、加工表面质量、拉刀寿命、拉削生产率及拉刀长度等都有密切关系。拉削方式不同，拉刀设计方法也不同，这是拉刀设计中的一个重要环节。拉削方式可分为三大类。

（1）普通（分层）拉削方式 这种方式是将拉削余量一层一层地顺序切下，切削宽度较大，切削厚度较小，刀齿多，拉刀长，生产率不高，也不适用于拉削有硬皮的工件。这种方式又可分为：

1）同廓拉削方式。按此方式（图 5-8）设计的拉刀，每个刀齿都按工件的相似廓形切下一层层金属，只有最后一个切削齿才形成工件上的被加工表面。加工平面、圆孔和形状简单的成形表面时，刀齿廓形简单，容易制造，加工表面也较光洁，一般常采用这种拉削方式。

2）渐成拉削方式。按此方式（图 5-9）设计的拉刀，刀齿廓形与被拉削表面的形状不同，加工表面是由许多刀齿的切削刃先后切出而连接起来的，故切削刃可做成简单的弧形或直线形，拉刀较易制造，但加工表面较为粗糙。键槽、花键槽及多边孔常按此方式加工。

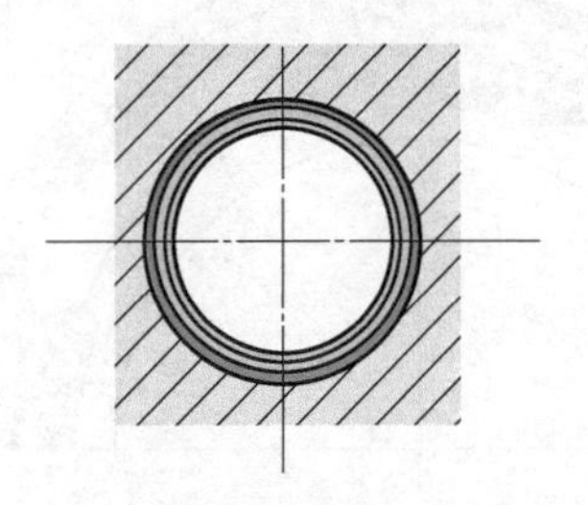

图 5-8　同廓拉削方式

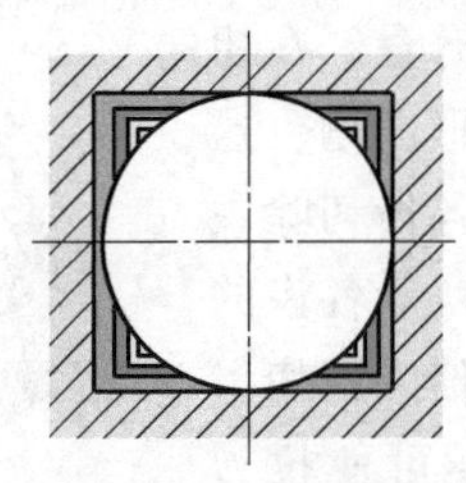

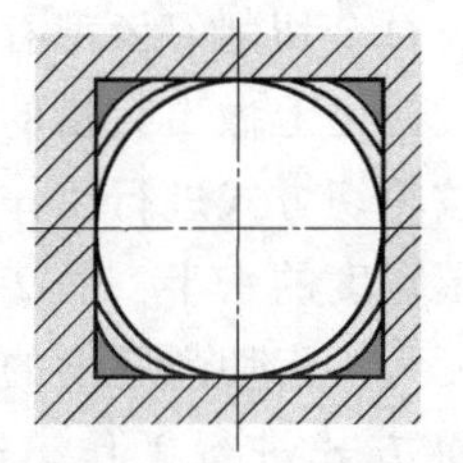

图 5-9　渐成拉削方式

（2）轮切（分块）拉削方式　按此方式设计的拉刀上刀齿有几组，每组中包含两个或三个刀齿。同一组刀齿的直径相同或基本相同，它们共同切除拉削余量中的一层金属。每个刀齿的切削位置是相互错开的，各切除一层金属中的一部分。全部余量由几组刀齿按顺序切完。

图 5-10 是这种方式的示意图，图中表示的拉刀有四组切削刀齿。每组中包含两个直径相同的切削刀齿，它们先后切除同一层金属的灰、白两部分余量。图 5-11 是三个切削刀齿为一组的轮切式圆孔拉刀的刀齿廓形。第一切削刀齿与第二切削刀齿有同样的廓形，都做成圆弧形凹槽，但相互错开，各切除同一层中的几段金属。剩下未切去的部分，由同一组中的第三切削刀齿切除。第三切削刀齿上不做圆弧形凹槽，但直径应比同组的其他切削刀齿小 0. 02~0. 04mm，以防止这个切削刀齿切下整圈金属。

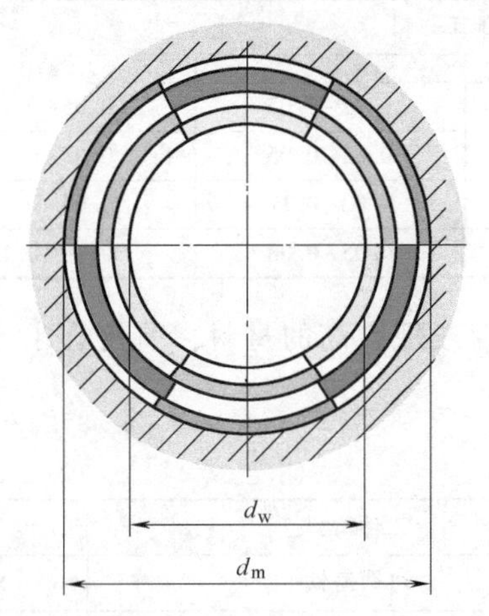

图 5-10　轮切（分块）拉削方式示意图

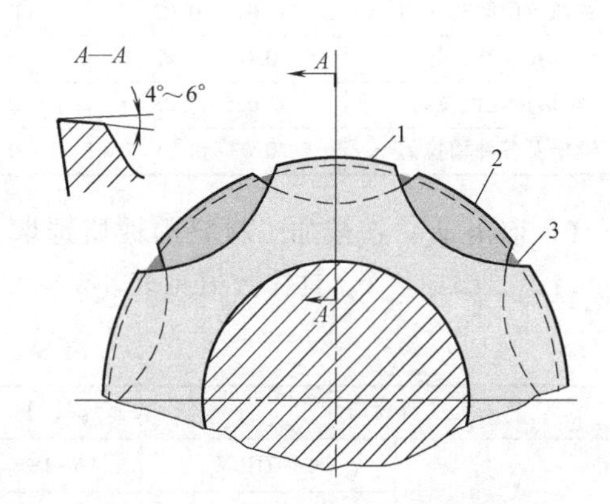

图 5-11　轮切式圆孔拉刀的刀齿廓形

1—第一切削刀齿廓形　2—第二切削刀齿廓形

3—第三切削刀齿廓形

与前述的普通拉削方式相比，轮切拉削方式的优点是每个切削刀齿上参加工作的切削刃宽度较小，而切削厚度比普通拉削方式的大两倍以上，因而单位切削力小；同时，虽然每层金属要由一组切削刀齿去切除，但因切削厚度大，所以在相同的较大拉削余量下，按轮切拉削方式设计的拉刀所需的刀齿总数减少了很多，这样，拉刀长度可以大大缩短，不但节省了贵重的刀具材料，而且也大大提高了生产率；这种拉刀还可以加工带有硬皮的锻铸件。但是，这样的拉刀结构复杂，制造困难，拉削后的工件表面也比较粗糙。

（3）综合拉削方式　按此方式设计的拉刀，每个切削刀齿都有齿升量。在粗切齿和过渡齿上做出交错的弧形凹槽，这些刀齿按轮切方式进行工作，各齿切除一圈金属层宽度的一半，而2、3、4各齿的切削厚度为1齿切削厚度的两倍。精切齿则按同廓方式进行工作。这样可使拉刀短，生产率高，加工表面也较光洁，如图5-12所示。

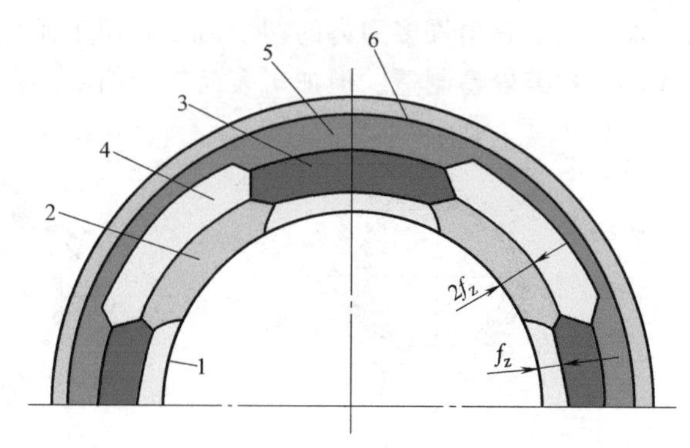

图5-12　综合拉削方式

1、2、3、4—粗切齿和过渡齿　5、6—精切齿

3. 切削部分

（1）齿升量　圆孔拉刀的齿升量 f_z 是相邻两刀齿（或两组刀齿）的半径差。f_z 应选择适当，若太大会影响拉刀强度及拉床负荷，但太小又难切下很薄的金属层，而刀齿也容易磨损，加工表面也不光洁。

粗切齿的齿升量 f_z 数值见表5-1。过渡齿的齿升量由粗切齿的齿升量逐齿递减至精切齿的齿升量。精切齿的齿升量一般取0.005~0.025mm。

（2）几何参数

表5-1　拉刀粗切齿的齿升量　（单位：mm）

拉刀类型	被加工材料			
	钢	铸铁	铝	铜
普通拉削圆孔拉刀	0.015~0.03	0.03~0.08	0.02~0.05	0.05~0.12
综合拉削圆孔拉刀	0.03~0.06	0.03~0.08	0.02~0.05	0.05~0.10
矩形齿花键拉刀	0.025~0.08	0.04~0.10	0.02~0.12	0.05~0.12
键槽及各种槽拉刀	0.03~0.10	0.05~0.08	0.05~0.08	0.08~0.18

1）前角 γ_o：按被加工材料的性质选取，对于强度或硬度高的材料，前角宜小（为什么？请试分析原因），具体数值见表5-2。

表5-2　拉刀前角

工件材料		γ_o/(°)	工件材料	γ_o/(°)
钢	≤197HBW	16~18	可锻铸铁	10
	198~229HBW	15	铝及其合金、巴氏合金、纯铜	20
	>229HBW	10~12		
不锈钢、耐热奥氏体钢		20	一般黄铜	10
灰铸铁	≤180HBW	10	青铜、铅黄铜	5
	>180HBW	5	粉末冶金及铁石墨材料	15

2）后角 α_o：为了使刀齿前刀面重磨之后，直径变小较慢，以及延长拉刀的使用寿命，拉刀的后角应选较小值，具体数值见表5-3。

表 5-3 拉刀后角和刃带宽 （单位：mm）

拉刀类型	粗切齿		精切齿		校准齿	
	后角 α_o	刃带宽 b_{a1}	后角 α_o	刃带宽 b_{a1}	后角 α_o	刃带宽 b_{a1}
圆孔拉刀	$3^{\circ}{}^{+1^{\circ}}_{0}$	≤0.1	$2^{\circ}{}^{+30'}_{0}$	0.05~0.2	$1^{\circ}{}^{+30'}_{0}$	0.3~0.5
花键拉刀		0.05~0.15	$1^{\circ}30'{}^{+1^{\circ}}_{0}$	0.05~0.2		0.5
键槽拉刀		0.2	$2^{\circ}{}^{+1^{\circ}}_{0}$	0.2~0.4	$2^{\circ}{}^{+30'}_{0}$	0.6

3）刃带宽 b_{a1}：后刀面留有刃带，其宽度为 b_{a1}，后角为0°。刃带的作用是为了制造拉刀时便于测量刀齿直径和拉削时起支承作用，重磨后又能保持直径不变。但刃带不宜太宽，以免增加摩擦而得到粗糙的加工表面，新拉刀刃带宽的具体数值见表5-3。

（3）齿距　齿距 p 是相邻两刀齿间的轴向距离，确定齿距的大小时，应考虑拉削的平稳性及足够的容屑空间，一般应有3~8个刀齿同时工作为好。

粗切齿的齿距 p 按经验公式计算为

$$p=(1.25\sim1.5)\sqrt{l} \tag{5-5}$$

式中　l——拉削长度（mm）；

p——齿距，根据计算值，p 值取接近的标准值（mm）。

最大同时工作齿数 z_e 可按下式计算，即

$$z_e=\frac{l}{p}+1 \tag{5-6}$$

z_e 值仅取整数部分。

过渡齿的齿距 $p_{过}$ 为

$$p_{过}=p \tag{5-7}$$

精切齿的齿距 $p_{精}$ 则为

当 $p>10$mm 时　$$p_{精}=(0.6\sim0.8)p \tag{5-8}$$

当 $p\leqslant10$mm 时　$$p_{精}=p\quad（便于制造） \tag{5-9}$$

（4）容屑槽　容屑槽要有足够容屑空间，能使切屑卷曲自由，又能使刀齿有足够强度，并可多次重磨。常用的容屑槽有下列三种型式，如图5-13所示。

1）齿背为直线的槽形：槽底有一圆弧 r（图5-13a），这种槽形简单，容易制造，用于拉削脆性材料及一般钢料。

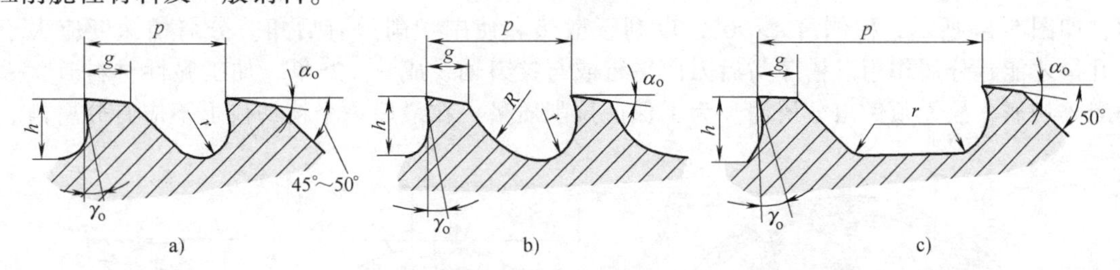

图5-13　容屑槽型式

2）齿背为曲线的槽形：由前刀面与两个圆弧（R 和 r）组成（图5-13b），这种槽形有利于卷屑，适用于拉削韧性材料。

3）加长齿距的槽形：槽底为一条直线（图5-13c），容屑空间加大，适用于拉削深孔。

容屑槽按其深度不同又可分为浅槽、基本槽及深槽三种，可根据具体情况来选用。

决定容屑槽时要注意容屑条件。由于切屑卷曲不紧密，故应使容屑槽的有效容积 $V_{槽}$ 大于切屑体积 $V_{屑}$，即容屑系数 K 应为

$$K=\frac{V_{槽}}{V_{屑}}>1$$

由于切屑的宽度变形较小，可忽略不计，所以容屑系数 K 可用容屑槽及切削层在拉刀轴向剖面内（纵剖面）的面积比来表示，即

$$K=\frac{A_{槽}}{A_{切削层}}$$

容屑槽纵剖面有效面积 $A_{槽}$ 可近似为直径为 h 的圆，即

$$A_{槽}=\frac{\pi h^2}{4}$$

式中　h——容屑槽深度（mm）。

切削层的纵剖面面积 $A_{切削层}$ 为

$$A_{切削层}=a_c l$$

式中　a_c——切削厚度（mm），对于普通拉削式拉刀，$a_c=f_z$，对于综合拉削式拉刀，$a_c=2f_z$；

l——拉削长度。

故

$$K=\frac{\pi h^2}{4a_c l}$$

$$h=1.13\sqrt{Ka_c l} \tag{5-10}$$

计算后，h 选用接近的标准值（mm）。

容屑系数 K 的具体数值随加工材料性质和齿升量不同而异，可查有关资料。

根据已确定的齿距 p 及槽深 h，即可按有关资料查出容屑槽的各尺寸（容屑槽形状有哪几种？其尺寸参数如何选定？）。

（5）分屑槽　分屑槽的作用是减小切屑宽度，便于切屑容纳在容屑槽中。当切削韧性金属时，若没有分屑槽，则圆孔拉刀每个刀齿切下的金属层是一个圆筒，它会套在容屑槽中，使清除切屑十分困难，对拉削过程十分不利。故对切削宽度较大的拉刀，在切削齿的切削刃上都要做出交错分布的分屑槽，将切屑分成许多小段。

普通拉削式圆孔拉刀的粗切齿和精切齿及综合拉削式圆孔拉刀的精切齿上做出角形分屑槽，如图 5-14 所示，槽侧角 $\varepsilon>90°$，以利于散热和使副切削刃有后角。分屑槽深度应大于齿升量才能起分屑作用。槽底与后刀面平行或与拉刀轴线成 $\alpha_o+2°$ 角。加工脆性材料时，因是崩碎切屑，故无须做出分屑槽。为了保证拉削质量，在最后一个精切齿上不应有分屑槽。

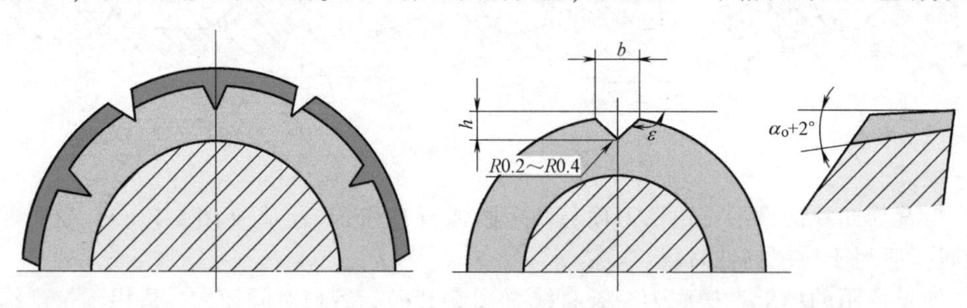

图 5-14　角形分屑槽

综合拉削式圆孔拉刀的粗切齿及过渡齿上做出弧形分屑槽，如图 5-15 所示，以实现分块切削及起分屑作用。图中 a 表示槽宽。槽宽的计算公式为

$$a=d_{0\min}\sin\frac{90°}{n_k}-(0.3\sim0.7)$$

式中 $d_{0\min}$——拉刀的最小直径；

n_k——弧形分屑槽数（分屑槽有几种形状？各刀齿间如何分布？）。

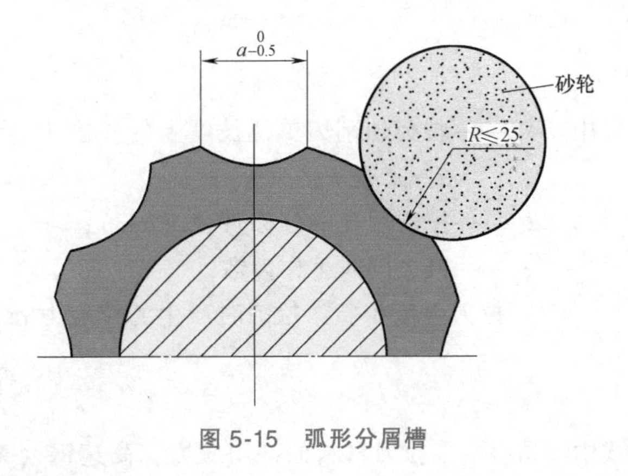

图 5-15 弧形分屑槽

(6) 切削齿的齿数与直径 切削齿的齿数为

$$z_{切}=z_{粗}+z_{过}+z_{精}$$

粗切齿的齿数根据它切去的余量与齿升量 f_z 来决定，按下式计算：

$$z_{切}=\frac{\delta-(\delta_{过}+\delta_{精})}{2f_z}+1 \tag{5-11}$$

式中 $\delta_{过}$——过渡齿的拉削余量；

$\delta_{精}$——精切齿的拉削余量。

在上式中，等号右边加 1，是因为第一个粗切齿的直径一般与前导部的直径相同，即无齿升量。这是为了避免第一个切削齿因拉削余量不均匀或金属内含有杂质而承受过大的偶然负荷。

过渡齿的齿数 $z_{过}$ 一般取 3~5 个，精切齿的齿数 $z_{精}$ 一般取 3~7 个。

计算后，$z_{粗}$ 按“四舍五入”原则取成整数，所出现微小的切下余量差额，可通过调整过渡齿或第一个切削齿的齿升量来消除。

综合拉削式圆孔拉刀的第一个切削齿直径 d_{01} 可以没有齿升量，或者取为

$$d_{01}=d_{\omega\min}+\left(\frac{1}{3}\sim\frac{1}{2}\right)f_z \tag{5-12}$$

当拉削前孔的精度较高（H10 以上）时，因偏差较小，则第一个切削齿也可参加一部分切削工作，故其直径可取为

$$d_{01}=d_{\omega\min}+f_z \tag{5-13}$$

其后各刀齿的直径可按各刀齿的齿升量依次递增计算，最后一个精切齿的直径等于校准齿的直径。

切削部的长度为

$$l_{切削部}=z_{粗}\,p+z_{过}\,p_{过}+z_{精}\,p_{精} \tag{5-14}$$

4. 拉刀强度与拉床拉力的校验

为了不拉断拉刀和损坏拉床，在设计拉刀时，必须进行拉刀强度与拉床拉力的校验。

(1) 拉削力的计算 普通拉削式圆孔拉刀的最大拉削力 $F_{\max}$ 为

$$F_{\max}=F'_z\pi d_m z_e \tag{5-15}$$

综合拉削式圆孔拉刀的最大拉削力 $F_{\max}$ 为

$$F_{max}=F'_z\frac{\pi d_m}{2}z_e \tag{5-16}$$

式中 F'_z——拉刀切削刃单位长度上的拉削力，可查有关资料（综合拉削式圆孔拉刀应按 $2f_z$ 来查 F'_z）（N）；

d_m——拉削后孔的公称直径（mm）；

z_e——最大同时工作齿数。

（2）拉刀强度校验　拉削时产生的拉应力 σ 应小于拉刀材料的许用应力 $[\sigma]$，即

$$\sigma=\frac{F_{max}}{A_{min}}\leqslant[\sigma] \tag{5-17}$$

式中 $[\sigma]$——拉刀材料的许用应力，高速钢（W18Cr4V）的 $[\sigma]=343\sim392$MPa，合金钢（40Cr）的柄部和颈部的 $[\sigma]=245$MPa；

A_{min}——拉刀的危险断面面积（m^2）。

危险断面可能在柄部或颈部，也可能在第一个切削齿的容屑槽处。若用高速钢做成整体拉刀，可用这两处中断面较小的面积来进行校验；若拉刀切削部是高速钢，柄部和颈部是合金钢，则必须在这两处分别进行校验。

（3）拉床拉力校验　拉削时产生的最大拉削力 F_{max} 应小于拉床的实际拉力 $F_{实际}$，即

$$F_{max}\leqslant F_{实际} \tag{5-18}$$

实际拉力还应小于拉床的额定拉力 $F_{额}$：新拉床 $F_{实际}\leqslant0.9F_{额}$；良好状态的旧拉床 $F_{实际}\leqslant0.8F_{额}$；不良好状态的旧拉床，视其状态取 $F_{实际}\leqslant0.5F_{额}$。

校验后若发现超过许可值，可减小齿升量或加长齿距以减小拉削力 F_{max}，当拉床拉力不够时也可更换大拉床来加工。

5. 校准部

校准部的校准齿无齿升量，只作校准和修光作用，不做出分屑槽。为了便于制造，校准齿的前角 $\gamma_{o校}$、齿距 $p_{校}$ 与齿形均可做成与精切齿相同。为了使拉刀重磨后其直径变化较小以及拉削平稳，后角 $\alpha_{o校}$ 应做得更小些，刃带宽 $b_{a1校}$ 应做得大些，具体数值见表 5-3。

如果被拉削孔的精度要求高，则校准齿的齿数 $z_{校}$ 就应该多些，具体数值见表 5-4。重磨时只需重磨第一个切削齿到最后一个精切齿的这部分刀齿。最后一个精切齿重磨后因其直径减小了，于是第一个校准齿就变为新的最后一个精切齿。以后再重磨时，也如此类推。

表 5-4　校准齿齿数

孔的加工精度	H7～H9	H11	H12～H13
校准齿齿数 $z_{校}$	5～7	3～4	2～3

为了使拉刀能多次重磨，校准齿直径应等于被拉削孔的最大直径 d_{mmax}，但拉削后孔径经常发生扩张或收缩，故实际校准齿直径取为

$$d_{o校}=d_{mmax}\pm u \tag{5-19}$$

式中 u——孔的扩张量或收缩量，孔径扩张取“-”号，收缩取“+”号。

在一般情况下孔径总会扩张，扩张量的大小可由试验来确定，或查有关资料。

校准部长度为

$$l_{校准部}=z_{校}\ p_{校} \tag{5-20}$$

5.4 花键拉刀的结构特点

1. 余量切除方式

矩形花键拉刀按其用途不同，可设计成单独加工花键的花键拉刀，也可设计成拉圆孔—花键、拉倒角—花键，以及拉倒角—圆孔—花键等各种复合式的拉刀，因此有下列几种切除余量的方式。

（1）单独拉花键　拉刀刀齿全部是花键齿，这种拉刀结构简单，但对工件的内径精度要求较高。

（2）拉花键及倒角　有先拉倒角后拉花键及先拉花键后拉倒角两种拉刀。后者的倒角刀齿只做倒角拉削，倒角刀齿的齿数较少。这种拉刀要求拉削前孔的内径精度较高，以保证内花键内外径同心。

（3）拉花键及圆孔　有先拉花键后拉圆孔及先拉圆孔后拉花键两种拉刀，前者由于圆孔余量已被花键刀齿分割，所以圆形刀齿上不必做出分屑槽，并且齿升量可以加大，还能消除花键槽的毛刺。这种拉刀可以保证花键槽内外径的同轴度，并对拉削孔的内径精度要求不高。

（4）拉圆孔、花键及倒角　其顺序可有三种：

1）圆孔—花键—倒角。

2）倒角—花键—圆孔。

3）倒角—圆孔—花键。

这种复合拉刀，生产率高，但结构复杂，制造麻烦，故应用较少。

2. 切削齿形状

（1）花键刀齿　花键拉刀刀齿形状如图5-16所示。

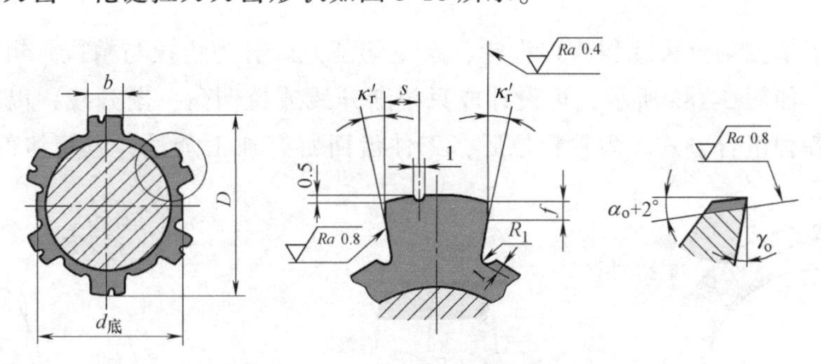

图5-16　矩形花键拉刀刀齿形状

1）刀齿宽度 b 为

$$b=B_{max}\pm u \tag{5-21}$$

式中　B_{max}——花键槽最大宽度；

u——拉削后键槽宽的扩张量或收缩量，由试验来确定，扩张时取“-”号，收缩时取“+”号，拉削钢料通常为0。

2）刀齿侧刃及其刃带。花键刀齿高度大于1.5mm时，刀齿侧刃上磨出副偏角 $\kappa_r'=1°30'$。

为使重磨后刀齿宽度减小较少及起修光作用，侧刃上需留有刃带，其宽度 f 应大于齿升量，约为（0.8±0.2）mm。

（2）倒角刀齿的计算　倒角刀齿用于切出键槽底所需倒角尺寸 f，也可作为清除键槽齿角毛刺之用。

设计倒角刀齿时，需先求出最后一个倒角刀齿的直径 d_2，如图 5-17 所示，再根据其齿升量 f_z 来确定其余倒角刀齿的直径。计算直径 d_2 的方法如下：

若已知键槽宽度 B、开始倒角处的直径 d（圆孔拉刀的校准齿直径）、倒角角度 θ（θ 数值随花键齿数不同而异，可查有关资料）以及倒角尺寸 f，则

$$B_1 = B + 2f$$

$$\sin\varphi_1 = \frac{B_1}{d}$$

由图 5-17 知

$$\tan\varphi_B = \frac{B}{2\overline{ON}} = \frac{B}{2(\overline{OE} - \overline{NE})} = \frac{B\sin\theta}{d\sin(\theta + \varphi_1) - B\cos\theta}$$

求出 φ_B 后，于是得出

$$d_B = \frac{B}{\sin\varphi_B}$$

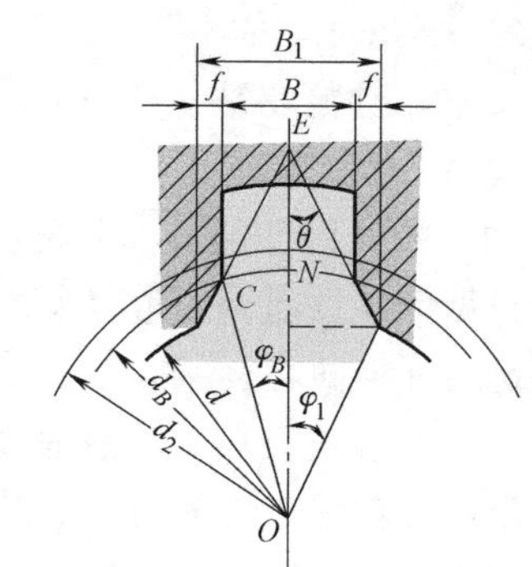

图 5-17　花键拉刀倒角刀齿的计算

为了保证重磨后仍能拉削出全部倒角部分，最后一个倒角刀齿的直径 d_2 应稍大于 d_B，取为

$$d_2 = d_B + (0.1 \sim 0.3)\,\text{mm} \tag{5-22}$$

5.5　齿轮拉刀的结构特点

1. 余量切削方式

齿轮拉刀用来拉削直齿或斜齿内齿轮，余量切削方式分为粗拉与精拉。粗拉切削方式与花键拉刀相似，如图 5-18a 所示，可设计成只拉渐开线或拉倒角—渐开线，以及拉倒角—圆孔—渐开线等各种组合方式。齿轮粗拉后，工件齿面留有加工余量，由精切部分刀齿拉削，如图 5-18b 所示。

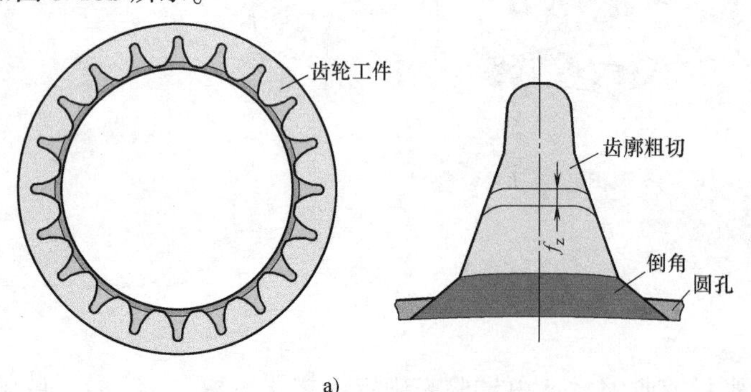

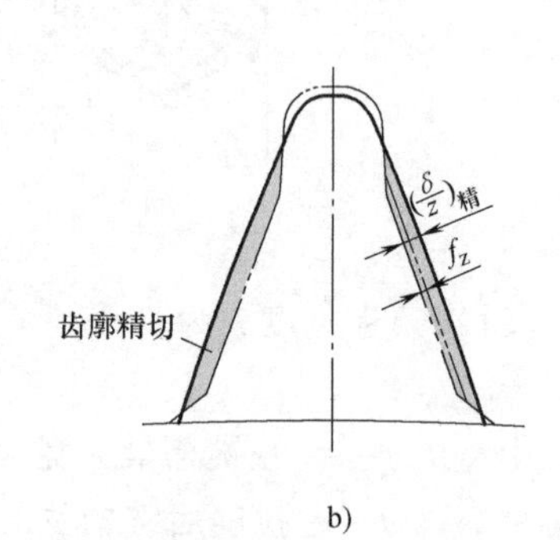

图 5-18　齿轮拉刀余量切削方式

a）粗拉　b）精拉

粗切齿升量在半径方向度量，精切齿升量在齿轮齿廓法向度量。粗拉齿升量可根据工件模数，按照表5-5选取。

表5-5 齿轮粗拉齿升量 （单位：mm）

模数 m_n	0.8	1~1.25	1.5~3.5	4~5	6~8
齿升量 f_z	0.03~0.04	0.035~0.05	0.04~0.065	0.07~0.1	0.07~0.15

为了保证工件齿面拉削精度，精拉齿升量可选择较小值，一般选为0.005~0.05mm之间。

2. 切削齿形状

齿轮拉刀粗拉部分刀齿采用渐成式布置，拉刀靠前的刀齿较矮，背吃刀量较小，靠后的刀齿高度与背吃刀量逐渐增加，最后一个刀齿为成形齿。图5-19a所示为粗拉成形齿切削刃法向投影廓形示意图，粗拉切削刃可分为过渡圆角切削刃、过渡斜线切削刃、粗切切削刃、倒角切削刃及齿顶圆拉削切削刃几个部分。过渡斜线切削刃是一段与过渡圆角相切的斜线切削刃，切点为q点，斜线与齿廓对称中线的夹角为α_q。粗切刃廓切削刃形状与工件法向齿廓形状相同，为了在工件齿面上留有拉削余量，粗切部分的刀齿变窄，切削刃相对于工件齿廓法向移动总齿升量$\left(\frac{\delta}{z}\right)_{精}$。

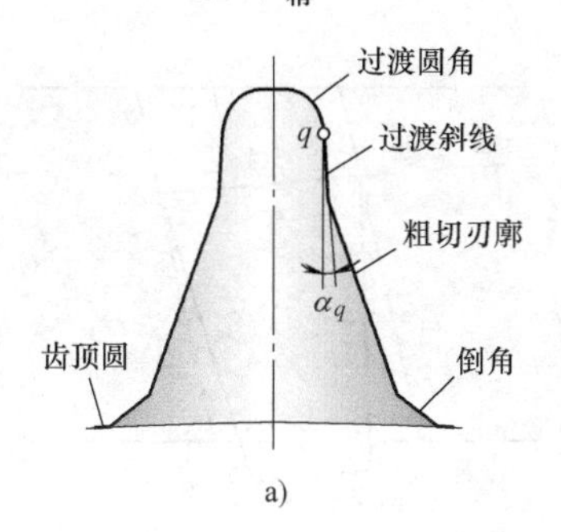

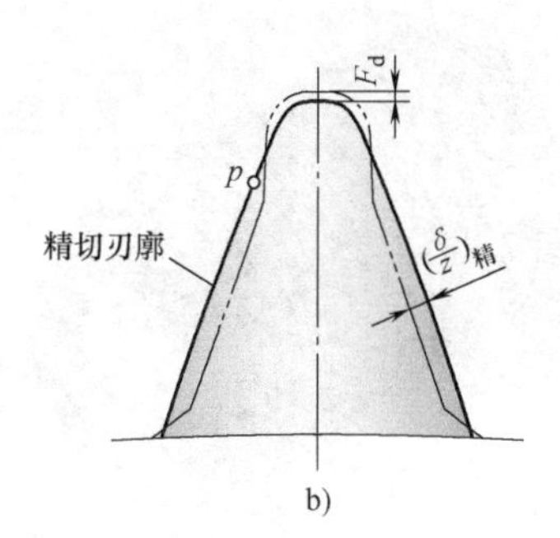

图5-19 齿轮拉刀粗切与精切切削刃法向廓形

a）粗切廓形 b）精切廓形

齿轮拉刀精拉部分刀齿的切削刃形状与粗拉部分不同，精拉部分刀齿采用同廓式布置，拉刀靠前的刀齿齿宽较窄，背吃刀量较小，后面的刀齿宽度与背吃刀量逐渐增加。图5-19b所示为精拉成形齿切削刃法向投影廓形示意图，精拉部分切削刃主要由精切切削刃与顶刃组成，精切切削刃起主要切削作用，精切削刃的形状必须满足：在拉削运动过程中相对于工件形成的齿槽曲面的法向廓形与工件法向廓形相同；刀尖相对于粗拉成形刀齿刀尖矮F_d，拉削时不参与切削，起保护刀尖的作用。p点是切削刃上与工件齿廓终点对应的点，设计粗拉部分刀齿时，保证过渡斜线切削刃不超过p点。

为了拉削过程的平稳性，可将齿轮拉刀容屑槽设计成螺旋槽，如图5-20所示，螺旋拉刀容屑槽导程角为β_h，容屑槽一般为3~6头，键槽螺旋角为工件螺旋角β，旋向与工件齿轮的旋向相同。

当齿轮工件直径较大时，拉刀的体积也变大，总体质量增加，拉刀通常选择装配式结构，将精拉部分作为一个单独构件制造，如图5-21a所示，拉削时与粗拉部分装配到一起使用。由于螺旋拉刀容屑槽导程角β_h与键槽螺旋角β不一致，导致拉刀刀齿两侧切削刃前角

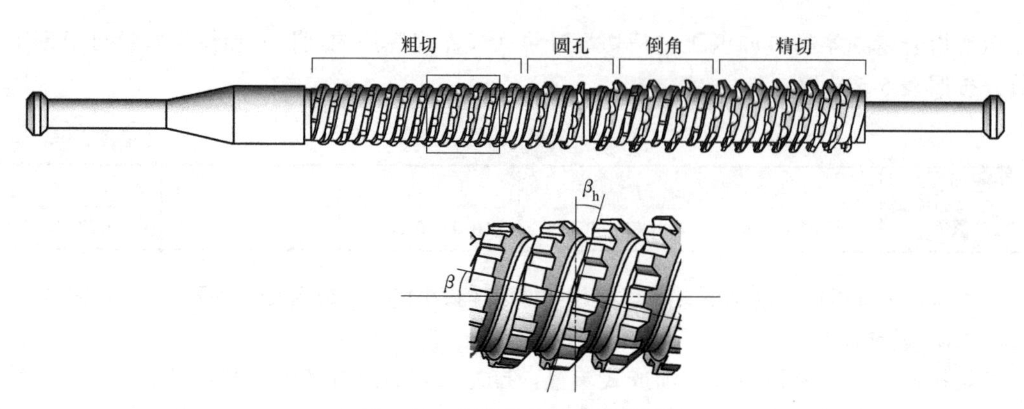

图 5-20　螺旋拉刀结构示意图

不同，一侧切削刃的前角为正，另一侧为负，如图 5-21b 所示。将正前角一侧的切削刃定义为锐边，负前角一侧的切削刃定义为钝边，则锐边切削刃的前角 γ_a 与钝边切削刃的前角 γ_o 可分别表示为

$$\begin{cases}\gamma_a=\beta-\beta_h\\ \gamma_o=\beta_h-\beta\end{cases} \tag{5-23}$$

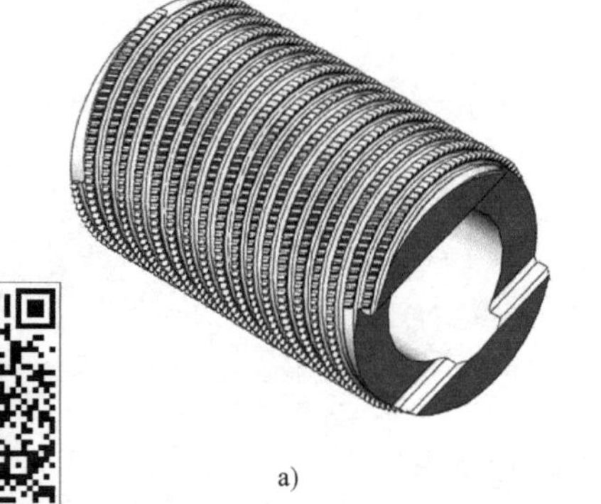

a)

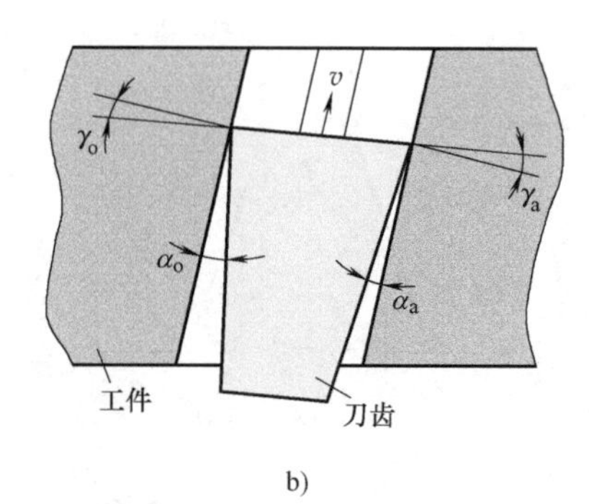

b)

图 5-21　螺旋拉刀精拉部分刀具结构

a）精拉刀套结构　b）精拉部分刀齿切削角度

拉刀刀齿侧切削刃工作前角的变化会影响切削刃切削状态，尤其对精拉部分的切削刃影响最为明显。为了使两侧切削刃拉削工件的表面质量相近，需根据工件材料的切削特点，同时考虑拉刀可刃磨次数，设计两侧切削刃的后角，切削刃后角越大对工件表面拉削质量越有利，但随着后角增大拉刀可刃磨的次数就会减少。

5.6　难加工材料的拉刀设计与应用

5.6.1　难加工材料的拉刀设计

高强高硬等难加工材料的零件应用越来越广泛，有许多拉孔、拉键槽、拉榫槽工艺需要设计专门的拉刀。根据难加工材料的拉削特点，拉刀的设计重点主要集中在拉刀材料适配及刀齿几何结构两个方面。

1. 拉刀材料的选择

拉刀材料的选择对于加工表面质量、切削加工效率及刀具寿命都有很大影响，针对难加工材料切削过程中，切削力大、切削温度高、加工硬化严重、黏刀现象严重、高硬度质点对刀具摩擦等现象，不同的刀具材料有着不同的适用范围，如果选用不当，不仅不会得到理想的加工质量，而且还可能大大缩短拉刀寿命。因此，在刀具材料选择时，需要充分考虑使用场合，如被加工材料的种类、力学性能、物理化学性质等。

当加工高强度钢和超高强度钢时拉刀选用 W2Mo9Cr4Co8（简称 M42）材料，此种材料为钨钼系高碳含钴超硬型高速钢，具有较高的热稳定性、高热硬性和易磨削等特点，加工超高强度钢等难加工材料时，表现出良好的切削性能，但韧性稍差。用此材料制造的精密拉刀克服了原 W18Cr4V 刀具出现的磨损等问题。

加工高温合金材料时，可以选用粉末冶金高速钢 PM-T15 和 ASP2030 作为拉刀材料。因为粉末冶金高速钢组织均匀细小，无碳化物偏析，耐磨性高，韧性和抗疲劳性优异，加工性能优良，并能提升断续切削能力，因此可显著提高生产率，降低刀具成本。

拉削钛合金时，除了拉刀寿命不高、拉削效率低和光洁度不高外，还存在拉削后工件材料弹性回弹大和切屑与刀齿黏结问题。所以应当选用合适的拉刀材料，一般而言，制造拉刀的高速钢材料有 W2Mo9Cr4VCo8、W6Mo5Cr4V2Al 和 W12Mo3Cr4V3Co5Si。第一种高速钢性能好，但是成本高；第三种高速钢刃磨稍有困难。硬质合金可用 YG8 或 YS2。

拉削不锈钢时是在封闭或半封闭状态下工作的，排屑困难，产生的切削热如不能及时传出，就会造成拉刀磨损，严重破坏工件表面的光洁度。因此，一般制造拉刀的材料以高速钢 W18Cr4V 较为合适（回想前几节的内容，普通拉刀和高强难加工材料的拉刀在材料选择上有何不同?）。

2. 拉刀结构和几何形状选择

除刀具材料外，刀具的切削性能还与刀具的结构及几何形状有关，在难加工材料的切削中，刀具形状最佳化可以充分发挥刀具材料的性能，合理的前角、后角、齿距、齿升量、齿形和容屑槽等刀具几何参数及刀尖形状对于减小工艺系统振动，有效提高加工效率、切削精度及刀具寿命都有重要意义。

（1）前角 γ_o　前角主要影响切屑的流动和变形。前角大，挤压力变小，切削刃锋利，不易被烧伤，切屑流畅，易成卷状进入容屑槽。适当的增大前角有利于避免拉削面出现鳞刺，减小金属变形，切屑形成顺利。但是前角过大，又会减弱刀齿强度，高速拉削时容易崩刃。前角过小时，切削力过大，容易引起振动。

实践证明，按照工件的硬度或抗拉强度选择刀具的前角较为适宜。一般在加工钢件时，切削部分的前角，在不影响刀齿强度的前提下，越大越好，校准部分前角无显著作用，可取 0°~5°。比如当拉削气缸拉槽表面时，前角可选择为 12°，这样刀具寿命高，每刃磨一次，可拉削 2000 件左右，工件表面粗糙度可达到 $Ra1.6\mu m$ 以上；拉削高温合金时，一般取 10°~15°，此时拉刀的磨损量比较小，如图 5-22 所示。一般而言，前角为 12°适于拉削花键；前角为 15°时，便于拉削叶轮榫槽。拉削钛合金时，拉刀的前角不必太大，一般取为 5°~10°，前角太大会使刀齿容易损坏且会增大刀具磨损，如图 5-23 所示；拉削不锈钢时前角取 15°~20°，如果拉刀的前角低于 15°时，不锈钢的鳞刺现象严重，切屑厚度、宽度增加，长度减小，切削变形大，同时表面粗糙度变大；当改用前角为 22°时，拉削过程平稳，减小了切削力和切削热，同时表面粗糙度值大幅度下降。

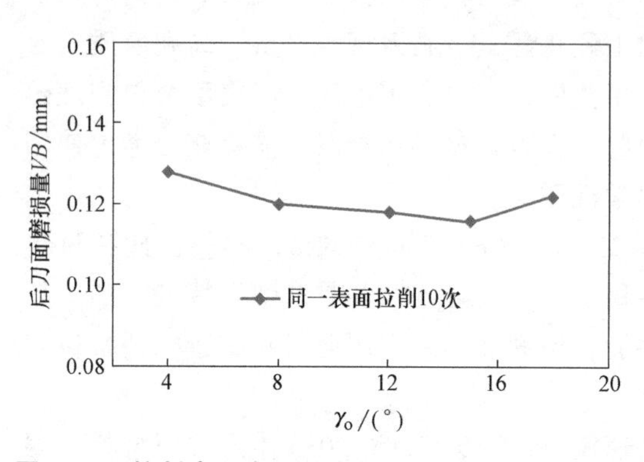

图 5-22　拉削高温合金时前角对后刀面磨损的影响

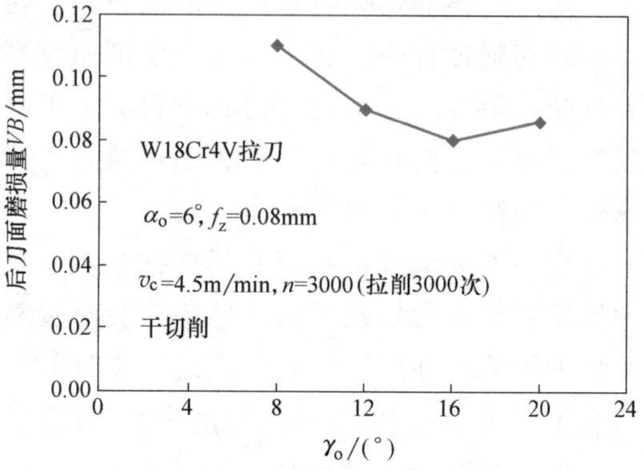

图 5-23　拉削钛合金时前角对后刀面磨损的影响

（2）后角 α_o　后角主要影响拉刀刀齿的磨损和寿命以及被拉削工件的表面粗糙度。后角越小，刀齿磨损越大。如图 5-24、图 5-25 所示，拉削镍基高温合金和钛合金时，$\alpha_o=3°\sim6°$；拉削不锈钢时，$\alpha_o=2°\sim4°$。

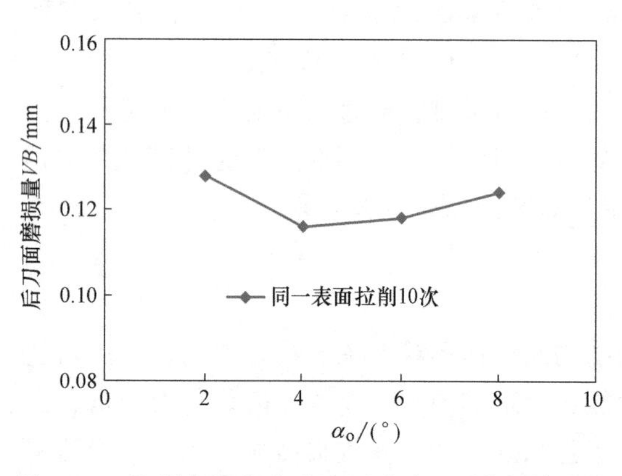

图 5-24　拉削高温合金时后角对后刀面磨损的影响

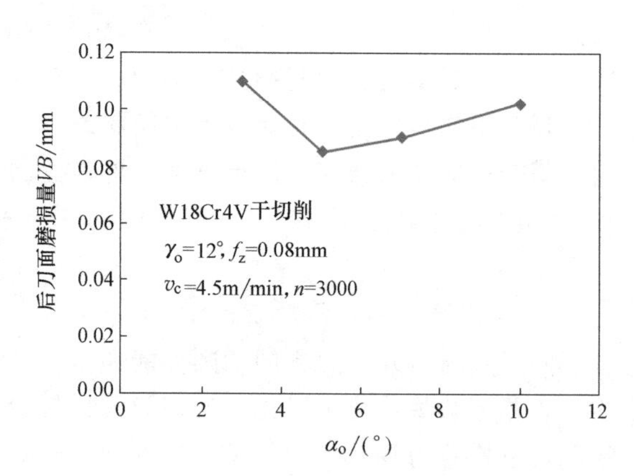

图 5-25　拉削钛合金时后角对后刀面磨损的影响

一般希望后角越小越好，但是拉削时后角不能过小，因为这些材料的导热性差，且弹性恢复大，后刀面与加工表面摩擦大，会严重影响拉刀的寿命和工件表面质量。同样，后角过大，会使刃磨次数减小，刀齿强度降低，刃磨时齿高降低值加大，从而降低拉刀寿命；另外，也不利于减小表面粗糙度值。

（3）齿升量 f_z　齿升量是重要参数，对拉刀寿命和零件表面质量影响较大。齿升量过小，拉削中切削深度小于切削刃钝圆半径（图 3-30），实际的切削处于负前角挤压加工，很难切削金属，甚至会产生鳞刺，表面粗糙度值升高，拉刀磨损加剧，拉刀寿命降低。齿升量过大，切削力过大，切削区温度升高，不仅会降低拉刀强度和寿命，还会使零件表面粗糙度值升高。因此齿升量要选择合适。

高温合金粗拉时可取 $f_z=0.04\sim0.15$mm，常用值为 0.05～0.09mm；粗拉榫槽一般取 $f_z=0.02$mm，精拉时 $f_z=0.01\sim0.02$mm。拉削钛合金时可取 $f_z=0.02\sim0.12$mm，此时拉刀后刀面磨损量随着拉削次数的增加而缓慢增加，在这个范围时，能改善拉刀的使用寿命。拉削高温合金和钛合金时齿升量与后刀面磨损量之间的关系如图 5-26、图 5-27 所示。

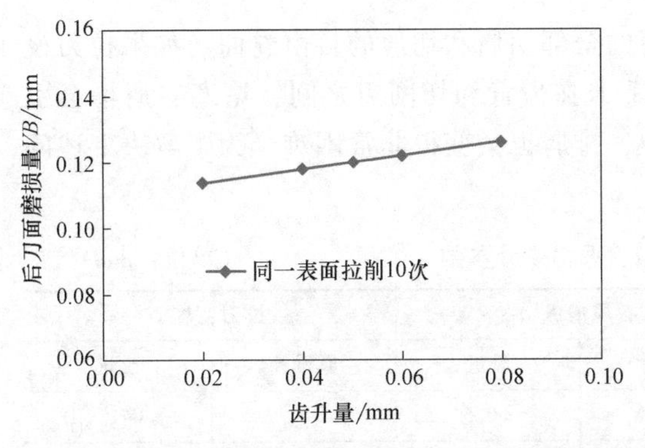

图 5-26　拉削高温合金时齿升量与刀具磨损的关系

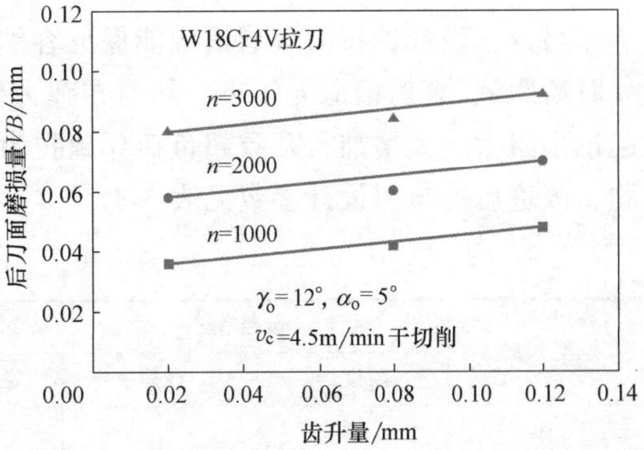

图 5-27　拉削钛合金时齿升量与刀具磨损的关系

拉削钛合金时，具体的齿升量还要结合其他的拉削工艺参数，见表 5-6。

表 5-6　钛合金拉削用量的选择

刀具材料	切削速度/(m/min)	齿升量 f_z/mm	
		粗拉	精拉
高速钢	4.5~6	0.06~0.1	0.02~0.04
硬质合金	15~30	0.08~0.12	0.03~0.04

当拉削不锈钢时 f_z=0.01~0.04mm。在采用大前角、大齿距的条件下，可适当加大 f_z，使刀齿超过冷硬层进行拉削；通常冷硬层深度为 0.013~0.03mm，在生产中选用 f_z=0.05~0.07mm，拉削情况良好，可改善加工质量，提高拉刀的寿命。表 5-7 列出了拉削几类常见叶片材料时的齿升量（粗拉和精拉的齿升量为什么不一样？）。

表 5-7　加工常见叶片材料时拉刀齿升量　　（单位：mm）

叶片材料	铝合金	锻造高温合金	钛合金	不锈钢
粗拉齿升量	0.06~0.1	0.05~0.07	0.05~0.07	0.06~0.08
精拉齿升量	0.04~0.05	0.025~0.04	0.025~0.04	0.025~0.04

（4）齿距 t　齿距主要取决于拉削长度和同时切削的齿数。齿距过小，刀齿强度太低，容屑空间过小，同时参与切削的齿数过多，拉削力增大，甚至超过拉刀强度允许值。因此，设计拉刀时要计算拉刀强度，推算出同时切削的齿数。齿距也不能过大，在拉床行程限定的长度内，要完成拉削余量，齿距过大必然要加大齿升量。

拉削高温合金时，齿距 t 要增大，其粗拉的齿距 t 和槽深 h 分别为 $t=2\sqrt{l}$ ⊖，$h=0.7\sqrt{l}$；拉削不锈钢时，切削齿距 t 可按照拉削长度 l 确定，即

$$t=(1.25\sim1.5)\sqrt{l}$$

校准齿齿距可小于切削齿齿距，一般为 $t_{校}=(0.6\sim0.7)t$。拉削时为了改善容屑条件，尽可能采用较大的齿距。

（5）容屑槽　容屑槽过小会使金属屑挤伤零件表面，降低表面质量，严重时会将刀齿

⊖ 经验公式，二者在数值上满足该关系，以下不再赘述。

挤坏；过大时又会降低拉刀强度。

另外，设计的拉刀容屑槽应能保证容纳切下的全部切屑和切屑的自由卷曲。如果拉刀设计时齿距 t、容屑槽深 h 较小，切屑在弹力作用下卡在齿背和切削刃之间，堵塞容屑槽会引起拉削阻力大大增加，乃致超负荷导致拉刀断裂，排屑也会变得非常困难。为了解决上述问题，改进后的拉刀设计参数见表 5-8。

表 5-8 改进后的拉刀容屑槽设计参数 （单位：mm）

拉削长度 l	齿距 t		容屑槽深 h		拉刀宽度 b	
	原设计	改进	原设计	改进	原设计	改进
19	6	7	基本型	+0.5	$5.04_{-0.01}^{0}$	$5.04_{-0.012}^{-0.005}$
15	4.62	5.65	基本型	+0.5	$6.04_{-0.012}^{0}$	$6.04_{-0.013}^{-0.006}$
34	7	8	基本型	+0.5	$8.094_{-0.012}^{0}$	$8.094_{-0.013}^{-0.006}$

针对一些特殊的情况，比如在拉削叶片榫头时，容屑槽的尺寸可由拉削体积决定。其表达式为

$$V_Y = KV_1 = KLf_z a$$

式中 V_Y——容屑槽体积；

K——容屑系数；

L——榫头长度；

f_z——齿升量（mm）；

a——切削面总宽度（mm）。

拉削不锈钢时，容屑槽的尺寸可由齿距确定。其表达式为

$$b = (0.3 \sim 0.35)t, h = (0.3 \sim 0.4)t$$

$$R = (0.65 \sim 0.7)t, r = (0.15 \sim 0.2)t$$

式中 b——齿宽；

h——容屑槽深度；

R——齿背圆弧半径；

r——槽底圆弧半径。

在以往的刀具研发中，对于新型的刀具通常需要通过寿命试验评价其性能，并以此对产品做出相应的优化。这种方法通常成本较高，而且对于实际工程中大范围选择刀具时有明显局限性。随着计算机技术的飞速发展，金属切削过程的有限元仿真在刀具设计过程中发挥着越来越重要的作用，通过切削仿真可以在刀具设计阶段预估刀具在未来使用过程中的切削力，分析应变、应变率、应力、温度等指标，以此为参考可进一步优化刀具材料及几何特征，并优选切削参数，从而缩短刀具研发周期，并有效提高刀具的服役性能。

3. 拉刀刃形的优化选择

普通键槽拉刀根据切削刃的走向，可以分为直齿键槽拉刀和斜齿键槽拉刀，但是它们在生产使用时仍然存在着一些问题。为了满足生产需求，又设计了一种新的键槽拉刀结构——凸圆弧齿键槽拉刀。

（1）直齿键槽拉刀　直齿键槽拉刀拉削时各齿属于直角切削，即切削刃方向与拉削方向垂直，如图 5-28 所示。其实际前角小，切削力大，而且每齿切入和切出时属于断续切削，

切削力突然变大，易造成拉刀的上下摆动，使加工出的键槽在深度方向上尺寸精度低。

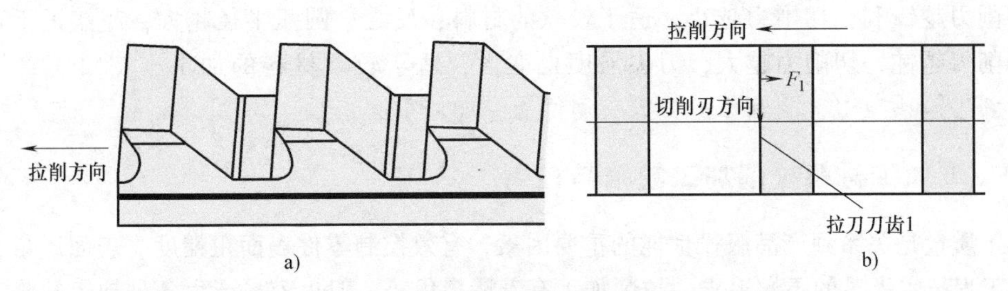

图 5-28 直齿键槽拉刀模型

a）直齿键槽拉刀三维模型 b）直齿拉刀局部俯视图

（2）斜齿键槽拉刀 斜齿键槽拉刀在加工时属于斜角切削，如图 5-29 所示，倾斜角越大，实际前角也越大，切削力比直齿键槽拉刀小。但在拉削过程中，工作齿在法向切削力 F_1 的作用下，拉刀被迫往键槽一方的侧面上压迫，使切削过程变得极为复杂，也增大了拉刀与键槽侧面的摩擦。更为严重的是，拉刀产生的微位移使得键槽的对称度误差增大。此外，这种拉刀在切削时，切屑沿着容屑槽流向拉刀侧面与键槽侧面的缝隙，容易划伤已加工表面。

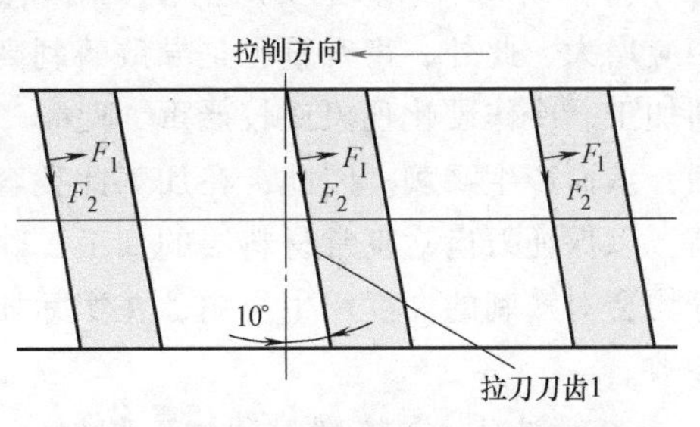

图 5-29 斜齿键槽拉刀局部俯视图

（3）凸圆弧齿拉刀 凸圆弧齿拉刀的切削刃为一段沿着拉削方向呈凸状的圆弧，如图 5-30 所示。这段圆弧处于一个水平面内，并且相对于拉刀对称面呈左右对称状态。拉削时，圆弧刃中点，即拉刀刀齿的刀尖首先接触工件，然后左右两边再慢慢切入、切出工件，圆弧刃中点首先切出，然后两边再慢慢切出。

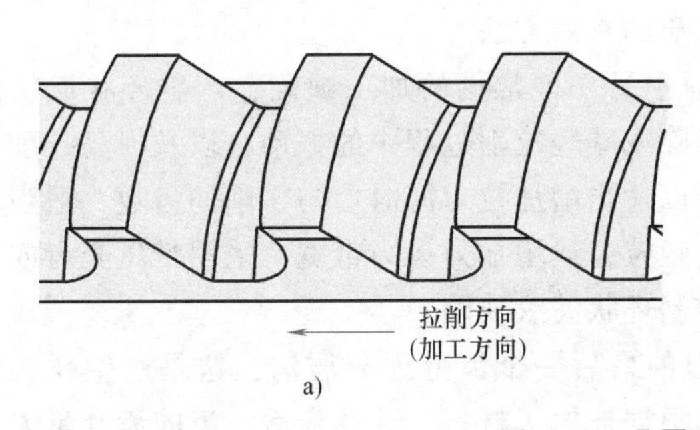

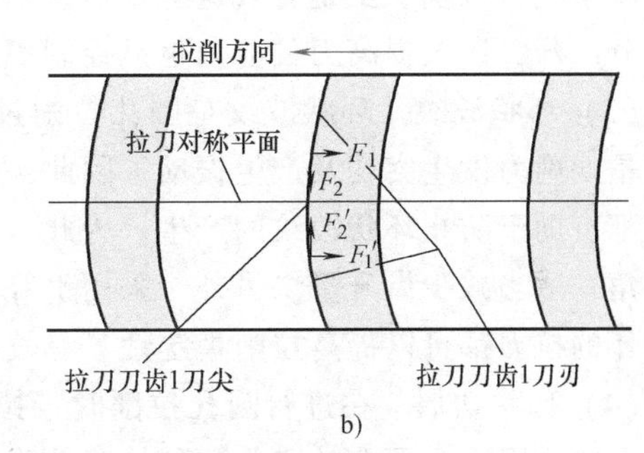

图 5-30 凸圆弧齿拉刀模型

a）凸圆弧齿拉刀三维模型 b）凸圆弧齿拉刀局部俯视图

凸圆弧齿拉刀拉削时，工作刀齿整体呈现逐渐切入和逐渐切出的状态，拉削过程平稳。凸圆弧齿拉刀各点处的实际前角，中点处最小，越往外缘处越大，中点处刀尖强度高，两翼处切削力小。

左右对称的凸圆弧齿拉刀，拉削时，切削刃上的任何一点所受的切削力，在水平面内都可以分解为平行于对称面的力 F_1 和垂直于对称面的力 F_2。左右对称的两个点，其 F_2 和 F_2' 相互抵消，并且在拉削过程中此消彼长，对拉刀拉削方向自定心。

凸圆弧齿拉刀的切削刃所在的圆弧半径可以根据不同的切削要求而选择，圆弧半径越小，切削刃越锋利，切削力越小，适于较软的材料；反之，圆弧半径越大，越接近于直齿拉刀，切削刃越钝，切削力越大，刀尖强度也变大，适于较硬材料的加工（相对于直齿键槽拉刀和斜齿键槽拉刀，凸圆弧齿拉刀有何优点？如何重磨？）。

5.6.2 难加工材料拉削加工缺陷与控制

加工质量是关系到产品服役性能的重要因素，有效控制零件表面粗糙度、表面质量、几何精度是工程技术人员的不懈追求。拉削加工有着诸多优势，但也容易产生各种加工缺陷，主要加工缺陷可分为两类：表面质量及几何精度，前者包括鳞刺、划痕、环状波纹及环状切屑等。

（1）鳞刺　鳞刺主要产生在拉削表面及键槽侧面上，当拉削速度提高时，鳞刺高度会相应增大，此外，齿升量也是导致鳞刺高度增加的一个原因。对于不锈钢等难加工材料的拉削加工，冷作硬化现象比较严重，此时，如果齿升量太小，则会导致刀齿对硬化层材料的切削，从而产生鳞刺。因此，在加工此类容易产生冷作硬化现象的材料时，齿升量应该相应提高，以保证刀齿对正常材料层的加工。除此之外，拉刀的前角、被切材料的硬度、润滑条件等均会对鳞刺的高度产生影响，在实际加工过程中，应该根据实际工况确定材料的拉削工艺参数。

（2）划痕　在拉削过程中，积屑瘤是产生纵向划痕及沟纹等缺陷的主要因素，因此，有效控制积屑瘤是控制上述缺陷的重要举措。在相同条件下，刀齿上受挤压和摩擦严重的部位及有微小损伤和制造缺陷的部位极易产生积屑瘤。难加工材料中通常含有更多的合金元素，特别是活泼的合金元素，在高温高压条件下，材料与刀具中的合金元素会发生化学反应，容易形成积屑瘤，加速刀具磨损，而这又进一步增加了积屑瘤产生的可能。有研究表明，当切削速度低于2m/min时，一般不会产生积屑瘤。因此，采用质量较好的拉刀在较低的速度下进行拉削加工是有效避免划痕缺陷的手段。此外，增大切削液流量，使刀尖位置得到充分冷却，以及提高刀具前角也是控制积屑瘤的有效方法。

（3）环状波纹　环状波纹是圆孔拉削过程中另一种常见的加工缺陷，产生环状波纹的原因是切削力发生突变及产生振动。因此，消除或减轻拉削过程中的振动，以及提高拉削平稳性都有助于防止环状波纹的产生。为此，可以适当增加拉刀同时参与切削的齿数，适当增加前角，适当减少齿升量。另外，采用不等齿距拉刀或增加刀齿刃带宽、采用带压光齿或带压光环的拉刀都可以提高拉削稳定性，有效控制环状波纹缺陷。

（4）环状切屑　在进行圆孔拉削时，拉刀的最后一个齿上无分屑沟，这是产生环状切屑的主要原因。为了有效避免这种加工缺陷，根据被加工材料，选择最后一齿的齿升量大小合适的拉刀很有必要。

拉削加工主要产生的几何误差类型包括工件尺寸精度差、工件形状精度差和孔位置度误差等，各种加工几何误差成因及解决办法见表5-9。

表5-9　常见的拉削加工几何误差成因及解决办法

加工误差类型		原因	解决办法
工件尺寸精度误差	孔径扩大	新拉刀在刃磨时被挤出的毛刺在拉削时倒向后刀面，增加了拉刀实际尺寸	提高前刀面刃磨质量，在刃磨后刀面前，先进行前刀面刃磨

（续）

加工误差类型		原因	解决办法
工件尺寸精度误差	孔径减小	拉削 60mm 以上薄壁零件或韧性材料时，径向拉削力使工件内孔张大变形，或者拉刀用钝后继续使用，导致切削热上升，工件变形严重	保持切削刃完整性，增大前角，减小齿升量，提高拉削速度，采用油类切削液，对薄壁件尽可能先拉孔，再加工外表面
工件形状精度误差	圆孔呈椭圆形，方孔呈不规则多边形	拉刀下垂或偏斜，工件基准面与预制孔不垂直	保证拉刀的正确位置，保证工件基准面与预制孔的垂直度
	孔壁呈“喇叭口”或“腰鼓形”	孔壁厚度不均匀，拉削时发生弹性变形，拉后回弹	减小齿升量，减少同时工作的齿数，采用螺旋拉刀，或者在工序上做出调整，用夹具加强薄壁部分的强度
孔位置度误差		预制孔与拉刀前导部分间隙过大、圆拉刀锋利程度不同、工件硬度不均匀或切削液喷洒不均匀等原因导致拉刀偏向背向力较小的一侧	严格控制拉刀制造精度，保证良好的配合间隙；对于弯曲的拉刀要校直后再刃磨；热处理时保证工件硬度均匀一致，保证充足的切削液浇到拉刀工作部分

5.6.3 难加工材料的拉刀设计应用实例

1. 高温合金涡轮盘榫槽加工的拉刀设计

涡轮盘作为航空发动机主要零件之一，由于是在高温和高速旋转下工作，对其与叶片相连接的榫槽无论是强度、耐磨性、耐高温性都要求极高。因此，目前大多数涡轮盘是采用高温合金制造的。高温合金材料在700℃高温时仍能保持高强度和高硬度，所以切削力大，切削温度高，冷硬现象严重，加工困难。

榫槽的成型一般是由非型线部分和型线部分组成。如图 5-31 所示，榫槽非型线部分成型是由 *N*1～*N*6 拉刀实现的，型线部分是由 *N*7～*N*9 实现的。

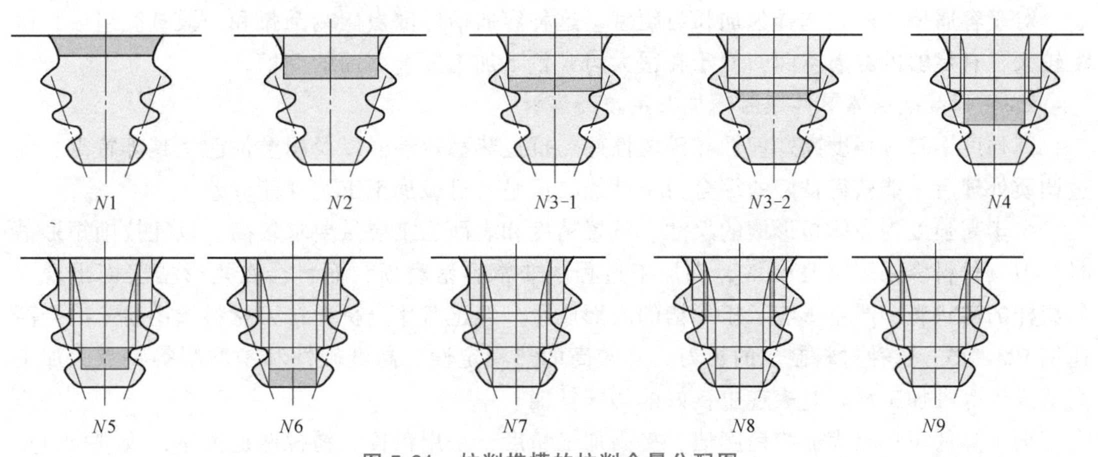

图 5-31 拉削榫槽的拉削余量分配图

针对高温合金材料榫槽拉削过程中，拉刀磨损、打刀、崩刃及型面尺寸不稳等问题。首先应当选用合适的拉刀材料。M42 高速钢虽然具有较高的高温硬度、刃磨性也很好，但是韧性较差，在断续切削状态下容易打刀和崩刃。由于粉末冶金高速钢是采用粉末冶炼方法制造的，在高温高压下采用扩散工艺进行加工的。因此粉末冶金高速钢组织均匀、无偏析，且具有优良的热硬性、抗压强度和耐磨性，同时粉末冶金技术赋予它极佳的韧性和机械加工性能。因此拉削榫槽时可以选用粉末冶金高速钢 FT15，采用 FT15 材料制造的拉刀的耐磨性相对 M42 材料制造成的拉刀有显著的提高。一把精拉刀修磨一次可拉削 15 件以上，从而保证榫槽型面尺寸的稳定性，提高产品的合格率。

由于涡轮盘榫槽材料为高温合金，其材质黏性大，硬度高，弹性大，因此拉刀前角可选择 $\gamma_o=10°$；为减小切削力，减小回弹变形，后角应增大到 $\alpha_o=3°$。

齿升量的选择对于拉刀的设计非常重要。适当地增大齿升量不但可以改善加工表面质量，还可以提高生产效率。但是考虑到高温合金导热性差，切削温度高，在已加工表面极易形成硬化层。如果齿升量过小，切削过程实际上就是刀尖圆角成负值在进行刮削，对被切削金属挤压打滑，金属很难切掉，且使金属表层加剧硬化而形成鳞刺，金属表面质量恶化，拉刀寿命也受到影响；若齿升量过大，每个刀齿所负担的切削厚度增大，拉削力增大过多，不仅对拉刀刀齿强度产生不利影响，而且被切削零件材料容易产生“撕裂”现象，造成表面质量急剧恶化。所以齿升量应选择为能超过金属冷作硬化层的深度，使切削刃在未硬化的金属内正常地进行切削。因此粗拉刀部分采用 0.05~0.07mm 的齿升量，粗拉刀的使用寿命能得到很好的改善。精拉刀部分齿升量要小，在全齿型切削时要更小，对于整把精拉刀而言，齿升量前大后小。

齿距 t 是拉刀的重要设计要素。齿距过大，则拉刀过长，不仅制造成本高，而且生产率低，同时工作齿数太少，拉削过程不平稳，影响拉削表面质量；齿距过小，容屑空间小，切屑容易堵塞，切削力相应增大，可能导致拉刀折断及机床超载。因此齿距 t 可按下列经验公式计算，即

$$t=(1.25\sim1.9)\sqrt{l}$$

式中　l——拉削长度。

对于容屑槽，应当选择为加长齿距型。这种容屑槽底部由两端圆弧和一段直线组成，齿距较大，有足够的容屑空间，便于在很大齿升量下加工复杂型面的榫槽。

2. 高强度钢壳体零件矩形槽加工用拉刀设计

高强度钢具有强度高、韧性和淬透性好、抗过热稳定性强以及耐磨性能优越等特点，经过调质处理后，能获得良好的综合力学性能，但是其机械加工工艺性能较差。

由于高强度钢壳体矩形槽的尺寸、位置精度和表面加工质量要求较高。以往拉削矩形槽时，刀具材料多采用 W18Cr4V，在加工过程中非常容易磨损，而且会在矩形槽表面出现积屑瘤样的鳞状斑，严重影响了矩形槽的表面质量。经过对比分析，拉刀材料选用粉末冶金高速钢 PM-T15。这种材料制成的拉刀具有较高的热稳定性、高红硬性和易磨削等特点，加工高强度钢等难加工材料时表现出良好的切削性能。

为了降低矩形槽表面粗糙度值，提高加工精度，采用粗拉、精拉两道工序，改进拉刀角度和几何尺寸，改善拉削条件。拉刀长度缩短保证了拉刀在刃磨和拉削过程中有足够的抗拉强度和刚度，延长了拉刀的使用寿命，改进后的拉刀结构如图 5-32 所示。

根据工件材料的性质，拉刀设计时前角为 13°，切削齿的后角为 2°30′，校准齿的后角为 1°30′。

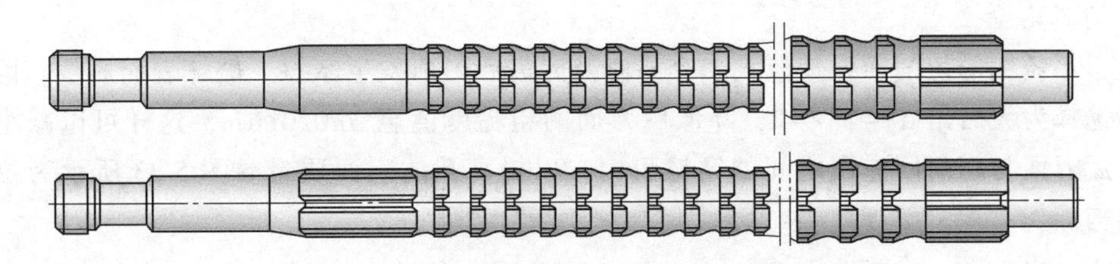

图 5-32 拉削高强钢方形孔时拉刀结构设计图

齿升量的选择应考虑加工材料、拉削方式、拉刀强度和容屑系数等。在进行拉削时，应当选择合适的齿升量，在保证加工质量的前提下，提高加工效率。如果齿升量过小，由于刃口具有一定钝圆，不利于刀刃的顺利切入，因此齿升量一般不应小于 0.02mm。如果齿升量过大，则在拉削过程中会导致切削力过大，工件表面质量较差。在拉削矩形槽时齿升量的推荐参数选择见表 5-10。

表 5-10 拉削矩形槽时拉刀齿升量推荐参数 （单位：mm）

拉刀类型	刀齿类型		
	粗切齿	精切齿	过渡齿
粗拉刀	0.08	0.04	0.04~0.07
精拉刀	0.06	0.03	0.03~0.05

一般齿距的计算公式为

$$t = M\sqrt{l}$$

式中 l——拉削长度。

一般而言，对于粗拉刀 M 取 1.6，精拉刀 M 取 1.4。精切齿和校准齿的齿距要小一些，一般取 $t_{精}=0.8t$，同时工作的齿数为 $z_e = l/t+1$。若 z_e 不为整数，一般按四舍五入取舍，但不宜小于 2，否则拉削工作会不稳定，可能发生振动，并会降低加工质量。一般应使 $z_e = 4 \sim 5$，最多不超过 8。

3. 不锈钢精密深孔拉削时的拉刀设计

随着机械工业的迅速发展，不锈钢材料被广泛应用。但由于不锈钢材料韧性高，易黏刀、产生积屑瘤，并在切削塑性变形中会产生严重的冷硬现象，给加工带来了困难。若加工精度高、表面粗糙度值小、长径比大于 5 的精密深孔，困难就更大。因此在拉削精密深孔时，应当设计合适的拉刀来满足生产需求。

在加工不锈钢材料时，拉刀材料多采用 W18Cr4V 高速钢材料，每把拉刀平均可拉削 3500 件左右，还可以采用 M42 材料，或进行氮化钛涂层处理，或深冷处理等方法，能够提高拉刀寿命。

选择拉刀前角时，考虑到不锈钢材质较软而韧，拉刀前角一般选择为大前角 $\gamma_o = 18° \sim 22°$，降低前角面的表面粗糙度值至 $Ra0.2 \sim 0.1\mu m$，这样可以增加刀齿的锋利性和改善切削性能，减少推挤作用。切屑容易形成，成卷状顺利地离开刀尖处进入容屑槽，不会阻塞和刮伤工件表面。另外，增大前角，切削力减小，刀齿单位面积上承受的力小，起到了加固切削刃的作用。同时，切削区变形小，鳞刺不易形成，改善了工件表面质量，提高了刀具寿命。

由于不锈钢的切削回弹量较大，容易碰及刀齿后刀面发生摩擦，破坏表面质量，因此后角一般选择为大后角 $\alpha_o=3°\sim4°$，降低后刀面的粗糙度值至 $Ra0.01\mu m$，这样可以减小或避免刀齿后刀面与切削回弹面之间的摩擦阻力，以提高孔的表面质量。图 5-33 所示为拉刀的部分结构。

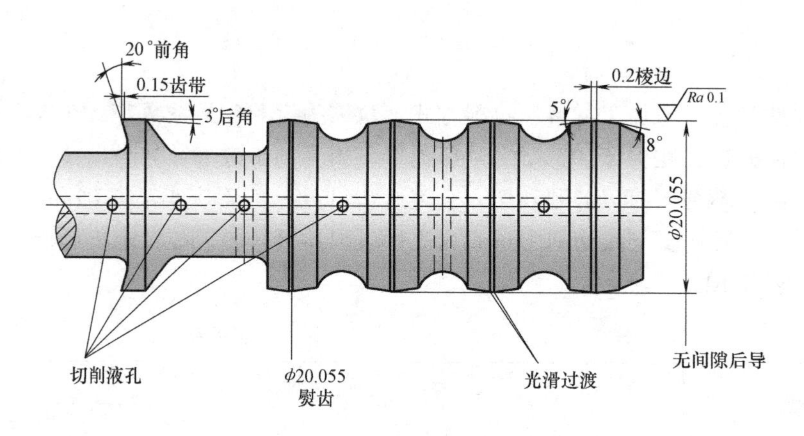

图 5-33　部分拉刀结构设计图

切削不锈钢材料时冷硬趋势较强，其硬度较高，但是深度并不大，一般为 0.013～0.03mm。因此切削不锈钢材料时，拉刀的齿升量选用 0.025～0.35mm 的大齿升量。使每节刀齿能切掉硬化层，在未硬化金属层内正常切削，就不会产生硬挤或硬啃现象，使切削平稳，减少切削力和切削热，积屑瘤和鳞刺就不易形成。同时，齿升量较大，齿数减少，拉刀长度缩短，使拉刀制造方便，减少拉刀制造中的弯曲、变形，提高了制造精度和表面质量，对提高工件表面质量和刀具寿命，都有一定的作用。

拉削深孔的拉刀必须限制同时进行切削的刀齿数，以控制总的切削力和保证拉刀的强度。为得到足够的容屑槽，也必须加大齿距。齿距小，刀齿强度低，容屑空间小，容易造成切屑挤压。一般而言，同时工作齿数不小于 2，齿距 t 的具体数值可根据工件的切削长度而定，其参考公式为

$$t=(1.25\sim1.5)\sqrt{l}$$

式中　l——拉削长度。

对于加工不锈钢材料的拉刀，刀齿刃带宽的选择更为重要。选择刀齿的刃带宽，一是为了增加刀齿的刃磨次数，提高拉刀寿命；另一方面起着拉削时的导向作用。否则就会使刀齿扎入金属内部，出现波浪环圈或啃刀现象，直至拉刀折断。经过多年实践证明，切齿刃带宽度为 0.1～0.15mm、校准齿为 0.15～0.2mm 合适。

选择合理的断屑槽形状对拉刀设计同等重要。断屑槽的形状，选用 60°V 形为宜，槽的深度不宜太浅，选用 0.4～0.5mm 为宜，槽底半径 $\rho=0.2\sim0.3$mm，V 形夹角越大，两侧尖刃强度就越高。并要求断屑槽的两侧具有一定的后角，以改善两侧尖刃的切削性能，避免发热变钝和产生积屑瘤。拉刀的切削寿命在很大程度上取决于断屑槽两侧尖刃的磨损及碎裂情况。

复习思考题

5-1 轮切式拉刀与综合拉削式拉刀，其粗切齿的切削情况是否一样？

5-2 拉刀最大同时工作齿数 Z_e 能否按“四舍五入”原则取成整数？为什么？

5-3 拉刀的柄部和颈部是合金钢，切削部是高速钢，如何进行强度校验？为什么？

5-4 圆孔拉刀的前刀面是怎样的表面形状？应该用怎样的磨轮来刃磨前刀面？

第 6 章

螺纹刀具

6.1 螺纹刀具的种类和用途

螺纹的应用很广泛。由于螺纹用途的不同，要求也不一样，因此加工各种内、外螺纹用的螺纹刀具种类也就很多。按形成螺纹的方法来分，螺纹刀具可分成按切削法工作的和按滚压法工作的两大类。

1. 按切削法工作的常用螺纹刀具

(1) 螺纹车刀　它是一种廓形简单的成形车刀，可用于加工各种内、外螺纹。常用的有平体的和圆体的两种，而以平体的用得较多（什么是平体和圆体?）。螺纹车刀的结构和普通的成形车刀相同，较为简单，牙型容易制造准确，加工精度较高，可用于切削精密丝杠等。加工螺纹的质量一般可达：外螺纹 4h~6h，内螺纹 5H~7H，表面粗糙度可达 $Ra0.8$~$3.2\mu m$，如用仔细研磨过的车刀则可达 $Ra0.4\mu m$。它的加工尺寸范围较广，加工大尺寸螺纹几乎不受什么限制，通用性也好。但它工作时需多次走刀才能切出完整的螺纹廓形（为什么要多次走刀?），故生产率较低，常应用于中、小批量及单件螺纹的加工。

(2) 丝锥　它是加工各种内螺纹用的标准刀具之一（参见图 6-8）。它结构简单，使用方便，在中、小尺寸的螺纹加工中，应用广泛。可用于手工操作或在机床上使用，生产率较高，按不同的用途来分，有各种类型的丝锥（详见下文说明）。

(3) 圆板牙　它是加工外螺纹的标准刀具之一，如图 6-1 所示（参照国家标准 GB/T 970.1—2008），外形很像一个圆螺母，只是沿轴向钻有 3~8 个排屑孔以形成切削刃，并在两端做有切削锥部。圆板牙的螺纹廓形是内表面，难以磨削，影响被加工螺纹的质量，因而它仅能用来加工精度 6h~8h 和表面质量要求不高的螺纹。由于圆板牙结构简单，使用方便，价格低廉，故在单件、小批生产及修配中应用仍很广泛。

圆板牙使用时，是靠它外圆周上的紧固孔用螺钉将它紧固在板牙套中。调节孔的中心和圆板牙的半径线偏移一个距离 c（为什么?）。当板牙的校准部分磨损超差后，切开 60°缺口槽，拧紧外圆周上的调节螺钉，则可迫使板牙孔径收缩。调节尺寸时，可用标准样规或通过试切决定调节量。

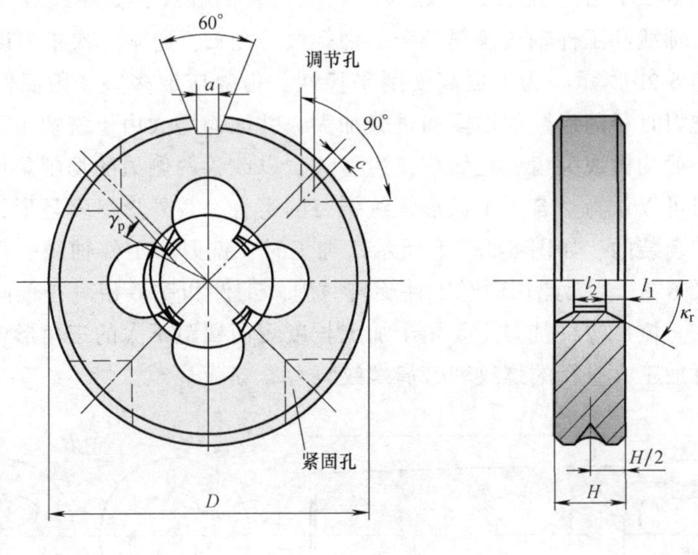

图 6-1　圆板牙

直径 1~52mm 粗牙和细牙的圆板牙已有标准。板牙外径和排屑孔数目随加工螺纹尺寸的加大而增加。但板牙外径的规格不多，这样可以减少板牙套的数量。板牙两面均制有切削部分，以增加使用寿命。切削 M1~M6 的螺纹时，$2\kappa_r=50°$，切削部分长度 $l_1=(1.3\sim1.5)P$；切削直径 6mm 以上的螺纹时，$2\kappa_r=40°$，切削部分 $l_1=(1.7\sim1.9)P$，其中 P 为螺距。顶刃前角 $\gamma_p=20°\sim25°$。由于前刀面是内圆表面，各点的前角变化较大，故也有将前刀面磨成平面的。切削锥部的顶刃后角是经铲磨得到的，一般 $\alpha_p=5°\sim7°$。刀瓣宽度影响板牙的切削工作，宽度大，则板牙的强度和刚度增加，切削时定心和自动引进作用好，但切削时摩擦增加，容屑空间减少，严重时甚至会损坏板牙。

（4）螺纹铣刀　它是用铣削方式加工内、外螺纹的刀具。按结构的不同，有盘形螺纹铣刀、梳形螺纹铣刀以及高速铣削螺纹用刀盘等（图 6-2、图 6-3、图 6-4）。

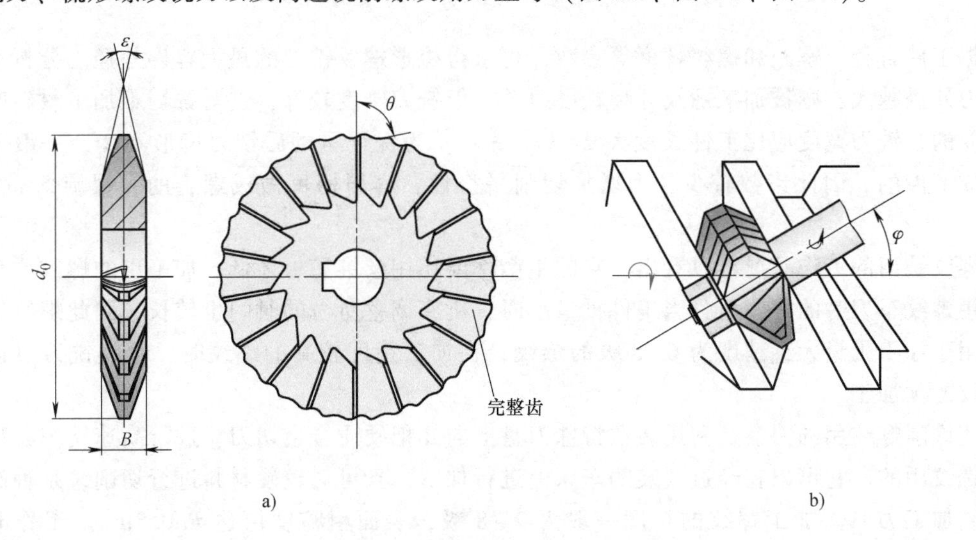

图 6-2　盘形螺纹铣刀及其工作示意图

盘形铣刀（图 6-2a）用于铣切螺距较大、长度较长的螺纹，如单线或多线的梯形螺纹等。工作时，铣刀轴线和工件轴线倾斜一个工件螺纹升角 φ，通常一次走刀即能切出所需螺纹，工作简图如图 6-2b 所示。为了提高铣削平稳性，齿数应取多些，因而铣刀直径应选大些。但为了不使铣刀直径因齿数的增多而过分加大，并因而增大由于铣切干涉现象引起的螺纹廓形畸变，故一般均做成尖齿，且做成错齿型式，以改善两侧刃的切削条件。

梳形螺纹铣刀可以认为是若干个盘形螺纹铣刀的组合，其外形呈多环形，它有两种结构型式，即带柄的和套装的，如图 6-3a、b 所示。加工时，铣刀和工件轴线平行，且铣刀和工件沿全长接触（图 6-3c）。因此切削时工件旋转一周，工件和铣刀相对在轴向移动一个螺距即能切出所需螺纹。梳形螺纹铣刀主要用于加工长度短而螺距不大的三角形内、外圆柱螺纹和圆锥螺纹，也可加工大直径的螺纹和带肩螺纹（什么是带肩螺纹？）。

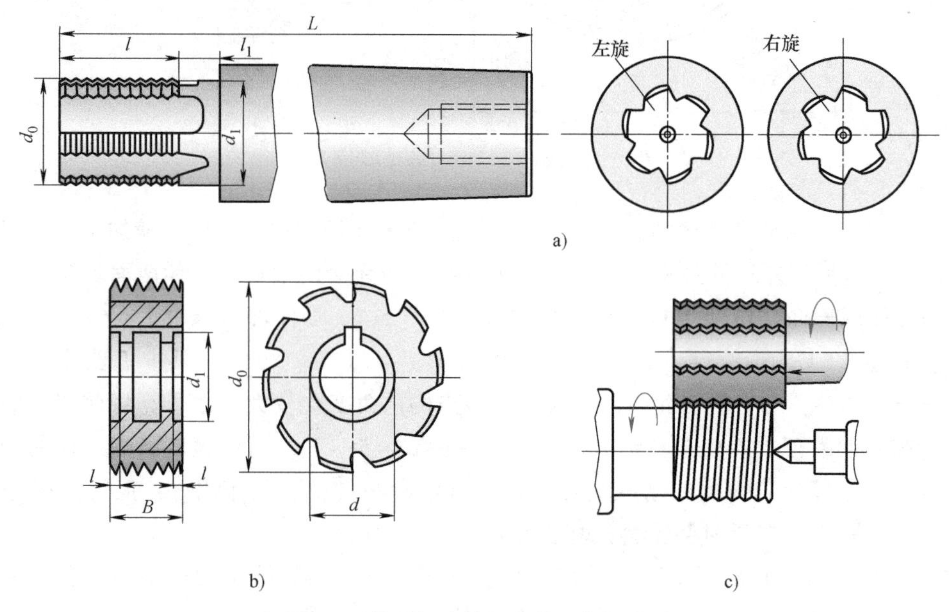

图 6-3　梳形螺纹铣刀及其工作示意图

根据工件直径、螺距和螺纹精度等参数，可求得梳形螺纹铣刀的最大容许外径。分析表明，铣刀外径越大，则被加工螺纹牙型精度越差，但铣刀刚度较好，这对铣切难加工材料时是很重要的，铣刀宽度应比工件长度大 2～3 个螺距。为保证重磨后铣刀齿形不变，一般刀齿常做成铲齿的，因此齿数较少，为增加切削平稳性，容屑槽可做成螺旋的，螺旋角 $\omega=5°\sim15°$。

由螺纹铣刀的工作状况可以看出，它的生产率要比用丝锥和板牙低，加工出的螺纹质量也没有用螺纹车刀时的好，而且当工件批量小时，机床调整所占的时间也较长，因此螺纹铣刀主要用于加工批量大，精度为 6～8 级的螺纹；在加工精度较高的螺纹时，螺纹铣刀可以用于螺纹的预加工。

高速铣削螺纹用的刀盘是利用装在特殊刀盘上的几把硬质合金切刀，进行高速铣削各种内、外螺纹用的。它可以在经过改装的车床上进行加工，且可对较硬材料进行切削，是种高效的螺纹加工刀具。加工螺纹的精度一般为 7～8 级，表面粗糙度值达 $Ra0.8\mu m$。工作时（图 6-4a）铣刀盘中心和工件中心偏移一个距离 e，铣刀盘轴线和工件轴线倾斜成工件螺纹

升角 φ；铣刀盘在高速旋转切削的同时，还沿工件轴向移动，一次走刀，即能切出工件螺纹。铣刀盘的结构如图 6-4b 所示，刀盘上的切刀和普通螺纹车刀相同。

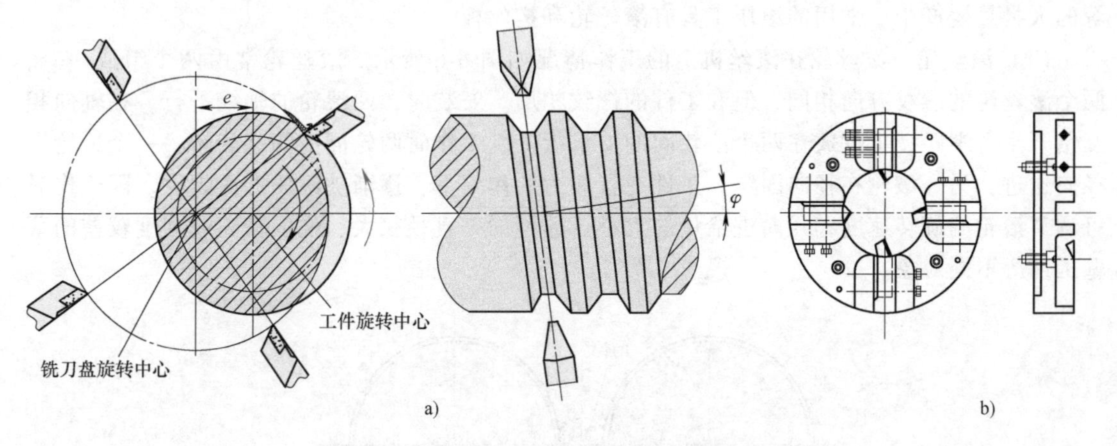

图 6-4 高速铣削螺纹用刀盘及其工作示意图

（5）自动开合螺纹切头 它是一种高生产率、高精度的螺纹刀具。有切削外螺纹用的自动开合板牙头（图 6-5a）和切削内螺纹用的自动开合丝锥（图 6-5b）。前者应用较多。与普通的圆板牙和丝锥相比，它具有下列优点：

1）在切削完毕后，梳刀能自动张开（或收缩），切头快速退回，故生产率高。

2）梳刀能精确磨制和准确调整尺寸，故加工出的螺纹质量较高。一般加工精度能达 6h，经仔细调整后可达 4h，表面粗糙度值 $Ra3.2 \sim 1.6\mu m$。

3）刀具重磨次数多，使用寿命较长。

4）同一切头经调换梳刀后，可在一定范围内加工不同尺寸的螺纹。

但这种高生产率的螺纹刀具结构复杂，价格昂贵，故仅在大批量生产（如汽车工业）等方面应用。

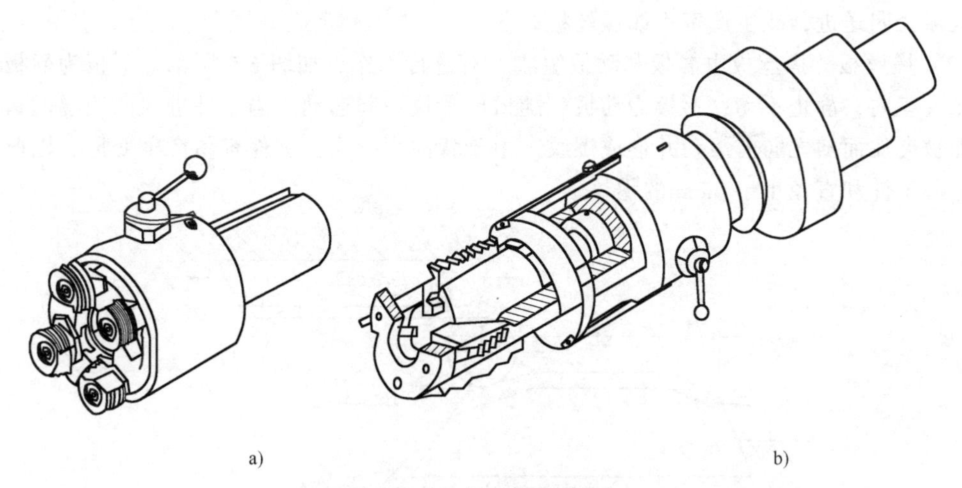

图 6-5 自动开合螺纹切头

2. 按滚压法工作的螺纹工具

它是利用金属材料塑性变形的原理来加工各种螺纹的高效工具。和切削法相比，滚压螺纹的加工方法生产率高，加工螺纹质量较好（可达4~7级精度，$Ra0.8 \sim 0.2\mu m$），力学性能好，滚压工具的磨损小，寿命长。这种滚压方法目前已广泛应用于连接螺纹、丝锥和量规等的大批量生产中。常用的滚压工具有滚丝轮和搓丝板。

（1）滚丝轮　滚丝轮在滚丝机上的工作情况如图6-6所示。滚丝轮常由两个组成一套，两个滚丝轮的螺纹方向相同，但和工件的螺纹相反。安装时，两滚轮的轴线平行，在轴向相互错开半个螺距，工件放在两个滚轮间的支承板上。工作时两轮同向等速旋转，一个滚轮沿径向送进，另一滚轮在径向固定，工件在背向力的作用下，逐渐被滚压形成螺纹。因工作时可调节滚轮的旋转速度和径向进给量的大小，故可加工直径较大、强度较高或刚度较差的薄壁工件等不同对象。

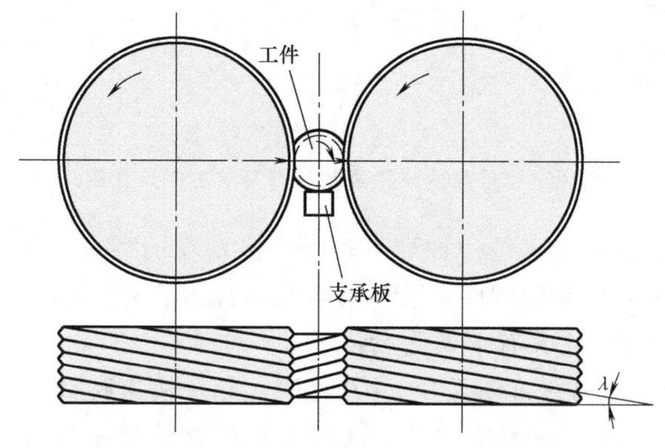

图6-6　滚丝轮在滚丝机上的工作情况

通常滚丝轮和工件的螺距P及螺纹升角φ应相等，但为制造方便和保证滚轮的强度，滚轮常做成n线螺纹，因此滚轮的螺纹中径应为工件螺纹中径的n倍。

滚丝轮制造较易，机床调整也较方便。滚丝轮精度分三个等级：1级可加工4~5级螺纹，2级适用于加工5~6级螺纹，3级适用于加工6~7级螺纹。滚丝轮滚丝时速度较搓丝板低，且需径向送进，故生产率不如搓丝板高。

（2）搓丝板　搓丝板由静板和动板组成一对进行工作，如图6-7所示。下板为静板，装在机床夹座内，静止不动；上板为动板，随机床滑块一起运动。当工件进入两块搓丝板之间后，即被夹住而随之向前滚动并形成螺纹。由于背向力很大，工件容易产生变形，因此不宜加工空心工件和直径小于3mm的螺纹。

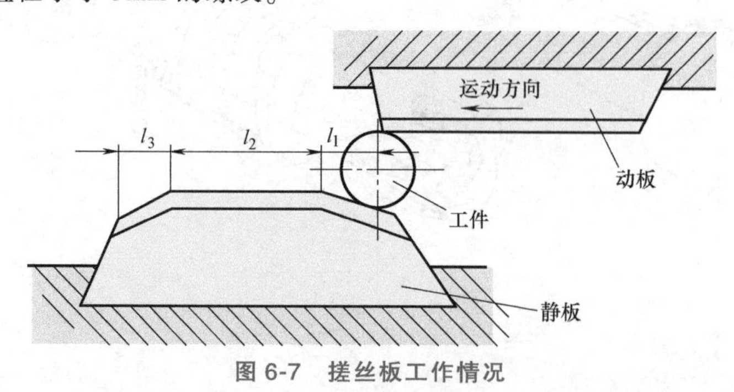

图6-7　搓丝板工作情况

搓丝板工作时，静板和动板应严格平行，它们的螺纹应相互偏移半个螺距且方向相同，但和工件的相反。搓丝板上螺纹的牙型角和螺距应和工件上的相同。但因搓丝板上有螺纹斜角，故在垂直于螺纹方向上的牙型角和螺距应予修正。

静板上的压入部分 l_1，使工件能逐渐形成螺纹。l_1 越长，螺纹形成越慢，滚压力越小，材料塑性变形也较为均匀。校准部分 l_2 使工件上的螺纹能进一步得到修正和滚光。退出部分 l_3 使滚压力逐渐下降，并使工件离开搓丝板。动板上无压入和退出部分。动板总长度应较静板略长，这样可使动板在工作行程终了回程时，不致将工件带回。搓丝板的宽度应视工件长度而定。

搓丝板的精度分 2 级和 3 级两种精度，2 级适用于加工公差等级为 5~6 级的螺纹，3 级适用于加工 6~7 级螺纹。

由于螺纹滚压方法是利用工件材料的塑性变形形成螺纹，因此一般情况下，材料的伸长率不应小于 8%。

6.2　丝锥

丝锥的本质是一螺栓。但为了形成切削刃和容屑槽，在端部磨出切削部分，并沿轴向开有沟槽。

丝锥的种类很多，按用途和结构的不同，主要有手用丝锥、机用丝锥、螺母丝锥、拉削丝锥、梯形螺纹丝锥、管螺纹丝锥和锥螺纹丝锥等。

1. 丝锥的结构

丝锥的种类虽然很多，但它们有共同的组成部分。图 6-8 为丝锥的外形结构图。它由刀体 L_1 和刀柄 L_2 所组成。刀体 L_1 由刀齿、容屑槽和芯部等组成，可分为切削部分 l_1 和校准部分 l_0；刀柄 L_2 包括颈部以及夹持部分。

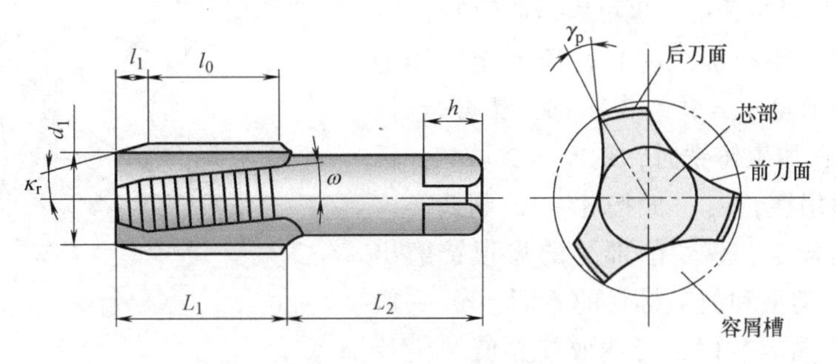

图 6-8　丝锥外形结构

(1) 切削部分　切削部分担负丝锥的整个切削工作，是丝锥的主要部分。它磨有锥角 $2\kappa_r$，牙型高度不完整，使切削工作能均匀地分配在几个刀齿上。由于丝锥的切削负荷较其他刀具（如铰刀等）重（为什么?），而它的端剖面强度却又较弱，因此必须正确选择切削锥角或切削部分长度等参数，以解决丝锥的负荷、强度与容屑之间的矛盾。图 6-9 所示为丝锥切削部分切入工件时的情况。

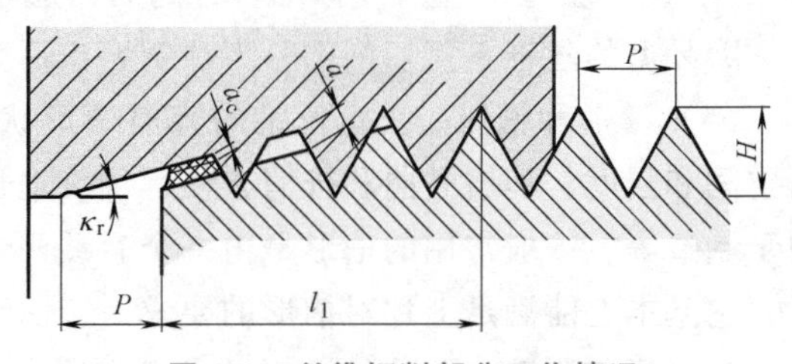

图 6-9　丝锥切削部分工作情况

设丝锥的槽数为 N，切削部分前后两圈相邻刀齿高度差为 a，则当丝锥转一周而前进一个螺距 P 时，每个刀齿的切削厚度 a_c 为

$$a_c = \frac{a}{N}\cos\kappa_r = \frac{P}{N}\tan\kappa_r\cos\kappa_r = \frac{P}{N}\sin\kappa_r$$

故

$$a_c \approx \frac{P}{N}\frac{H}{l_1}$$

由此可知，切削锥角大，则每齿切削厚度大，刀齿负荷重，进给力增大，切入时的导向性能也差，表面质量下降。因此，在加工质量要求较高时，κ_r 角应取小值。但在加工不通孔螺纹时，为了获得较长的有效螺纹部分，κ_r 角应取较大值。一般 a_c 视丝锥尺寸和加工条件的不同约在 0.02～0.2mm 之间。

（2）校准部分　校准部分在丝锥工作时起校准、修光和导向作用，也是丝锥重磨后的储备部分。它是具有完整牙型的圆柱形部分。为了减少和工件螺纹间的摩擦，它的外径和中径向刀柄做成倒锥：铲磨的丝锥在 100mm 长度内的缩小量加 0.05～0.12mm，不铲磨的丝锥则为 0.12～0.20mm。

（3）容屑槽数目　丝锥的容屑槽数 N 就是每一圈螺纹上的刀齿数。槽数少，则容屑空间增大，切屑不易堵塞，刀齿强度也高，且每齿切削厚度大，单位切削力和切削扭矩减小。经验证明在一定切削条件下，三槽丝锥较四槽丝锥可减少扭矩约 10%～20%。槽数多，每齿切削厚度小，丝锥导向性好，加工质量较高。因此，槽数需按丝锥的类型、尺寸、工件材料和加工螺纹的要求而定。一般情况下，丝锥直径在 10mm 以下时用三个槽，11～52mm 时用四个槽，尺寸更大时有用六个槽的。

（4）前角和后角　丝锥的前角和后角均在端剖面测量，且均系指齿顶处而言，如图 6-10 所示。丝锥的前刀面可以是平面的，也可以是曲面的。

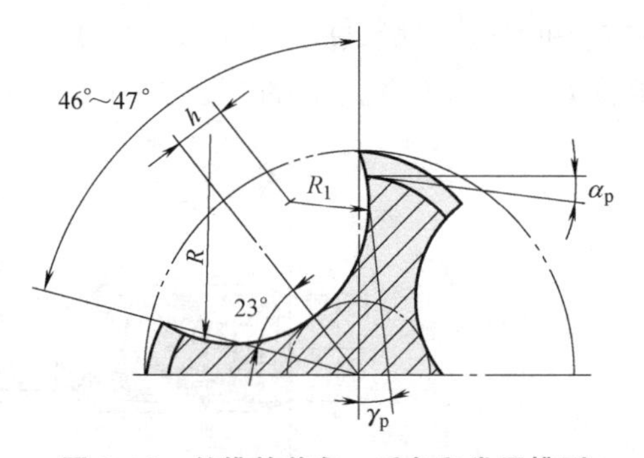

图 6-10　丝锥的前角、后角和常用槽型

丝锥前角的大小视加工材料性质而定，如加工钢材时，可取前角 $\gamma_p = 5° \sim 13°$；加工铝合金时，取 $\gamma_p = 12° \sim 14°$；加工铸铁时，取 $\gamma_p = 2° \sim 4°$；标准丝锥因具有通用性，γ_p 一般按 8°～10°制造。

不磨牙型的丝锥，仅切削部分的齿顶铲磨出后角 α_p。按丝锥类型和加工材料的不同，α_p 一般取 4°～12°，加工材料软时，可选取较大值（为什么？请解释）。对于加工盲孔螺纹的丝锥，或加工后需反转退出的丝锥，为防止它们倒旋时切屑楔入切削刃后刀面和已加工螺纹表面之间而产生崩齿现象，则后角应取小值（为什么？请解释），一般为 4°左右。标准丝锥的后角通常选为 4°～6°。

磨牙型的丝锥不仅切削部分齿顶铲磨出后角，螺纹表面亦需铲磨。

（5）槽形和槽向　决定丝锥的容屑槽形状和尺寸时，需考虑有合适的前角、足够的容屑空间和强度、切屑卷曲和排屑方便、倒旋退出时刀背处不致发生刮伤已加工螺纹表面以及便于制造等。一般常用的槽形是由一个直线形前刀面和双圆弧 R、R_1 组成的，如图 6-10 所示，它基本上能满足上述对槽形的要求。

为了便于制造，标准丝锥都做成直槽的。但为了改善排屑和切削情况，可以做成螺旋槽

的（图 6-11）。切削通孔右螺纹时，螺旋槽的方向取为左旋（图 6-11a、b），使切屑向前排出；切削盲孔右螺纹时，则应取右旋（图 6-11c、d），以便切屑可向后导出，不致阻塞孔底。螺旋槽的丝锥不仅解决了排屑问题，而且可以减少切削扭矩和提高加工质量（特别在加工不锈钢螺孔时）。加工钢材时，取螺旋角 $\omega=30°$；加工轻金属时可取 $\omega=45°$（有什么区别?）。

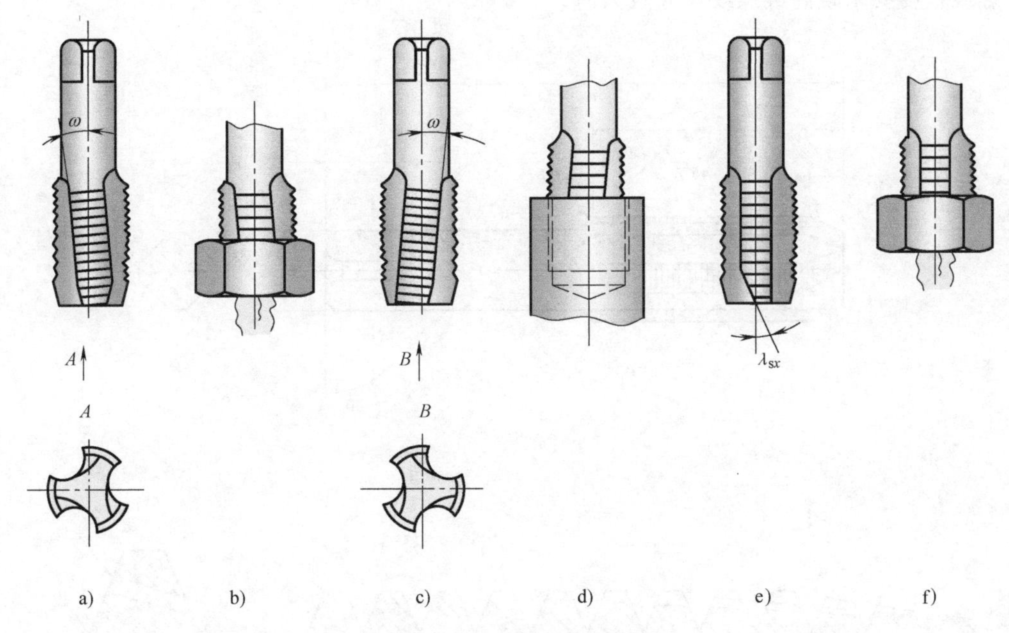

图 6-11　丝锥螺旋槽方向

为了改善直槽丝锥加工通孔螺纹时的排屑情况，也可在丝锥的切削部分修磨出轴向刃倾角 $\lambda_{sx}=-10°\sim-5°$（图 6-11e、f）。由于切屑向前导出，校准部分的沟槽可以较浅，这样也就同时解决了强度和容屑空间的矛盾。

丝锥螺纹公差带共分四种，即 H_1、H_2、H_3、H_4。其中 H_1、H_2、H_3 适用于机用磨牙丝锥；H_4 适用于手用滚牙丝锥。各种丝锥公差带能加工达到的工件内螺纹公差带等级见表 6-1。

表 6-1　各种丝锥公差带能加工达到的内螺纹公差带等级

丝锥公差代号	所能加工的内螺纹公差带等级	丝锥公差带代号	所能加工的内螺纹公差带等级
H_1	4H、5H	H_3	6G、7H、7G
H_2	5G、6H	H_4	6H、7H

2. 几种主要类型丝锥的结构特点

（1）手用丝锥　手用丝锥（图 6-12a）的刀柄为方头圆柄，用手操作，常用于小批和单件修配工作，牙型不铲磨。对于中、小规格的通孔丝锥，为了提高加工效率，在切削锥角合适的情况下，可用单只丝锥一次加工完成。但当螺孔尺寸较大和在材料较硬、强度较高的工件上加工盲孔螺纹时，单只丝锥在切削能力和加工质量上就不能满足要求。此时，宜采用由 2~3 只丝锥组成的成组丝锥依次切削，使切削工作由几只丝锥分担。从切削负荷的分配情况来说，有等径成组丝锥和不等径成组丝锥两种。一般情况下，当螺距 $P \leq 2.5$mm 时采用等径丝锥，即一组中每只丝锥的外径、中径和内径均相同，仅切削部分长度不同（图 6-12b），这样便于制造，而且第 2 只或第 3 只丝锥经修磨后可改作第 1 只丝锥用。在不等径丝锥中，每只丝锥的切削部分外径、中径和内径均不相同，各丝锥的切削负荷分配更为合理（图 6-12c），丝锥的每个刀齿的两侧刃均有切削余量，这样能使被切螺纹有较高的质量，常用于螺纹精度要求较高或螺纹尺寸较大时。

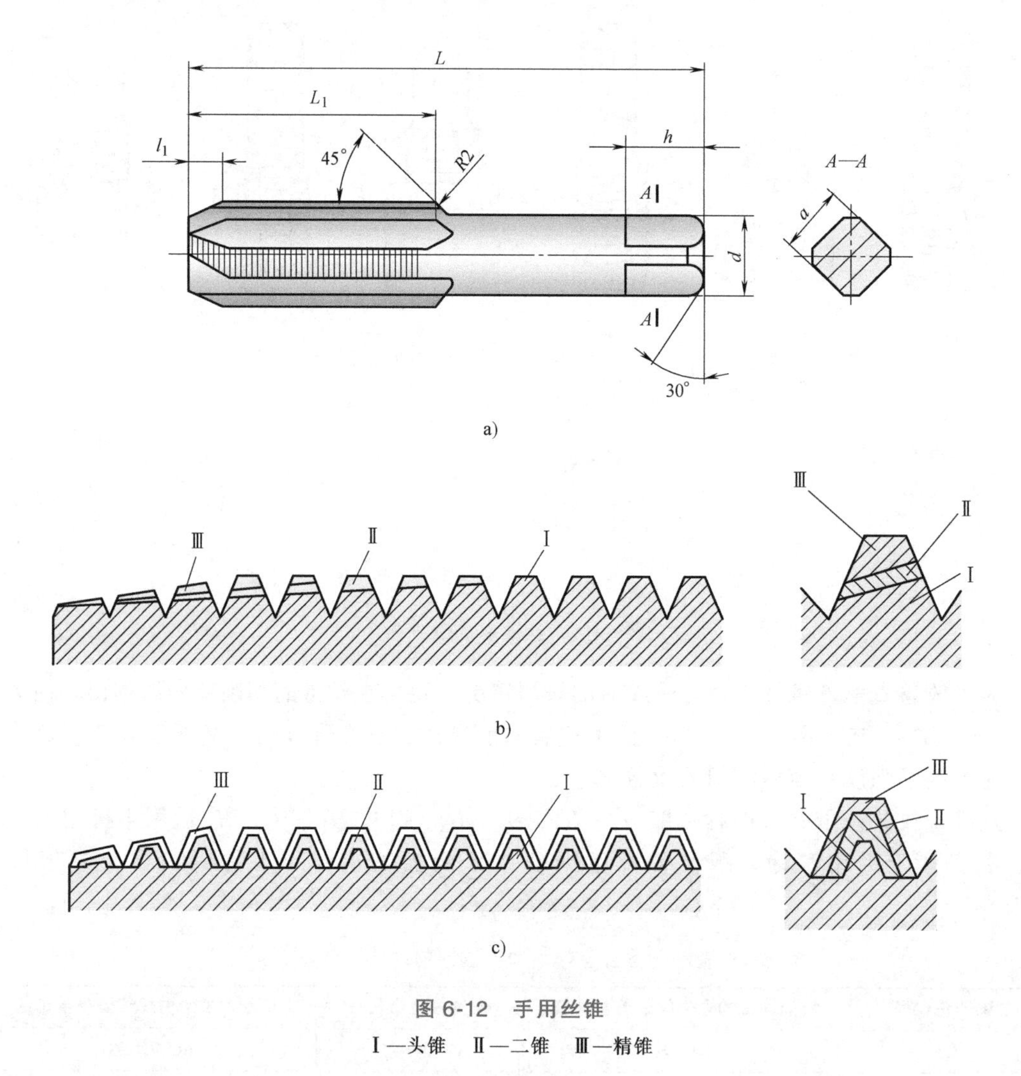

图 6-12　手用丝锥

Ⅰ—头锥　Ⅱ—二锥　Ⅲ—精锥

（2）机用丝锥　机用丝锥是用专门的辅助工具装夹在机床上，由机床传动来切削螺纹的。它的刀柄除有方头外，还有环形槽以防止丝锥从夹头中脱落（图 6-13）。机用丝锥的螺纹牙型均经铲磨。因机床传递的扭矩大，导向性好，故常用单只丝锥加工。有时加工直径大、材料硬度高或韧性大的螺孔，则用两只或三只的成组丝锥依次进行切削。

机用丝锥因切削速度较高，工作部分常用高速钢制造，并与 45 钢的刀柄经对焊而成。

（3）无槽丝锥　为增加丝锥强度和刚度以提高螺纹加工质量，在丝锥轴向不开通槽而只在它的前端开有短槽，这种丝锥称为无槽丝锥（实际上为短槽丝锥），如图 6-14 所示。丝

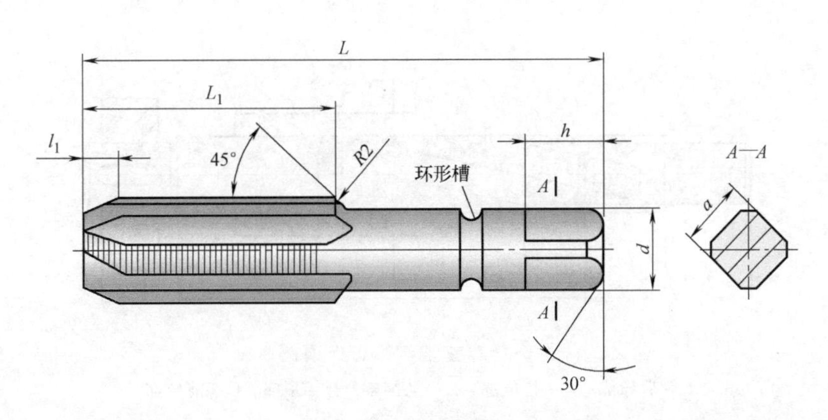

图 6-13 机用丝锥

锥上的短槽与轴线倾斜 8°~15°，槽底向前倾斜 6°~15°，加工时可将切屑向前导出，切屑不会堵塞和擦伤已加工螺纹表面。这种丝锥的校准部分有挤光作用，但为了减少与工件螺纹间的摩擦，校准部分向刀柄制有比普通丝锥较大的倒锥。无槽丝锥由于切削部分前刀面上各点的前角是变化的，切削锥小端处的前角大，因此切削力小，而且切屑向前导出，因此这种丝锥适合于加工难加工材料上的通孔螺纹，能获得较高的螺纹质量。

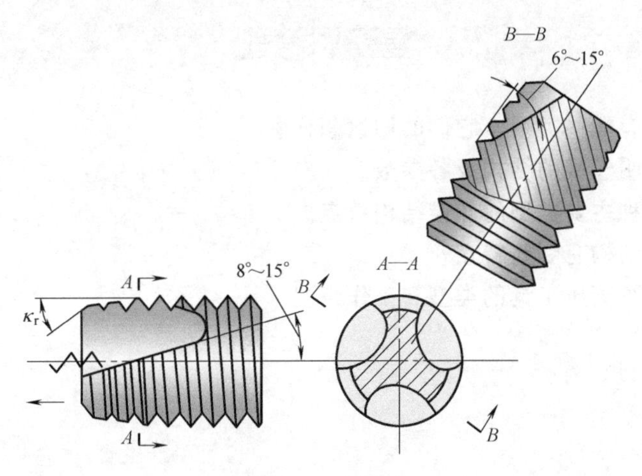

图 6-14 无槽丝锥

（4）拉削丝锥　加工单头、多头的梯形内螺纹时，金属的切除量较大，若用一般结构的丝锥加工，丝锥很长，且承受轴向压力，工作不稳定，故经常需分由几只丝锥依次加工，因此生产率低。拉削丝锥兼有拉刀和丝锥的结构与工作特点，工作时改变了轴向受力状态，由受压力变为受拉力，因而丝锥可以做得较长，也能平稳工作，在一次走刀中即能将螺纹加工完毕，显著地提高了生产率。

拉削丝锥工作的简图如图 6-15 所示。这种丝锥就像一把有螺纹的拉刀，由前导部、颈部、切削部、校准部和后导部组成。它可以在卧式车床上进行加工。工作时先将工件套入前导部，然后将工件装夹在卡盘上，车床主轴带动工件旋转一周，拖板带动丝锥向尾架方向移动一个螺距。当丝锥全部拉出工件以后，螺纹即加工完毕。

为使刃口锋利，卷屑方便，拉削丝锥的前角做得较大，在加工中硬及软钢时，取 $\gamma_p=$

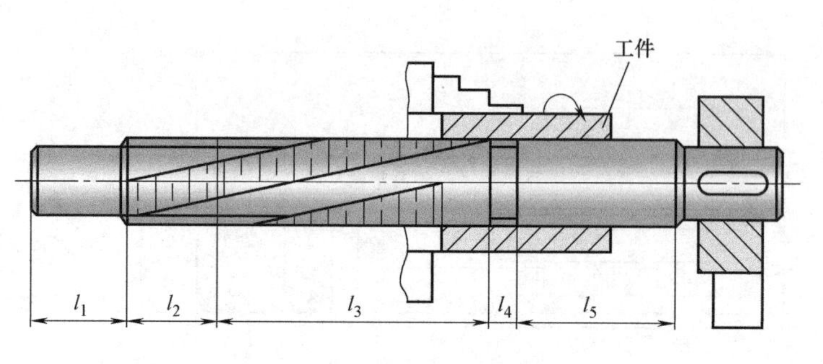

图 6-15 拉削丝锥工作简图

l_1—后导部 l_2—校准部 l_3—切削部 l_4—颈部 l_5—前导部

10°~15°；加工铸铁和铜时，取 $\gamma_p=5°\sim8°$。加工时切削速度很低（$v\leqslant3$m/min），因而刀具寿命高，工作也较稳定，加工螺纹的质量也较好。在加工钢时，螺纹表面粗糙度值可达 *Ra*1.6μm，加工铜时可达 *Ra*0.8μm。为减少刀齿与已加工螺纹表面的摩擦，拉削丝锥的齿顶和侧刃均经铲磨以得到后角。拉削丝锥的顶刃后角一般取 5°~6°。

复习思考题

6-1 螺纹刀具有哪些类型？它们的用途怎样？

6-2 试绘图说明丝锥的结构及各参数。

6-3 试说明几种主要类型的丝锥结构特点。

6-4 圆板牙的结构有哪些特点？

6-5 试说明螺纹滚压工具的类型和工作情况。

第7章

齿轮刀具

7.1 齿轮刀具的主要类型

齿轮刀具是用于加工齿轮齿形的刀具。由于齿轮的种类很多，其生产批量和质量的要求以及加工方法又各不相同，所以齿轮刀具的种类也很多，通常按下列的方法来分类：

1. 按被加工的齿轮类型分

有以下三类刀具：

(1) 圆柱齿轮刀具　它又可分为两类：

1) 渐开线圆柱齿轮刀具，如盘形齿轮铣刀、指形齿轮铣刀、齿轮拉刀、插齿刀盘、齿轮滚刀、插齿刀、梳齿刀、车齿刀和剃齿刀等。

2) 非渐开线圆柱齿轮刀具，如圆弧齿轮滚刀、摆线齿轮滚刀和花键滚刀等。

(2) 蜗轮刀具　如蜗轮滚刀、蜗轮飞刀和蜗轮剃齿刀等。

(3) 锥齿轮刀具　它又可分为两类：

1) 直齿锥齿轮刀具，如成对刨刀、成对盘铣刀和拉-铣刀盘等。

2) 曲线齿锥齿轮刀具，如弧齿锥齿轮铣刀盘、摆线齿锥齿轮铣刀盘等。

2. 按刀具的工作原理分

有以下两类刀具：

(1) 成形齿轮刀具　这类刀具的切削刃轮廓与被加工的直齿齿轮端剖面内的槽型相同。这类刀具中有盘形齿轮铣刀、指形齿轮铣刀、齿轮拉刀、插齿刀盘等。用盘形或指形齿轮铣刀加工斜齿齿轮时，工件齿槽任何剖面中的形状都不和刀具的廓形相同，工件的齿形是由刀具的切削刃在相对于工件运动过程中包络而成的，这种加工方法称为无瞬心包络法。但由于这些刀具的结构和成形齿轮相同，所以也将它们归类为成形齿轮刀具。

(2) 展成齿轮刀具　这类刀具加工齿轮时，刀具本身好像也是一个齿轮，它和被加工的齿轮各自按啮合关系要求的速比转动，而由刀具齿形包络出齿轮的齿形。这类刀具中有齿轮滚刀、插齿刀、梳齿刀、车齿刀、剃齿刀、加工非渐开线齿形的各种滚刀、蜗轮刀具和锥齿轮刀具等。展成齿轮刀具的一个基本特点是通用性比成形齿轮刀具好，也就是说，用同一把展成齿轮刀具，可以加工模数和齿形角相同而齿数不同的齿轮，也可用标准刀具加工不同变位系数的变位齿轮。

根据不同的生产要求和条件，选用合适的齿轮刀具是很重要的。在以上所说的各类齿轮刀具中，加工渐开线圆柱齿轮的刀具应用最为广泛。而在这类刀具中，又以齿轮滚刀最为常用。因为它的加工效率高，也能保证一般齿轮的精度要求，而且它既能加工外啮合的直齿齿轮，也能加工外啮合的斜齿齿轮。

插齿刀的优越性主要在于既可加工外啮合齿轮，也能加工内啮合齿轮，还能加工有台阶的齿轮和人字齿轮。但因其切削方式是插削，所以加工直齿齿轮需用直齿插齿刀，而加工斜齿齿轮需用斜齿插齿刀。

车齿刀既可以加工外齿轮，也可以加工内齿轮。车齿刀外形与插齿刀相似，但必须与被加工齿轮有轴交角，以形成切削速度。加工效率车内齿轮比插内齿轮高数倍。

经过滚齿和插齿的齿轮，如果需要进一步提高加工精度和降低表面粗糙度，可用剃齿刀来进行精加工。

孔径小的内齿轮或渐开线内花键，用拉刀来拉削是唯一的方法，这不但能保证高效率和高精度，而且能得到光洁的齿面。大批量生产的汽车自动变速器内齿轮，普遍采用螺旋内拉刀高效高精度加工。

对于精度要求不高的单件或小批量齿轮，采用盘形齿轮铣刀加工是比较方便和经济合算的。对于模数和直径特别大的齿轮，用指形齿轮铣刀加工，可以起到“蚂蚁啃骨头”的作用。

在锥齿轮刀具中，成对刨刀是多年来加工直齿锥齿轮的基本刀具。但由于其加工效率和精度不高，现已逐渐被成对盘铣刀所代替；在生产批量较大的情况下，还可采用效率更高的拉-铣刀盘来加工。收缩齿的弧齿锥齿轮和准双曲面齿轮，一般是用弧齿锥齿轮铣刀盘加工；而等高齿的摆线齿锥齿轮，则需用摆线齿锥齿轮铣刀盘（俗称奥利康铣刀盘）来加工。

7.2 插齿刀

插齿刀的形状很像齿轮：直齿插齿刀像直齿齿轮，斜齿插齿刀像斜齿齿轮。国家标准GB/T 6081—2001对直齿插齿刀的基本型式和尺寸有详细规定。直齿插齿刀分为如下三种结构型式。

1. Ⅰ型——盘形直齿插齿刀

如图7-1a所示，这是最常用的一种结构型式，用于加工直齿外齿轮和大直径的内齿轮。不同规范的插齿机应选用不同分度圆直径的插齿刀。这种结构的插齿刀公称分度圆直径d'_0有75mm、100mm、125mm、160mm和200mm五种，精度等级分为AA、A、B三级。

2. Ⅱ型——碗形直齿插齿刀

如图7-1b所示，它和盘形插齿刀的区别在于其刀体凹孔较深，以便容纳紧固螺母，避免在加工有台阶的齿轮时，螺母碰到工件。这种插齿刀的公称分度圆直径d'_0有50mm、75mm、100mm和125mm四种，前两种主要用于加工内齿轮，后两种主要用于加工外齿轮。$d'_0=50$mm的插齿刀精度有A、B两级，后三种插齿刀的精度有AA、A、B三级。

3. Ⅲ型——锥柄直齿插齿刀

如图 7-1c 所示，这种插齿刀的公称分度圆直径 d'_0 有 25mm 和 38mm 两种。因 d'_0 较小，不能做成套装式，所以做成带有锥柄的整体结构型式。这种插齿刀主要用于加工内齿轮，在刀具标准中只规定有 A、B 两种精度等级。

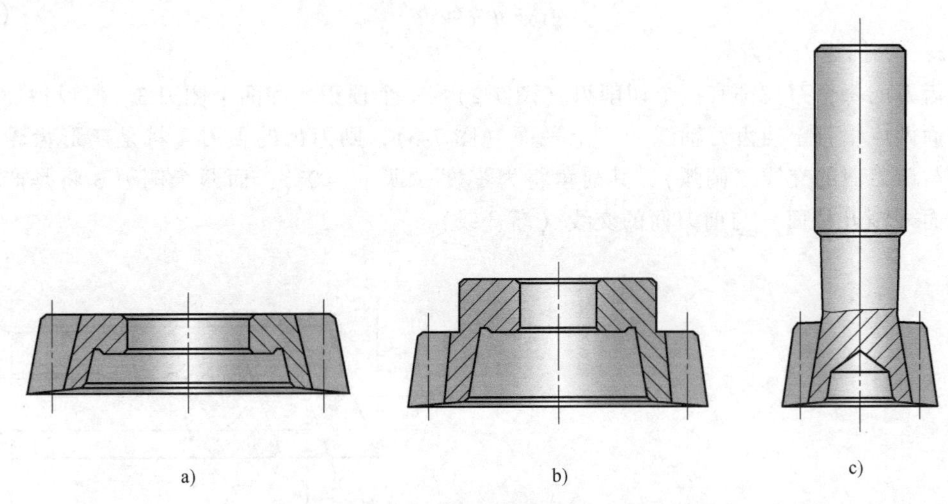

图 7-1　插齿刀的三种标准型式

a）盘形直齿插齿刀　b）碗形直齿插齿刀　c）锥柄直齿插齿刀

国家标准 GB/T 6082—2001 规定了 AA、A 和 B 三个精度等级的插齿刀的技术要求和各项精度指标的极限偏差。要根据被加工齿轮所要求的工作平稳性精度等级来选用插齿刀的精度等级：AA 级适用于加工 6 级精度的齿轮，A 级和 B 级分别适用于加工 7 级和 8 级精度的齿轮。

斜齿插齿刀也有碗形和带有锥柄的两种结构型式。碗形结构公称直径有 50mm、75mm、100mm、150mm、200mm 和 240mm 等。锥柄结构公称直径有 25mm 和 38mm 两种。

人字齿轮插齿刀普遍模数较大，通常做成盘形的，由两把组成一套，它们的螺旋角相等，一般为 30°，但旋向相反。这种插齿刀的公称分度圆直径常用的有 125mm、150mm、200mm、225mm 和 240mm 等。

除了上述的标准插齿刀外，还可根据生产的需要，设计专用插齿刀。例如，专用的粗加工插齿刀，可用来预切齿轮以提高生产率。因为这种插齿刀的齿形精度要求不高，可以合理地选择它的切削角度，以增大切削用量。在大量生产中，为了提高生产率还采用复合插齿刀，即在同一把插齿刀上做有粗切齿和精切齿，它们的齿数都等于被加工齿轮的齿数。这样当插齿刀旋转一周，就能完成齿形的粗加工和精加工。加工剃前和磨前齿轮，需用剃前和磨前插齿刀，它们的齿形是根据被加工齿轮的齿形特殊要求设计的，特别是在插齿刀刀齿顶部要带有“凸角”，在插齿刀齿根部要带有倒角刃（请思考刀顶凸角、根部倒角刃的作用）。

为了进一步提高生产率和刀具寿命，已经有整体硬质合金的插齿刀，也有采用机夹硬质合金刀片的插齿刀。

7.2.1　直齿插齿刀的切削刃及前、后刀面

为了加工出具有正确的渐开线齿形的齿轮，直齿插齿刀的切削刃在插齿刀前端面上的投

影应该是渐开线。这样，当插齿刀沿其轴线方向往复运动时，切削刃的运动轨迹就像一个直齿渐开线齿轮的齿面，这个假想的齿轮称为“产形”齿轮。根据齿轮啮合的基本条件，这个产形齿轮的模数 m 和压力角 α 应等于被加工齿轮的模数和压力角。因此插齿刀及其产形齿轮的基圆直径为

$$d_{b0}=mz_0\cos\alpha \tag{7-1}$$

式中　z_0——插齿刀的齿数。

插齿刀的每个刀齿都有三个切削刃（图 7-2）：一个顶刃 4 和两个侧刃 3。假设把插齿刀的前刀面做成垂直于插齿刀轴线的一个平面（图 7-3），则刀齿的顶刃 4 将是产形齿轮的顶圆柱面与前刀面的交线（圆弧），其前角将为零度（即 $\gamma_p=0°$），而两个侧刃 3 将是产形齿轮的齿面（渐开柱面）与前刀面的交线（渐开线）。

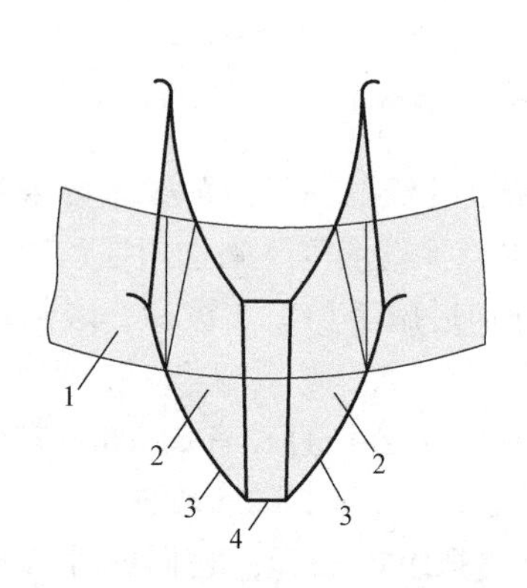

图 7-2　直齿插齿刀的切削刃及后刀面

1—分度圆柱面　2—侧后刀面　3—侧刃　4—顶刃

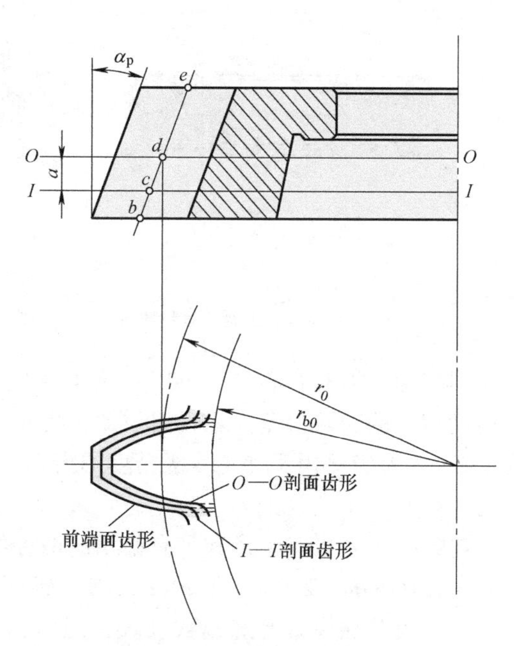

图 7-3　插齿刀的刀齿在端剖面中的截形

为了使刀齿的顶刃有后角，将顶后刀面做成一圆锥面，其轴线与插齿刀的轴线重合，则此锥面的底角的余角 α_p 就是顶刃的后角。为了使两个侧刃有后角，将两个侧后刀面分别做成旋向相反的渐开螺旋面：右侧后刀面做成左旋的渐开螺旋面，左侧后刀面做成右旋的渐开螺旋面。这样，重磨前刀面以后，刀齿的顶圆直径和分度圆齿厚虽然都减小了，但两个侧刃的齿形仍然是渐开线。

重磨前刀面以后，顶刃向插齿刀轴线移近了。为了保持刀齿的高度不变，齿根圆也应同样地向插齿刀轴线移近。

由上述可知，插齿刀的每个端剖面中的齿形可看成是变位系数不同的变位齿轮的齿形，如图 7-3 所示。在新插齿刀的前端面上，变位系数为最大值，且常为正值。随着插齿刀的重磨，变位系数逐渐减小。变位系数等于零的端剖面 O—O 称为插齿刀的原始剖面，在此剖面以后的各个端剖面中，变位系数为负值。

图 7-4 是插齿刀在其分度圆柱面上的截形展开图，图中的梯形表示刀齿在分度圆柱面上的截形。由于侧后刀面做成螺旋面，它在分度圆柱面上的截线是螺旋线，所以在展开图中这些截线就成为直线，即梯形的两个斜边。为了使两侧切削刃有相同的后角，两个侧后刀面的分度圆柱螺旋角 β_0 应相等，所以梯形的两个斜边是对称的（必须对称吗？）。

令 x_0 为与原始剖面相距 a（规定在变位系数为正的一侧为正，在变位系数为负的一侧为负）的任意端剖面 $I—I$ 中的变位系数，则此剖面内的分度圆齿厚为

$$s'_0 = s_0 + 2x_0 m\tan\alpha$$

式中　s_0——直齿插齿刀原始剖面中的分度圆齿厚；

m——直齿插齿刀的模数；

α——直齿插齿刀的压力角。

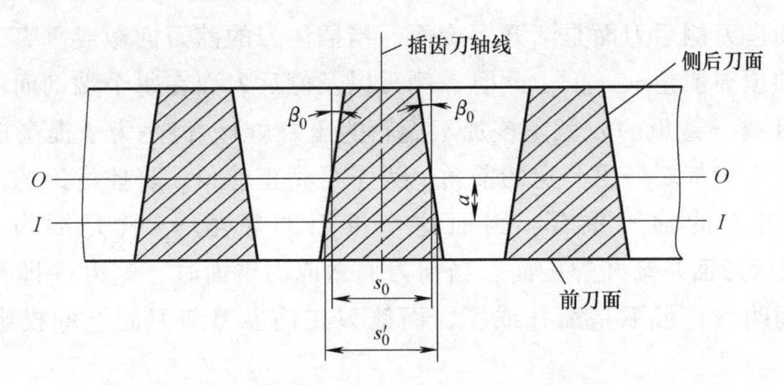

图 7-4　插齿刀在其分度圆柱面上的截形展开图

又因侧后刀面的分度圆柱螺旋角为 β_0，故由图 7-4 可知

$$s'_0 = s_0 + 2a\tan\beta_0$$

由以上两式可得

$$x_0 = \frac{a\tan\beta_0}{m\tan\alpha} \tag{7-2}$$

因 β_0、m、α 都是常数，所以任意端剖面中的变位系数 x_0 就与该剖面到原始剖面的距离 a 成正比，即

$$x_0 \propto a$$

因而可用倾斜直线 $bcde$（图 7-3）表示插齿刀各个端剖面中的齿形逐渐变位的情况。设插齿刀的顶刃后角为 α_p，则

$$\tan\alpha_p = \frac{x_0 m}{a}$$

代入式（7-2），可得

$$\tan\beta_0 = \tan\alpha\tan\alpha_p \tag{7-3}$$

插齿刀任意剖面中的齿形尺寸如下：

齿顶高（相对于分度圆柱面）为

$$h_{a0} = (h^*_{a0} + x_0)m \tag{7-4}$$

齿根高（相对于分度圆柱面）为

$$h_{f0} = (h^*_{f0} - x_0)m \tag{7-5}$$

顶圆半径为

$$r_{a0}=\left(\frac{z_0}{2}+h_{a0}^*+x_0\right)m \tag{7-6}$$

根圆半径为

$$r_{f0}=\left(\frac{z_0}{2}-h_{f0}^*+x_0\right)m \tag{7-7}$$

式中　h_{a0}^*、h_{f0}^*——插齿刀的齿顶高系数和齿根高系数，它们的数值通常是相同的，为 1.25（当 $m\leqslant4$，$\alpha=20°$）或 1.30（当 $m>4$，$\alpha=20°$）。

7.2.2　正前角插齿刀的齿形误差及其修正方法

前已述及，插齿刀侧后刀面是渐开螺旋面。当插齿刀的前刀面做成垂直于插齿刀轴线的平面时，插齿刀的顶刃前角 $\gamma_p=0°$。此时，侧刃以及侧后刀面在每个端剖面中的截线都是压力角等于 α 的渐开线（这里的 α 就是被加工齿轮的压力角）。但是为了提高插齿刀加工塑性材料的切削性能，一般都要做出一定的前角。为了得到正前角，将插齿刀的前刀面做成内锥面，其轴线与插齿刀的轴线重合，因而这个锥面的底角 γ_p 就是插齿刀的顶刃前角（图 7-5）。但因侧后刀面是渐开螺旋面，当前刀面做成内锥面时，侧刃（即侧后刀面与内锥面的交线，是空间曲线）就不是渐开线了，而侧刃在插齿刀前刀面上的投影曲线也不是渐开线了。

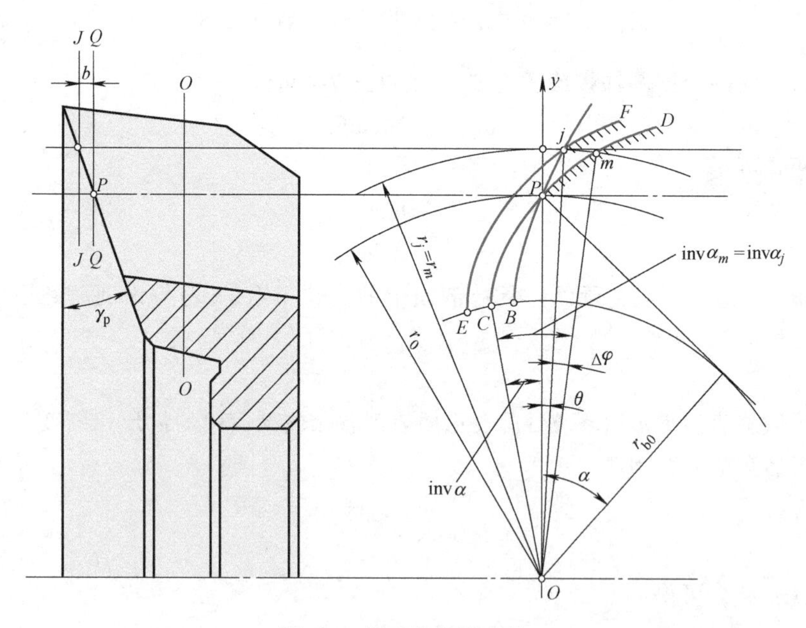

图 7-5　侧刃的投影曲线

下面先来讨论当插齿刀侧后刀面在端剖面中的截形的压力角等于 α 时，侧刃在插齿刀前端面上的投影曲线是怎样的。

通过侧刃在分度圆柱面上的一点 P，作插齿刀的一个端剖面 $Q—Q$，此剖面与前刀面（内锥面）的交线是一个圆，其半径就是插齿刀的分度圆半径 r_0，同时此剖面与侧后刀面（渐开螺旋面）的交线 CD 是压力角等于 α 的一条渐开线。

再作另一个端剖面 $J—J$，此剖面与前刀面的交线也是一个圆（设其半径为 r_j），同时此剖面与侧后刀面的交线是渐开线 EF（它与渐开线 CD 完全相同，仅相对于 CD 转了一个角度 $\Delta\varphi$），则半径为 r_j 的圆和渐开线 EF 的交点 j 就是插齿刀侧刃上另一点在插齿刀前端面上的投影。按同样方法可得侧刃上许多点在前端面上的投影，因而可作出侧刃在插齿刀前刀面上的投影曲线 jPB。显然这个投影曲线不是渐开线，而其压力角 α'（即投影曲线在 P 点的压力角，图中未标注）也比渐开线 CD 的压力角 α 小。

为了分析侧刃投影曲线的齿形误差，需要导出它的参数方程。设剖面 $Q—Q$ 与 $J—J$ 之间的距离为 b，则由图 7-5 可知

$$b=(r_j-r_0)\tan\gamma_{\mathrm{p}}$$

所以在前端面的投影中，渐开线 EF 相对于 CD 转过的角度为

$$\Delta\varphi=\frac{b\tan\beta_0}{r_0}$$

式中 β_0——侧后刀面分度圆柱螺旋角，见式（7-3）。

因此有

$$\Delta\varphi=\frac{(r_j-r_0)\tan\alpha\tan\alpha_{\mathrm{p}}\tan\gamma_{\mathrm{p}}}{r_0} \tag{7-8}$$

过 O 和 P 两点作轴线 Oy，并用极坐标参数（r_j，θ）来表示侧刃投影曲线的方程。这里的 r_j 是投影曲线上任意点 j 的半径，而 θ 是这条半径线与轴线 Oy 的夹角，由图 7-5 可知

$$\theta=\mathrm{inv}\alpha_j-\mathrm{inv}\alpha-\Delta\varphi \tag{7-9}$$

式中 α_j——渐开线 EF 在 j 点的压力角，它也等于渐开线 CD 在 m 点的压力角。

由微积分可知，投影曲线 jPB 在 j 点的压力角 α_j'（即该曲线在 j 点的切线和半径线 $\overline{jO}$ 之间的夹角）可用下式表示，即

$$\tan\alpha_j'=r_j\frac{\mathrm{d}\theta}{\mathrm{d}r_j} \tag{7-10}$$

由式（7-9）对 r_j 求导可得

$$\frac{\mathrm{d}\theta}{\mathrm{d}r_j}=\tan^2\alpha_j\frac{\mathrm{d}\alpha_j}{\mathrm{d}r_j}-\frac{\tan\alpha\tan\alpha_{\mathrm{p}}\tan\gamma_{\mathrm{p}}}{r_0} \tag{7-11}$$

渐开线 EF 的基圆半径是 r_{b0}，其上任一点 j 的压力角 α_j 为

$$\cos\alpha_j=\frac{r_{\mathrm{b0}}}{r_j}$$

把此式对 r_j 求导可得

$$\frac{\mathrm{d}\alpha_j}{\mathrm{d}r_j}=\frac{r_{\mathrm{b0}}}{r_j^2\sin\alpha_j}=\frac{1}{r_j\tan\alpha_j} \tag{7-12}$$

将式（7-12）代入式（7-11），再代入式（7-10），化简后得到

$$\tan\alpha_j'=\tan\alpha_j-\frac{r_j}{r_0}\tan\alpha\tan\alpha_{\mathrm{p}}\tan\gamma_{\mathrm{p}} \tag{7-13}$$

上式中的 α_j' 是侧刃投影曲线 jPB 上半径为任意值 r_j 的 j 点的压力角。由此式也就可写出 jPB 上半径为 r_0 的 P 点的压力角 α'为

$$\tan\alpha' = \tan\alpha - \frac{r_0}{r_0}\tan\alpha\tan\alpha_p\tan\gamma_p$$

即

$$\tan\alpha' = \tan\alpha(1 - \tan\alpha_p\tan\gamma_p) \tag{7-14}$$

由于 $\tan\alpha_p\tan\gamma_p \geqslant 0$，由此式可以看出

$$\alpha' \leqslant \alpha$$

这就是说，若将插齿刀侧后刀面的在端剖面内的截形压力角制成理论渐开线压力角 α（即被加工齿轮的压力角），只有当顶刃前角 $\gamma_p = 0°$或顶刃后角 $\alpha_p = 0°$或顶刃前角和顶刃后角同时等于 0°时，才有 $\alpha' = \alpha$。而当顶刃前角 $\gamma_p > 0°$和顶刃后角 $\alpha_p > 0°$时，插齿刀侧刃在前端面上的投影曲线的压力角 α'就会小于理论渐开线压力角 α，这样的齿形将使刀齿的齿顶变厚而齿根变薄，如图 7-6a 所示。用这样的插齿刀加工的齿轮，也必然是压力角变小，齿顶变宽而齿根被过切；而且这种缺陷还会随着插齿刀顶刃前角 γ_p 和顶刃后角 α_p 的增大而加剧，所以这种齿形误差必须给予修正。

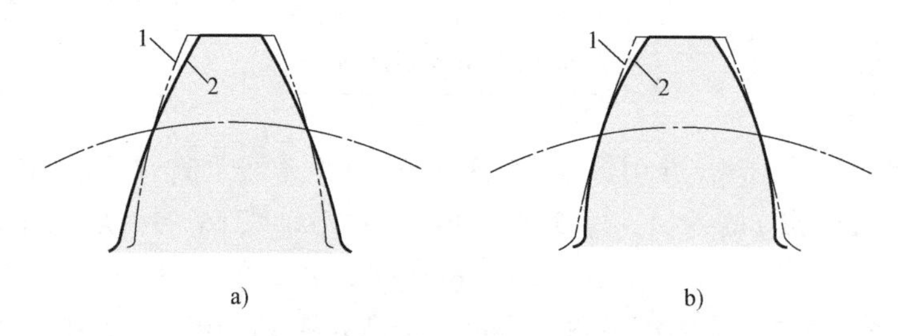

图 7-6　插齿刀的齿形误差

a）不修正的插齿刀投影齿形　b）修正后的插齿刀投影齿形

1—插齿刀的侧刃在前端面上的投影齿形　2—理论渐开线齿形

修正齿形误差的方法：将插齿刀侧后刀面在端剖面内的截形（渐开线）的压力角不做成被加工齿轮的压力角 α 值，而是改做成比 α 值稍大一些的某值 α_0，这就能使侧刃投影曲线的压力角等于被加工齿轮的 α 值，而不是 α'。由式（7-14）可见，若将 α 增大到某一值 α_0，就能使 α'增大到 α，即

$$\tan\alpha = \tan\alpha_0(1 - \tan\alpha_p\tan\gamma_p)$$

则由此可得

$$\tan\alpha_0 = \frac{\tan\alpha}{1 - \tan\alpha_p\tan\gamma_p} \tag{7-15}$$

例如，当 $\alpha = 20°$，$\alpha_p = 6°$，$\gamma_p = 5°$时，由上式计算得 $\alpha_0 = 20°10'15''$。插齿刀经过这样修正后，侧刃在前端面上的投影曲线就能与理论渐开线在分度圆上相切（图 7-6b）。可以证明，这样的投影齿形在分度圆处的曲率半径将略大于理论渐开线在分度圆处的曲率半径，所以刀齿的齿顶和齿根都比理论齿形稍宽一些。插齿刀有这样的齿形误差，能使被加工齿轮得到轻微的修缘和修根，形成一定的鼓形，因而对于高速重载齿轮能减轻啮合时的冲击和噪声。

要进行插齿刀的齿形误差修正，具体的办法是将插齿刀侧后刀面（渐开螺旋面）的基圆柱直径 d_{b0} 和基圆柱螺旋角 β_{b0} 加以改变。由式（7-15）得到 α_0 以后，就可求得修正齿形

误差后插齿刀侧后刀面的基圆柱直径应为

$$d_{b0,e}=2r_{b0,e}=2r_0\cos\alpha_0=mz_0\cos\alpha_0 \tag{7-16}$$

由式（7-3）可得侧后刀面的分度圆柱螺旋角 $\beta_{0,e}$ 应为

$$\tan\beta_{0,e}=\tan\alpha_0\tan\alpha_p \tag{7-17}$$

由此即可得侧后刀面的基圆柱螺旋角 $\beta_{b0,e}$ 应为

$$\tan\beta_{b0,e}=\tan\beta_{0,e}\cos\alpha_0=\sin\alpha_0\tan\alpha_p \tag{7-18}$$

由上述可知，插齿刀的齿形误差是因刀齿有正前角 γ_p 引起的，而误差的修正是根据一定的 γ_p 和 α_p 数值来修正的。所以对于现成的插齿刀，不可以随意将顶刃前角 γ_p 和顶刃后角 α_p 改磨成其他数值，随意改磨就会将已经修正好的齿形又磨坏了。

插齿刀用钝后重磨前刀面，要确保按设计的顶刃前角 γ_p 调整重磨设备。重磨完成后，要检验顶刃前角 γ_p 是否达到精度要求。

7.2.3 插齿刀的切削角度

前已述及，插齿刀的前刀面和顶刃的后刀面都做成圆锥面，这样顶刃就有了前角 γ_p 和后角 α_p，GB/T 6081—2001 中规定的标准插齿刀的 $\gamma_p=5°$，$\alpha_p=6°$。为了使侧刃得到后角，将两个侧后刀面做成旋向相反的渐开螺旋面。下面介绍侧刃的前角和后角的计算。

1. 直齿插齿刀的侧刃前角

将插齿刀的前刀面做成内锥面，不仅可使顶刃得到前角 γ_p，而且也使侧刃得到了一定的前角。侧刃上任意一点 j 的前角 γ_{oj}，是在通过 j 点并垂直于侧刃在插齿刀前端面上的投影曲线的正交平面 p_o—p_o 中测量的，如图 7-7 所示，此图是将插齿刀放平，并将前刀面朝上画出来的。

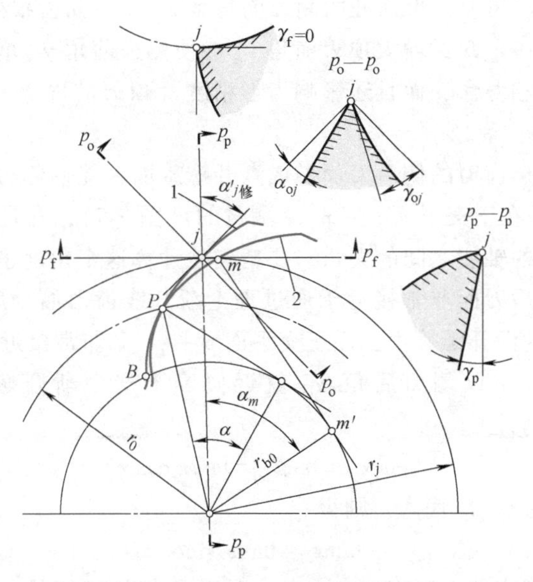

图 7-7 插齿刀侧刃的切削角度

1—修正齿形误差后的侧刃在前端面上的投影曲线 2—理论渐开线齿形

如果把插齿刀的刀齿看作一把车刀，则可利用车刀的切削公式来计算插齿刀的侧刃前角 γ_{oj}。这个公式是

$$\tan\gamma_o = \tan\gamma_p \cos\kappa_r + \tan\gamma_f \sin\kappa_r$$

对于插齿刀的 j 点，上式中的 $\gamma_o = \gamma_{oj}$，$\gamma_f = 0$，$\kappa_r = 90° - \alpha'_{j修}$，这里的 $\alpha'_{j修}$ 是插齿刀齿形修正后侧刃投影曲线在 j 点的压力角。于是有

$$\tan\gamma_{oj} = \tan\gamma_p \sin\alpha'_{j修}$$

式中的 $\alpha'_{j修}$ 可仿照式（7-13）求得，即

$$\tan\alpha'_{j修} = \tan\alpha_{j修} - \frac{r_j}{r_0}\tan\alpha_o \tan\alpha_p \tan\gamma_p$$

上式中 $\alpha_{j修}$ 可从下式求得，即

$$\cos\alpha_{j修} = \frac{r_{b0,e}}{r_j}$$

由这些公式计算 γ_{oj} 比较麻烦。但因插齿刀侧后刀面的压力角经过修正后，侧刃的投影曲线与理论渐开线齿形在分度圆上的 P 点相切，而且它们非常接近，所以投影曲线上 j 点的压力角 $\alpha'_{j修}$ 也非常接近于理论渐开线齿形上半径亦为 r_j 的 m 点的压力角 α_m，即

$$\alpha'_{j修} \approx \alpha_m$$

而

$$\cos\alpha_m = \frac{r_{b0}}{r_m} = \frac{r_{b0}}{r_j}$$

所以

$$\tan\gamma_{oj} \approx \tan\gamma_p \sin\alpha_m \tag{7-19}$$

在上式中，γ_p 是固定值（5°），而 α_m 是变值，在齿顶处 α_m 较大，在齿根处 α_m 较小，所以侧刃上各点的前角 γ_{oj} 是不相等的，而是在齿顶处较大在齿根处较小。例如，对于 $m=2.5$，$z_0=30$，$\gamma_p=5°$的插齿刀，齿顶处的侧刃前角是 2°36′，而齿根处的只有 13′，这样的前角是太小了。由式（7-19）知，增大顶刃前角 γ_p 能使侧刃前角 γ_{oj} 增大。但过分增大顶刃前角，就会削弱齿的强度和寿命，而且还影响齿形精度（顶刃前角增大对齿形影响如何？）。

2. 直齿插齿刀的侧刃后角

前已述及，把直齿插齿刀的侧后刀面做成渐开螺旋面，能使侧刃得到后角。侧刃上的任意一点 j 的后角 α_{oj} 也是在正交平面 $p_o—p_o$ 中测量的（图 7-7），它是正交平面与插齿刀的侧后刀面的交线和插齿刀的轴线之间的夹角。要精确地计算这个角度也是比较麻烦的。实际上可以认为，插齿刀的侧后刀面非常接近于通过理论渐开线齿形而分度圆柱螺旋角为 β_0 [其值如式（7-3）所示] 的渐开螺旋面，而正交平面 $p_o—p_o$ 又非常接近于这个渐开螺旋面的基圆柱的切平面 $m—m'$。所以侧刃后角 α_{oj} 就近似等于这个渐开螺旋面的基圆柱螺旋角 β_{0b}，即

$$\tan\alpha_{oj} \approx \tan\beta_{b0} = \tan\beta_0 \cos\alpha$$

再将式（7-3）中的 $\tan\beta_0$ 代入，则得

$$\tan\alpha_{oj} = \tan\alpha_p \sin\alpha \tag{7-20}$$

因为 α_p 和 α 都是固定值，所以侧刃上各点的后角都是相等的。例如，当 $\alpha=20°$，$\alpha_p=6°$时，$\alpha_{oj}\approx 2°$，这样的后角就偏小了些。为了提高插齿刀的寿命，可以适当地增大 α_p，例

如可增大到 9°。但也不可增大太多，因为 α_p 的增加会增大插齿刀的齿形误差，同时还会降低插齿刀总的使用寿命（为什么？）。

7.2.4 外啮合直齿插齿刀加工齿轮时的校验

外啮合直齿插齿刀是用途最广泛的一种插齿刀。选用插齿刀时，除了直齿插齿刀的模数 m 和压力角 α 分别等于所需加工的直齿齿轮的相应值外，还必须校验这把插齿刀的其他一些参数是否合适。校验的主要内容有以下三项：

1. 第一项校验——校验被加工的齿轮副啮合时是否发生过渡曲线干涉

由图 7-8 可知，当齿轮 1 和 2 啮合时，它们的有效齿形最低点 k_1 点和 k_2 点的曲率半径 ρ_{k1} 和 ρ_{k2} 分别为

$$\rho_{k1}=\overline{A_1k_1}=\overline{A_1A_2}-\overline{k_1A_2}=\frac{m\cos\alpha}{2}[(z_1+z_2)\tan\alpha_{12}-z_2\tan\alpha_{a2}] \tag{7-21}$$

$$\rho_{k2}=\overline{A_2k_2}=\overline{A_1A_2}-\overline{k_2A_1}=\frac{m\cos\alpha}{2}[(z_1+z_2)\tan\alpha_{12}-z_1\tan\alpha_{a1}] \tag{7-22}$$

式中 α_{12}——齿轮 1 和 2 的啮合角；

α_{a1}——齿轮 1 的顶圆压力角；

α_{a2}——齿轮 2 的顶圆压力角。

上面的这三个角度可由被加工齿轮图样或计算书求得。

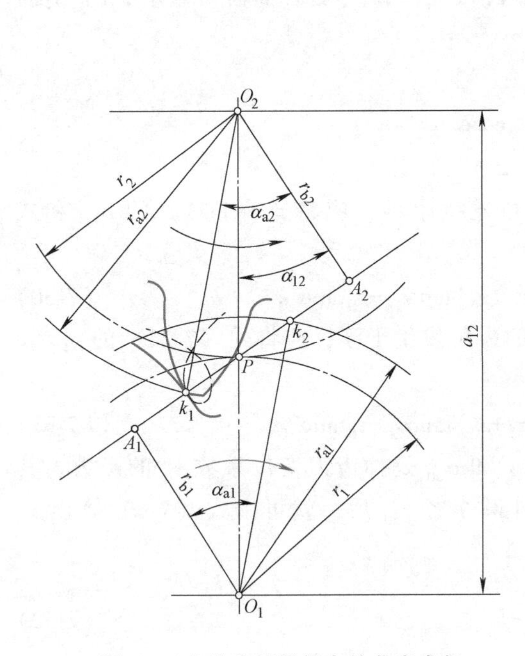

图 7-8 有效齿形最低点的曲率半径

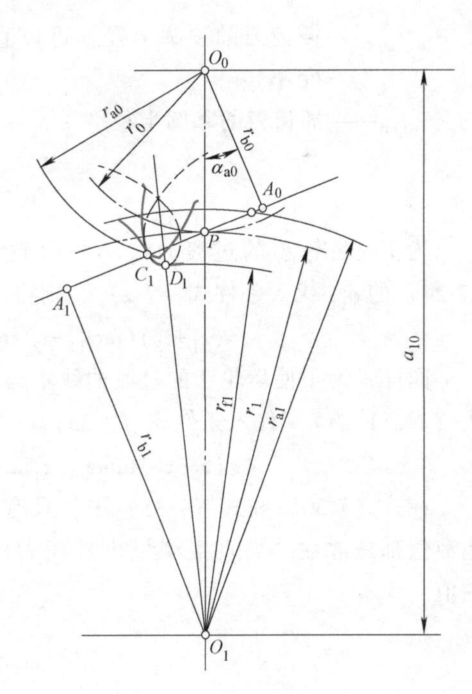

图 7-9 过渡曲线

为了使两齿轮啮合时不发生过渡曲线干涉（什么过渡曲线干涉？），插齿刀切齿轮 1 和 2 时，应使齿轮的渐开线齿形在与过渡曲线衔接的 C_1 点和 C_2 点的半径小于或至少等于 k_1 点和 k_2 点的半径，这等效于要求 C_1 点和 C_2 点处的曲率半径 ρ_{c1} 和 ρ_{c2}（图 7-9）满足下列条

件，即

$$\rho_{c1} \leqslant \rho_{k1}, \rho_{c2} \leqslant \rho_{k2} \tag{7-23}$$

为了求曲率半径ρ_{c1}，只需将图7-8中的齿轮2换成插齿刀，并将式（7-21）中的z_2换成z_0，α_{12}换成α_{10}，α_{a2}换成α_{a0}，这样就有

$$\rho_{c1}=\frac{m\cos\alpha}{2}[(z_1+z_0)\tan\alpha_{10}-z_0\tan\alpha_{a0}] \tag{7-24}$$

同样，为了求ρ_{c2}，只需将齿轮1换成插齿刀，并将式（7-22）中的z_1换成z_0，α_{12}换成α_{20}，α_{a1}换成α_{a0}，这样就有

$$\rho_{c2}=\frac{m\cos\alpha}{2}[(z_2+z_0)\tan\alpha_{20}-z_0\tan\alpha_{a0}] \tag{7-25}$$

式中的α_{10}和α_{20}分别表示插齿刀加工齿轮1和2时的啮合角，而α_{a0}表示插齿刀的顶圆压力角，它们可分别由下列三个公式计算：

$$\mathrm{inv}\alpha_{10}=\frac{2(x_1+x_0)}{z_1+z_0}\tan\alpha+\mathrm{inv}\alpha \tag{7-26}$$

$$\mathrm{inv}\alpha_{20}=\frac{2(x_2+x_0)}{z_2+z_0}\tan\alpha+\mathrm{inv}\alpha \tag{7-27}$$

$$\cos\alpha_{a0}=\frac{r_{b0}}{r_{a0}} \tag{7-28}$$

式中　r_{a0}——插齿刀的顶圆半径，可以直接从插齿刀上测得（随着插齿刀重磨，r_{a0}不断变小）；

r_{b0}——插齿刀的基圆半径。

$$r_{b0}=\frac{d_{b0}}{2}=\frac{mz_0\cos\alpha}{2} \tag{7-29}$$

为了使齿轮1的过渡曲线不与齿轮2的齿角发生干涉，应将式（7-21）的ρ_{k1}和式（7-24）的ρ_{c1}代入条件式（7-23），则得

$$(z_1+z_2)\tan\alpha_{12}-z_2\tan\alpha_{a2} \geqslant (z_1+z_0)\tan\alpha_{10}-z_0\tan\alpha_{a0} \tag{7-30}$$

同样，为了使齿轮2的过渡曲线不与齿轮1的齿角发生干涉，应将式（7-22）的ρ_{k2}和式（7-25）的ρ_{c2}代入条件式（7-23），则得

$$(z_1+z_2)\tan\alpha_{12}-z_1\tan\alpha_{a1} \geqslant (z_2+z_0)\tan\alpha_{20}-z_0\tan\alpha_{a0} \tag{7-31}$$

在式（7-30）和式（7-31）中，只有α_{10}、α_{20}和α_{a0}是插齿刀变位系数x_0的函数，其他数值都是常数。当直接测量出插齿刀的实际外圆半径r_{a0}后，就可由式（7-6）算出x_0的值

$$x_0=\frac{r_{a0}}{m}-\frac{z_0}{2}-h_{a0}^* \tag{7-32}$$

式中　h_{a0}^*——插齿刀的齿顶系数，对于$m \leqslant 4$，$\alpha=20°$的插齿刀，取$h_{a0}^*=1.25$；对于$m>4$，$\alpha=20°$的插齿刀，取$h_{a0}^*=1.30$。

将算出的x_0值代入式（7-26）和式（7-27），算出α_{10}和α_{20}，然后把它们和由式（7-28）算出的α_{a0}一起代入式（7-30）和式（7-31）。如果这两式得到满足，就表示所选的

插齿刀可以用来加工齿轮 1 和 2，而不会使它们啮合时发生过渡曲线干涉。

实际上，用同一把插齿刀加工一对标准齿轮（即变位系数 $x_1=x_2=0$ 的齿轮）时，如果小齿轮的过渡曲线不与大齿轮的齿角发生干涉，则大齿轮的过渡曲线就更不会与小齿轮的齿角发生干涉（变位系数不为零成立吗?）。因此，用同一把插齿刀加工标准齿轮时，只需校验小齿轮的过渡曲线。

2. 第二项校验——校验齿轮是否被根切

用旧插齿刀加工齿轮时，因其前刀面已磨去较多，使变位系数减小了，故加工齿轮时其齿角相对于齿轮运动的轨迹可能侵入齿轮的理论渐开线齿形内部，而使齿轮被根切。这是因为当插齿刀的变位系数较小时，其顶圆和啮合线的交点 C_1（图 7-10）超出了啮合极限点 A_1 以外。当 C_1 点和 A_1 点重合时，刚好不发生根切。因此齿轮 1 不被根切的条件是

$$\rho_{c1}\geqslant 0 \tag{7-33}$$

将式（7-24）代入，则为

$$(z_1+z_0)\tan\alpha_{10}-z_0\tan\alpha_{a0}\geqslant 0 \tag{7-34}$$

同理，齿轮 2 不被根切的条件是

$$\rho_{c2}\geqslant 0 \tag{7-35}$$

即

$$(z_2+z_0)\tan\alpha_{20}-z_0\tan\alpha_{a0}\geqslant 0 \tag{7-36}$$

如前所述，当测出插齿刀的实际外圆半径 r_{a0} 后，即可由式（7-32）算出 x_0，将它代入式（7-26）和式（7-27）求出 α_{10} 和 α_{20}，同时由式（7-28）算出 α_{a0}。然后把 α_{10}、α_{20} 和 α_{a0} 代入式（7-34）和式（7-36）。如果这两式都满足，就表示两齿轮都不会被根切。如果有一个公式不满足，就表示这一个齿轮将会被根切，这就必须选用另一把插齿刀来加工这个齿轮。

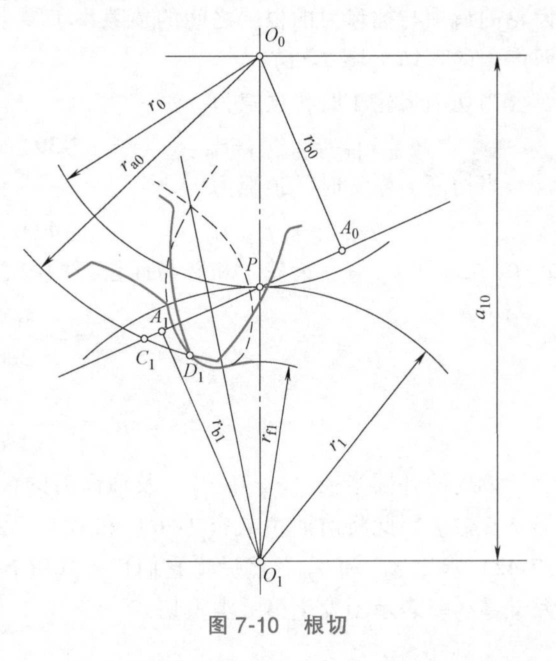

图 7-10 根切

3. 第三项校验——校验齿轮是否被顶切

(1) 校验第一类顶切　用变位系数较小的插齿刀加工齿轮时，从几何原理来讲齿轮的齿角相对于插齿刀运动的轨迹也可能侵入插齿刀的齿形内部。但因插齿刀的材料硬度高于被加工齿轮的材料硬度，所以齿轮的齿角不但不能侵入插齿刀的齿形以内，反而会被插齿刀切去了，这种现象称为第一类顶切。产生这种现象的原因是齿轮的顶圆和啮合线的交点（k_1 或 k_2）超出了啮合极限点以外。如果将图 7-8 中的齿轮 2 换成插齿刀，并将式（7-22）中的 z_2 换成 z_0，α_{12} 换成 α_{10}，则有

$$\rho_{k2}=\frac{m\cos\alpha}{2}[(z_1+z_0)\tan\alpha_{10}-z_1\tan\alpha_{a1}]$$

因此齿轮 1 不发生第一类顶切的条件是

$$\rho_{k2} \geqslant 0$$

即

$$(z_1+z_0)\tan\alpha_{10}-z_1\tan\alpha_{a1} \geqslant 0 \tag{7-37}$$

同样，如果将图 7-8 中的齿轮 1 换成插齿刀，并将式（7-21）中的 z_1 换成 z_0，α_{12} 换成 α_{20}，则有

$$\rho_{k1}=\frac{m\cos\alpha}{2}[(z_2+z_0)\tan\alpha_{20}-z_2\tan\alpha_{a2}]$$

因此齿轮 2 不发生第一类顶切的条件是

$$\rho_{k1} \geqslant 0$$

即

$$(z_2+z_0)\tan\alpha_{20}-z_2\tan\alpha_{a2} \geqslant 0 \tag{7-38}$$

如前所述，α_{10} 和 α_{20} 都是变位系数 x_0 的函数，所以把前面已求得的 x_0 代入式（7-26）和式（7-27）求出 α_{10} 和 α_{20}，然后把它们代入式（7-37）和式（7-38）。如果两式都满足，就表示两齿轮都不发生第一类顶切。如果有一个公式不满足，就表示这一个齿轮将发生第一类顶切，这就必须换用另一把插齿刀来加工这个齿轮。

（2）校验第二类顶切　第二类顶切是指齿轮的齿顶与插齿刀的根圆之间的顶隙小于零而产生的顶切（图 7-11）。

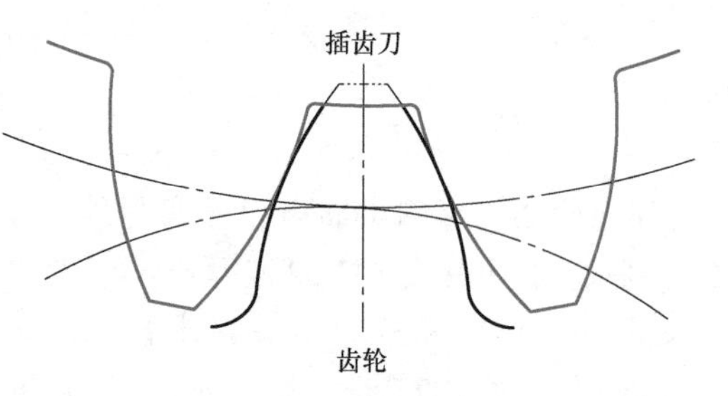

图 7-11　第二类顶切

当切削齿轮 1 时，顶隙为

$$c_{10}=a_{10}-r_{a1}-r_{f0} \tag{7-39}$$

当切削齿轮 2 时，顶隙为

$$c_{20}=a_{20}-r_{a2}-r_{f0} \tag{7-40}$$

式中　a_{10} 和 a_{20}——齿轮 1 和 2 与插齿刀的中心距。

$$a_{10}=\frac{m(z_1+z_0)\cos\alpha}{2\cos\alpha_{10}} \tag{7-41}$$

$$a_{20}=\frac{m(z_2+z_0)\cos\alpha}{2\cos\alpha_{20}} \tag{7-42}$$

齿轮的外圆半径（r_{a1} 和 r_{a2}）及插齿刀的根圆半径（r_{f0}）都可用实测的方法得到，它们都是常数。因此将前面由式（7-26）和式（7-27）求得的 α_{10} 和 α_{20} 代入式（7-41）和式（7-42）求出 a_{10} 和 a_{20}，然后将它们代入式（7-39）和式（7-40）求出 c_{10} 和 c_{20}。如果它们大于零，就表示不发生第二类根切。

7.3　齿轮滚刀

7.3.1　齿轮滚刀的工作原理和基本蜗杆

本章中齿轮滚刀专指加工渐开线齿轮所用的滚刀。它是按螺旋齿轮啮合原理加工齿轮的。由于被它加工的齿轮是渐开线齿轮，所以它本身也应具有渐开线齿轮的几何特性（渐

开线齿轮几何特性有哪些?)。

齿轮滚刀从其外形看来并不像齿轮，实际上它是仅有一个齿（或几个齿），但齿很长而螺旋角又很大（一般为80°以上，接近90°）的斜齿圆柱齿轮。因为它的齿很长而螺旋角又很大可以绕滚刀轴线好几圈，因此从外形上看，它很像一个蜗杆，如图7-12所示。

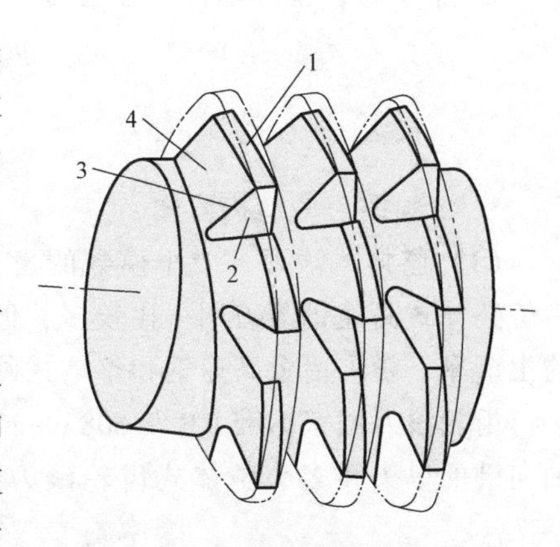

图7-12 齿轮滚刀的基本蜗杆

1—顶后刀面 2—前刀面

3—切削刃 4—侧后刀面

为了使这个蜗杆能起到切削作用，须沿其长度方向开出好多容屑槽（直槽或螺旋槽），因此把蜗杆上的螺纹切割成许多较短的刀齿，并产生了前刀面2和切削刃3。每个刀齿有一个顶刃和两个侧刃。为了使刀齿有后角，还要用铲齿方法铲出侧后刀面4和顶后刀面1。但是各个刀齿的切削刃必须位于这个相当于斜齿圆柱齿轮的蜗杆的螺纹表面上，因此这个蜗杆就称为滚刀的基本蜗杆。基本蜗杆的螺纹通常做成右螺旋的，有时也做成左螺旋的。

基本蜗杆的螺纹表面若是渐开螺旋面，则称为渐开线基本蜗杆，而这样的滚刀称为渐开线滚刀。理论上用这种滚刀可以切出理想的渐开线齿形。但这种滚刀制造困难，生产中很少采用，而是采用易于制造的近似齿形滚刀，如阿基米德滚刀和法向直廓滚刀，它们的基本蜗杆螺纹表面是阿基米德螺旋面和法向直廓螺旋面（请思考两者与渐开螺旋面的差别）。这两种螺纹表面在端剖面中的截形不是渐开线，而是阿基米德螺线和延伸渐开线。当滚刀的分度圆柱导程角较小时，这些蜗杆与渐开线蜗杆非常近似，所以用近似齿形滚刀切出的齿轮齿形虽然理论上不是渐开线，但误差很小。

既然齿轮滚刀的基本蜗杆相当于斜齿圆柱齿轮，所以斜齿圆柱齿轮各个基本参数的定义和计算公式也适用于滚刀的基本蜗杆。但因滚刀的螺旋角较大，所以常用螺旋导程角来计算，这样比较方便。基本蜗杆的主要参数如下：

滚刀基本蜗杆的分度圆柱导程角 γ_0 按下式计算：

$$\sin\gamma_0=\frac{m_n z_0}{d_0} \tag{7-43}$$

式中 m_n——滚刀基本蜗杆的法向模数，它等于被加工齿轮的法向模数；

z_0——滚刀基本蜗杆的螺纹头数（即本节开始所说螺旋角很大的斜齿圆柱齿轮的齿数）；

d_0——滚刀的分度圆柱直径。

滚刀基本蜗杆的法向分度圆柱齿距为

$$p_{n0}=\pi m_n \tag{7-44}$$

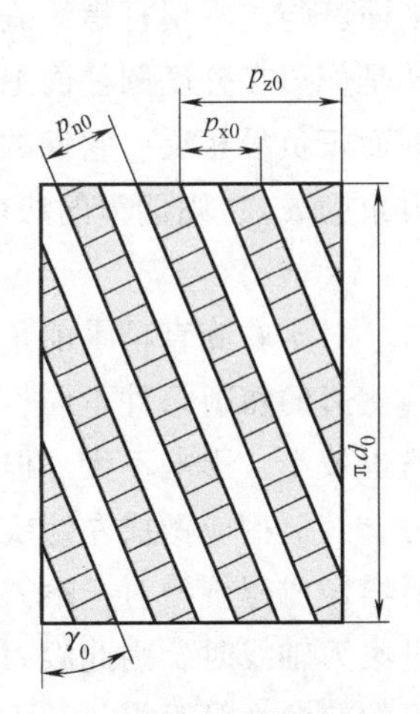

图7-13 基本蜗杆的分度圆柱面展开图

图7-13是 $z_0=2$ 的双头基本蜗杆螺纹在分度圆柱面上的截形展开图。由图可得基本蜗杆的轴向齿距为

$$p_{x0}=\frac{p_{n0}}{\cos\gamma_0}=\frac{\pi m_n}{\cos\gamma_0} \tag{7-45}$$

当 $z_0>1$ 时，基本蜗杆的导程为

$$p_{z0}=p_{x0}z_0=\pi d_0\tan\gamma_0 \tag{7-46}$$

7.3.2 齿轮滚刀的结构

1. 齿轮滚刀的结构型式

(1) 整体式滚刀　中小模数的齿轮滚刀往往做成整体式，如图 7-14 所示。总体而言，冶炼整体式高速钢滚刀用得比较多，但汽车变速器齿轮加工中，由于批量大，为了达到极高的生产率，粉末冶金高速钢和整体式硬质合金滚刀的应用越来越多。

齿轮滚刀国家标准 GB/T 6083—2016 中规定了压力角 20°、模数 0.5~40mm 带端面键或轴向键的单头和多头整体式齿轮滚刀的基本型式和尺寸。多头齿轮滚刀的头数 z_0 可以为 1~7。

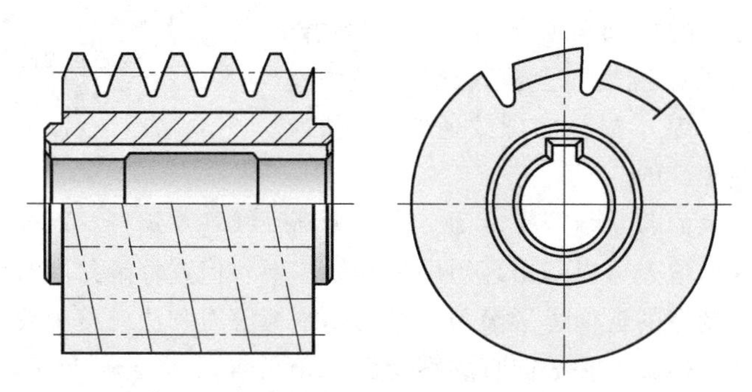

图 7-14　整体式齿轮滚刀

为了便于制造、重磨和检查滚刀齿形，齿轮滚刀的容屑槽一般做成直槽，而前刀面是通过滚刀轴线的一个平面，故顶刃的前角是 0°，这样的滚刀称为直槽零前角滚刀。图 7-15a 是右旋直槽零前角滚刀的刀齿在滚刀分度圆柱面上的截形展开图。前刀面 1 与侧后刀面 2 和 2′交点位于左、右两侧刃上。倾斜的直线 c 和 e 表示滚刀基本蜗杆螺纹表面与分度圆柱面的截线展开图。由于滚刀切削时其基本蜗杆螺纹表面与被加工齿轮的齿面啮合，所以刀齿的切削平面就与基本蜗杆螺纹表面相切。这样，前刀面的截线 $\overline{ab}$ 与直线 c 和 e 的垂线之间的夹角，就是侧刃在分度圆柱面上的前角。由图 7-15a 可知，刀齿左、右两侧刃的这种前角绝对值相等而正负号相反，它们的绝对值等于滚刀基本蜗杆的分度圆柱导程角 λ_0。设侧刃的轴向压力角为 α_{x0}，则侧刃的法前角 γ_n 可用下式表示：

$$\tan\gamma_n=\pm\tan\gamma_0\cos\alpha_{x0} \tag{7-47}$$

对于右旋直槽零前角滚刀来说，右侧刃的法前角为正值，左侧刃的法前角为负值，因而两侧刃的切削条件不同，磨损情况也不同。当滚刀的导程角 γ_0 不大时，左侧刃负前角绝对值也较小，影响不大。但当 $\gamma_0>5°$ 时，就不宜采用直槽，而应采用螺旋槽：对于右螺旋滚刀，容屑槽应做成左螺旋，其螺旋角 β_k 等于滚刀的导程角 γ_0，即 $\beta_k=\gamma_0$（图 7-15b）。当容屑槽做成螺旋槽时，滚刀的前刀面是螺旋面，它在滚刀端剖面中的截线是直线，当此直线通过滚刀轴线时，则此滚刀称为螺旋槽零前角滚刀。用这样的滚刀加工齿轮时，其左、右两侧刃的前角都等于零。

(2) 镶齿式滚刀　模数大于 10 的齿轮滚刀经常做成镶齿式的，图 7-16 所示为用机械装

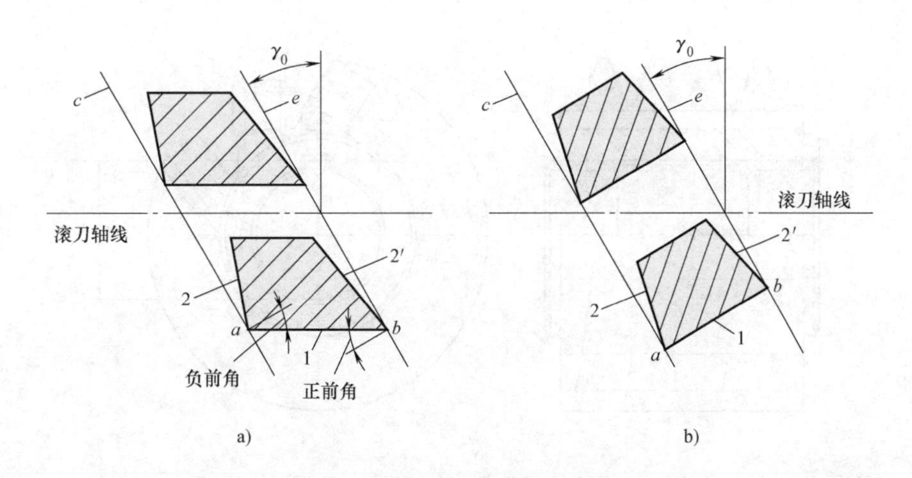

图 7-15 直槽和螺旋槽滚刀侧刃前角

a）直槽 b）螺旋槽

1—前刀面 2、2′—侧后刀面

夹法固定高速钢刀条的滚刀。在刀体 1 上开出平行于滚刀轴线的直槽，槽的一面有 $5°{}_{-15'}^{\ 0}$ 的斜面，刀条 2 的底部有 $5°{}_{\ 0}^{+15'}$ 的斜面。在热处理后，刀槽与刀条的接触面均需磨过，然后把刀条沿半径方向压入刀槽内，并在滚刀的两头磨出刀条和刀体共有的两个圆柱形凸肩，再把套环 3 加热到 300℃后，套到凸肩上去。套环冷却后，孔径减小，因而紧紧地把刀条压在刀体上。当滚刀模数大于 22 时，还要用螺钉把套环压紧在刀体的端面上。

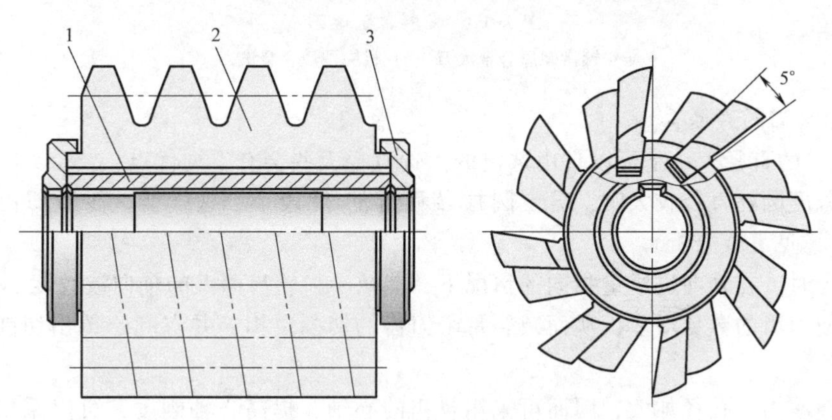

图 7-16 热套的镶齿式滚刀

1—刀体 2—刀条 3—套环

图 7-17a 所示为在刀体上焊有硬质合金刀片的，顶刃前角为-30°的括削滚刀，它是用来加工（括削）淬火以后的齿轮的，它可以纠正齿轮淬火后的变形误差，并能降低齿面的表面粗糙度。图 7-17b 所示为采用特制刀片的机夹硬质合金滚刀。一个左侧刃刀片、一个右侧刃刀片和一个顶刃刀片为一组，相当于整体滚刀的一个刀齿。这种滚刀由于左、右侧刃和顶刃是独立的刀片，滚齿时依次进入切削，减轻了整体滚刀一个刀齿的三个切削刃同时进入切削造成的冲击，使得切削过程较为平稳。

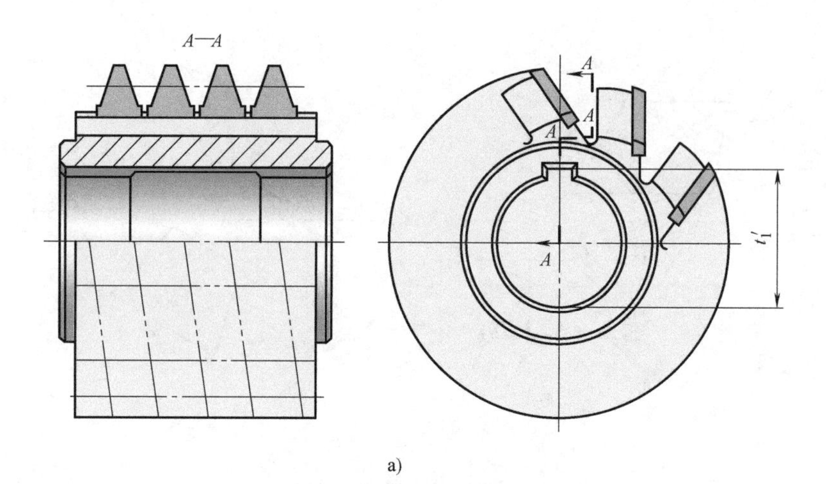

a)

b)

图 7-17　硬质合金滚刀

a）镶齿硬质合金滚刀　b）机夹硬质合金滚刀

2. 齿轮滚刀的直径

齿轮滚刀的直径大小是可以自由选定的。选直径大些会有下列优点：

1）当分度圆柱直径较大时，分度圆柱导程角 γ_0 就较小，这样能减少近似齿形滚刀的齿形误差（详见下节分析）。

2）滚齿时，在轴向进给量相同的情况下，能减小齿轮齿面上的轴向波纹度。

3）能使刀齿的数目增多，从而减轻每个刀齿的切削负担，并有利于传出切削热和降低切削温度。

4）能使滚刀的孔径加大，因而可采用较粗的心轴，提高心轴刚度，可以采用较大的切削用量滚齿。

但是如果滚刀直径过大，也有下列缺点：

1）不但浪费高速钢，而且滚刀的制造、刃磨和安装都不方便。

2）会使滚齿机刀架内部的传动零件受到较大的扭矩，切削时容易发生冲击振动，影响加工精度。

3）会增加滚齿时的切入长度和切入时间，影响生产效率。滚刀的外径一般为

$$d_{a0} \geqslant 2\left(t_1' - \frac{d}{2} + \delta + H_k\right) \tag{7-48}$$

式中　t_1'——键槽尺寸，即键槽底面到对面孔壁的距离（图 7-17a）；

d——滚刀孔的直径，$d \approx (0.20 \sim 0.45) d_{a0}$；

δ——滚刀刀体的壁厚，$\delta \approx (0.25 \sim 0.30) d$；

H_k——容屑槽深度。

3. 齿轮滚刀的长度

齿轮滚刀的长度，无论对滚刀的设计者还是滚刀的使用者来说，都是应该重视的一个问题。滚刀的长度应能满足三项要求：

1）滚刀端头的刀齿不可负荷过重。

2）滚刀必须完整地包络出被加工齿轮的齿形。

3）为了使滚刀整个长度上的刀齿磨损均匀，减少滚刀的重磨次数，增加每两次重磨之间的使用寿命，滚刀还应有充分的“窜刀”长度。

根据第一项要求，在滚齿时，考虑滚刀开始碰到齿轮坯是在齿轮坯转入的一边的上端面外圆 E 点处（图 7-18），所以这一边的最小长度应为

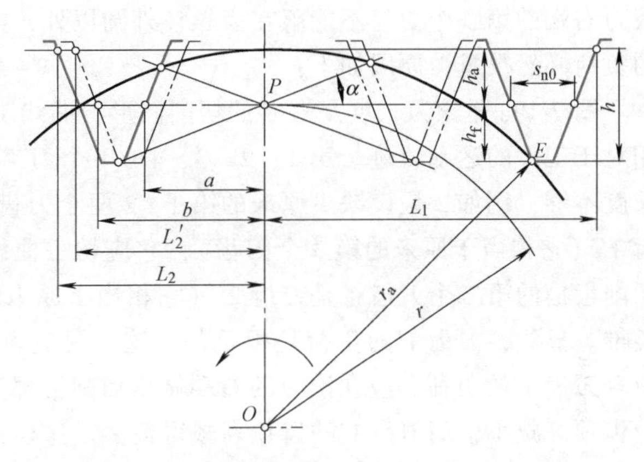

图 7-18 滚刀的最小长度

$$L_1 \approx \sqrt{(2r_a - h)h} + s_{n0} \tag{7-49}$$

式中 r_a 和 s_{n0}——齿轮的顶圆半径和滚刀的法向分度圆齿厚。

显然，L_1 是随齿轮外径（$2r_a$）增大而增大的。

根据第二项要求，在齿轮坯转入和转出的每边，滚刀都应有足够包络齿轮齿形所需的长度。在转入的一边，滚刀起包络作用的长度已包括在 L_1 之内，所以只需考虑在转出的一边滚刀起包络作用的长度 L_2，并考虑最后一个刀齿的必要厚度，有

$$L_2 = a + s_{n0} + h_a \tan\alpha = r(\tan\alpha_a - \tan\alpha) + s_{n0} + h_a \tan\alpha \tag{7-50}$$

式中 α——被加工齿轮的压力角；

α_a——被加工齿轮的齿顶圆压力角；

r——齿轮的分度圆半径。

L_2 是考虑齿轮牙齿左侧面齿顶最后切成的情形，若考虑右侧面齿根处最后切成的情形，则在齿轮坯转出的一边必须起包络作用的长度为

$$L_2' = b + h_a \tan\alpha = \frac{h_f}{\sin\alpha\cos\alpha} + h_a \tan\alpha \tag{7-51}$$

但因在一般情况下，$L_2 > L_2'$，所以满足上述的前两项要求的滚刀最小长度为（$L_1 + L_2$）。按这样计算得到的长度，还应考虑下列因素而加以修正。

由于滚刀的刀齿是按螺旋线排列的，所以在滚刀的两头有几个不完整的（残缺的）刀齿，计算长度时，不应把它们计算在最小长度之内。

加工齿轮时，滚刀轴线与工件端面倾斜一定角度，因而滚刀的长度须相应地增长。但因 γ_0 一般不超过 7°，这项修正的影响不超过 0.6%，可以不予考虑。当加工斜齿齿轮时，滚刀轴线与工件端面的夹角往往较大（为什么？），此时必须考虑增加滚刀的长度，或在滚刀的端部做出切削锥部。

以上讨论的是满足前面所讲的前两项要求的最小滚刀长度。在大批量生产中，为了减少换刀次数，普遍采用长度远大于（L_1+L_2）的滚刀。数控滚齿机在滚齿过程中可以自动连续“窜刀”，一把滚刀相当于几把滚刀，一次重磨可以加工很多件齿轮，节省了大量的换刀时间。

4. 滚刀的切削锥部

当被加工齿轮的模数和直径较大时，按上述要求的滚刀长度也较大。假如滚刀的长度不够，如图 7-18 中在保证前述的第二项要求（即滚刀应完整地包络出齿轮的齿形）的前提下，滚刀右端的第一个刀齿不能落在齿轮坯外圆以外，则当滚刀沿工件轴线进给时，第一个刀齿的负荷必然很重，原因如下：

图 7-19a 是滚刀长度足够时的切削图形，曲线 1、2、3、4……分别表示各个刀齿切削时相对于工件的运动轨迹。第 1、2、3、4……个刀齿各切去面积 a、b、c、d……。如果滚刀长度不够，例如，假设缺少原来的第 1、2 两个刀齿，则实际切削齿槽的第一个刀齿将是刀齿 1′（它相当于原来的第 3 个刀齿），它应切去曲线 3 以上的全部面积（即 $a+b+c$）；实际切削齿槽的第二个刀齿将是刀齿 2′（它相当于原来的第 4 个刀齿），它应切去面积 d；其余类推。显然，刀齿 1′的负荷是很重的，这就是它可能断裂的主要原因。在此情况下，为了减轻刀齿 1′的负荷，应在滚刀的右端做出切削锥部（图 7-20），它使滚刀右端部的一些刀齿的齿顶高减小，而刀齿 1′的齿顶高减得最多。这样，刀齿 1′只切去面积 A（图 7-19b），而它把原来较大的负荷（$a+b+c$）分给后边的几个刀齿共同负担了。圆柱部分的刀齿（除这部分的第一个刀齿外）不改变原来的负荷。在切直齿齿轮时，滚刀的切削锥部位于齿轮坯转入的一边，其长度等于滚刀的两个轴向齿距，锥角 $2\varphi_k=18°\sim30°$。

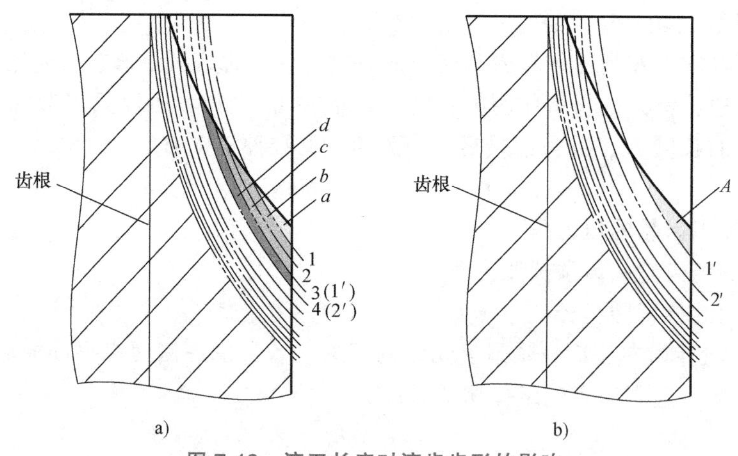

图 7-19 滚刀长度对滚齿齿形的影响

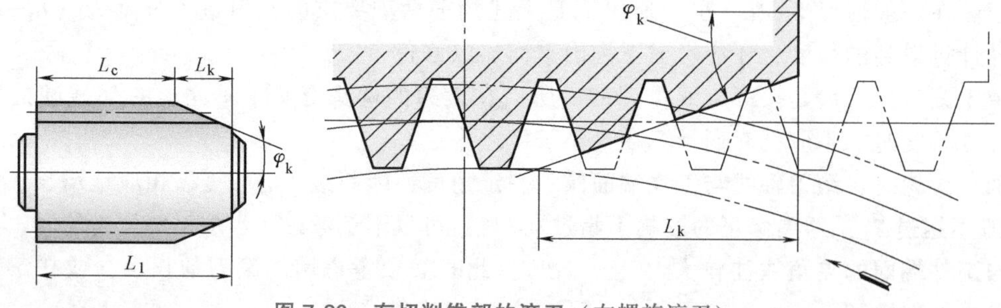

图 7-20 有切削锥部的滚刀（右螺旋滚刀）

切削螺旋角较大的齿轮时，滚刀的轴线倾斜得比较厉害。这时候，即使齿轮直径不很大，但要求滚刀的长度还是较大的，很可能因滚刀长度不够而使第一个刀齿过载，这也就有必要做出切削锥部来。当滚刀的螺旋方向与齿轮的螺旋方向不同时，切削锥部位于齿轮坯转入的一边。反之，当螺旋方向相同时，则做在齿轮坯转出的一边。当齿轮螺旋角大于20°时，就应当在滚刀上做出切削锥部。

为了使滚刀轴线的安装倾斜角不太大，滚刀的螺旋方向应与被加工齿轮的螺旋方向相同。这样，切削锥部总是做在齿轮坯转出的一边。

7.3.3 阿基米德齿轮滚刀的齿形误差

在本章7.3.1中讲过，生产中普遍使用的齿轮滚刀是阿基米德滚刀。它与渐开线滚刀相比，其齿形是有误差的。这个误差就是由于其基本蜗杆是阿基米德蜗杆，而不是渐开线蜗杆。当这两种蜗杆的模数、螺纹头数、分度圆柱直径、法向压力角、导程、齿厚和齿高等都分别相同时，那么唯一不同的就是齿形。以轴向齿形来说，渐开线蜗杆的轴向齿形是曲线（图7-21中的虚线），而阿基米德蜗杆的轴向齿形是直线（图7-21中的实线）。这两种齿形相切于分度圆柱面上。由此可知，若以渐开线滚刀的齿形为基准，则阿基米德滚刀的齿形在分度圆柱面上的误差为零，而越到齿顶和齿根误差就越大。图中的$\Delta f_{x,a}$和$\Delta f_{x,i}$分别为齿顶和齿根处的最大轴向齿形误差。

用滚刀加工齿轮时，滚刀和工件相当于一对螺旋齿轮啮合，滚刀的齿形误差是沿其基圆柱切平面内的啮合线方向传递到工件上去的（什么是啮合线?）。这个切平面与渐开线基本蜗杆螺纹表面的交线是一条直线A（图7-22），它与蜗杆端面的夹角等于基圆柱导程角γ_b；而这个切平面与阿基米德基本蜗杆螺纹表面的交线是一条曲线B（为什么是曲线?），它与直线A在分度圆柱面上相切。图中的$\Delta f_{n,a}$和$\Delta f_{n,i}$分别为阿基米德滚刀在齿顶和齿根处的最大法向齿形误差。由计算可知，$\Delta f_{n,i} > \Delta f_{n,a}$，所以通常就把$\Delta f_{n,i}$称为阿基米德滚刀的齿形误差。

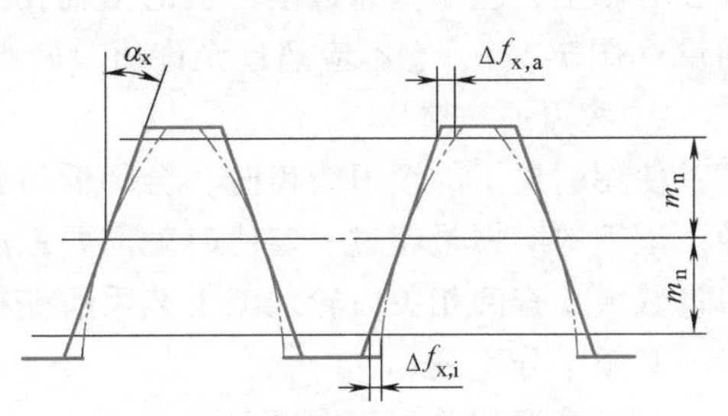

图7-21 渐开线滚刀与阿基米德滚刀的轴向齿形比较

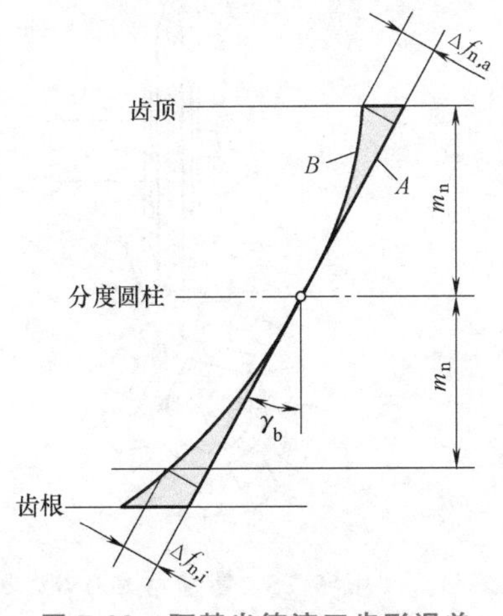

图7-22 阿基米德滚刀齿形误差

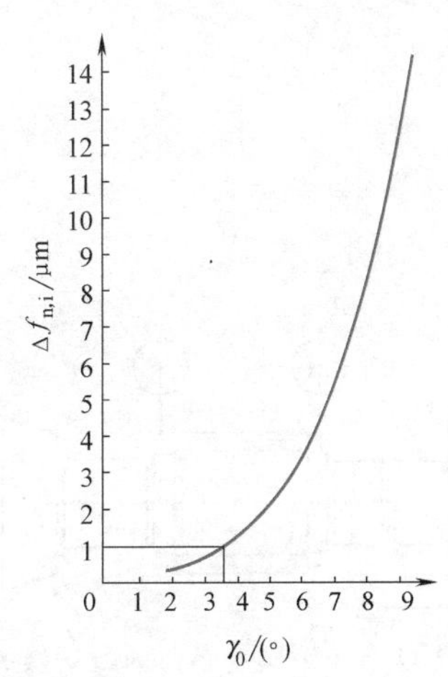

图7-23 齿形误差与导程角的关系

由计算可知，阿基米德滚刀基本蜗杆的分度圆柱导程角 γ_0 越小，则其齿形误差越小（为什么？），如图 7-23 的曲线所示，所以精加工用的阿基米德齿轮滚刀通常做成较大的分度圆柱直径，目的就是使其导程角较小，从而减小滚刀的齿形误差。

由图 7-21 和图 7-22 可以看出，阿基米德蜗杆的螺纹在齿顶和齿根处都比渐开线蜗杆的螺纹宽一些，所以用阿基米德滚刀切出的齿轮齿形与正确的渐开线齿轮齿形相比，在齿顶和齿根处就窄一些，这就使得齿轮的齿顶部分以及齿根部分得到轻微的修形，因而对于高速重载齿轮能减轻啮合时的干涉和噪声。

7.3.4 齿轮滚刀的合理使用

1. 齿轮滚刀的选用和合理安装

在加工齿轮时，选用适当的滚刀是很重要的。滚刀的法向模数和法向压力角应选得与被加工齿轮的法向模数和法向压力角相同，同时还应注意滚刀的精度等级是否与齿轮要求的精度等级相匹配。用低精度滚刀加工不出高精度齿轮，用过高精度的滚刀加工一般精度要求的齿轮也是不合理的。国家标准齿轮滚刀通用技术条件 GB/T 6084—2016 中规定了标准齿轮滚刀的精度等级有 4A 级、3A 级、2A 级、A 级、B 级、C 级和 D 级共 7 级，4A 级精度最高。

在不发生干涉的前提下，滚刀的心轴应选得尽可能短，以增强刚度和减小振动。滚刀安装在心轴上，应尽量靠近滚齿机的主轴孔一端，并要用千分表检查滚刀两端轴台的径向圆跳动量（图 7-24），它不应超过允许值，两端的跳动方向也应一致，以免滚刀轴线安装偏斜。

2. 滚刀的重磨

使用磨损了的滚刀滚齿时，会降低齿轮的齿形精度和恶化表面质量，还会加剧机床的振动。滚刀的磨损量超过一定值时就需要重磨前刀面，许用磨损量可以根据粗切、精切以及滚刀模数大小查阅相关齿轮加工工艺手册获得。滚刀的重磨精度对于滚刀的齿形精度有很大影响，必须十分重视。

直槽滚刀的前刀面是平面，可以用直母线的锥形砂轮来重磨。图 7-25 中所示为重磨（或刃磨）滚刀时砂轮的位置，需用样板来对准，使砂轮的锥面母线方向通过滚刀轴线。在数控滚刀刃磨机床上，砂轮的位置由数控系统精确定位，滚刀的轴向位置普遍采用测头测量来精确定位，可以实现精确刃磨。

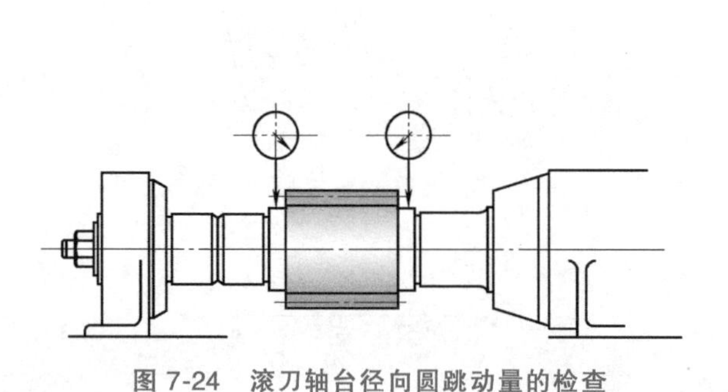

图 7-24　滚刀轴台径向圆跳动量的检查

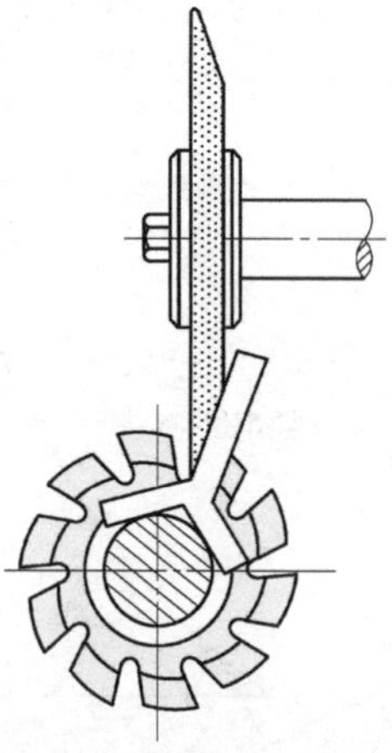

图 7-25　零前角滚刀刃磨时砂轮的相对位置

3. 重磨滚刀时产生的误差及其检验方法

重磨或刃磨滚刀时可能产生的误差主要有三项：

（1）前刀面径向性误差　这是由于砂轮和滚刀的相对位置调整不准确而引起的。由于前刀面不通过滚刀轴线（图7-26a、d），使刀齿的齿形发生了畸变（图7-26b、e），从而导致加工出来的齿轮齿形也产生了误差（图7-26c、f）。

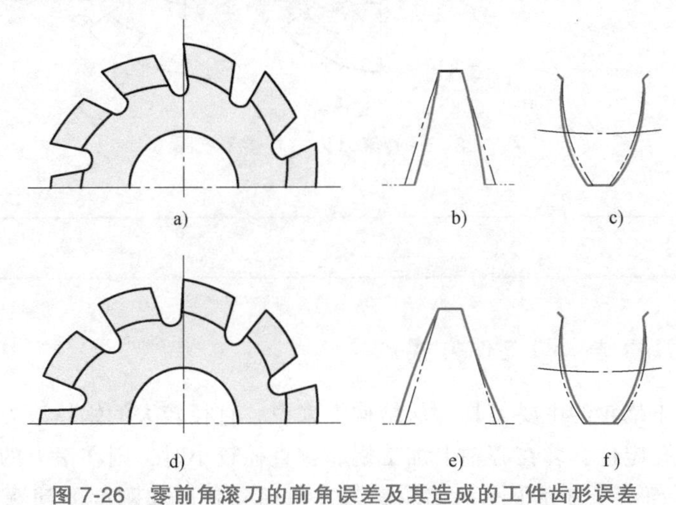

图7-26　零前角滚刀的前角误差及其造成的工件齿形误差

（2）前刀面与滚刀轴线的平行性误差　这是因为滚刀在磨刀机床上的安装误差引起的。这种误差会使滚刀各刀齿的侧刃依次而逐渐地离开正确的基本蜗杆表面，而顶刃的外径也形成锥度。这样的滚刀切出的齿轮齿形会向一侧歪斜，使齿的两侧齿形不对称，如图7-27所示。

（3）圆周齿距误差　这是因为磨刀机床的分度机构不准确而引起的。滚刀侧后刀面是经过铲磨的，当圆周齿距不相等时，各刀齿的齿厚就大小不均匀，因而各侧刃就不在同一个基本蜗杆的螺纹表面上，这样就造成工件上不规则的齿形误差。

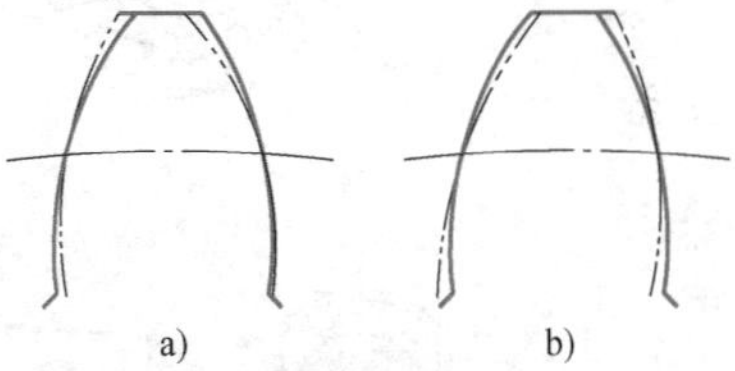

由于这三项误差都影响滚刀的精度，所以滚刀在重磨（或刃磨）后，应对这些项目进行如下检验：

a)　b)

图7-27　前刀面与滚刀轴线的平行性误差引起的工件齿形误差

检验零前角滚刀的前刀面径向误差时（图7-28b），预先把千分表测头的位置用校正心轴调整好（图7-28a），心轴上的切口平面通过心轴中心，因而能保证测头对准滚刀中心。检验时，将千分表沿滚刀的半径方向移动，即可测出前刀面的径向性误差。

检查直槽滚刀前刀面与滚刀轴线的平行性误差时（图7-28b），只需将千分表沿滚刀的轴线方向移动即可。

图7-28c是测量圆周齿距误差的情况。这项误差通常是以圆周齿距的最大累积误差表示的。测量方法与测量齿轮的累积误差相同，即先测出各齿的相邻圆周齿距误差，然后计算出最大累积误差。

一般的齿轮检测中心都可以测量滚刀精度，滚刀重磨后可以在齿轮检测中心方便准确地测量上述三项精度。测量原理与前面说明的相同。

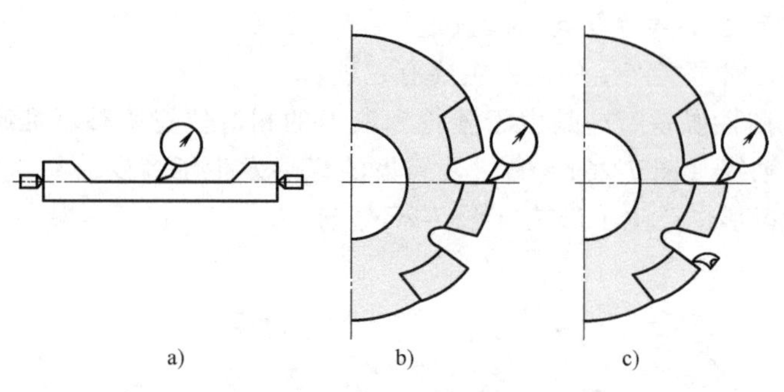

图 7-28　检验滚刀刃磨质量示意图

7.4　蜗轮滚刀

7.4.1　蜗轮滚刀的结构和工作方式

蜗轮滚刀是加工蜗轮的主要刀具。从结构上来说，直径较大的蜗轮滚刀是在刀体内做出孔和轴向键槽，以孔定位套装在心轴上加工蜗轮；直径较小时，则在滚刀的端面上做出端面键槽（图 7-29a）；而对于直径很小的蜗轮滚刀，考虑到强度和刚度的问题，就不能在刀体内做出孔，此时必须将滚刀做成连柄式，即滚刀与心轴连成一个整体，如图 7-29b 所示。

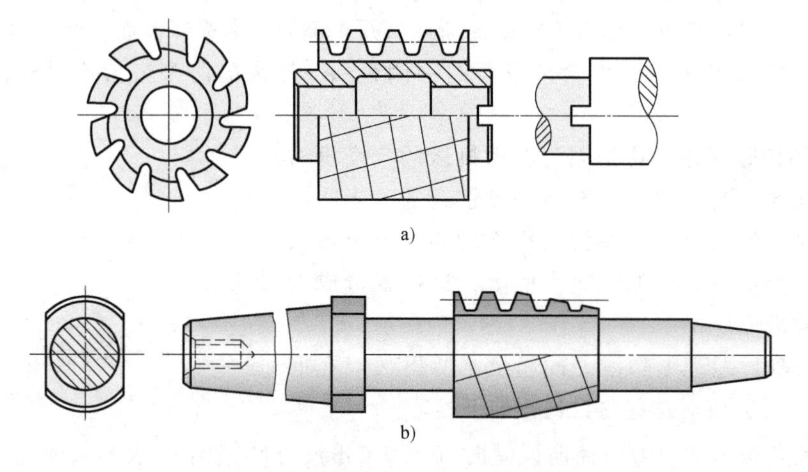

图 7-29　套装式和连柄式蜗轮滚刀

蜗轮滚刀在外观上与齿轮滚刀很相似，但其工作方式和设计原理与齿轮滚刀有很大的差别。蜗轮滚刀在切削蜗轮时，模拟着“工作蜗杆”（即与被加工蜗轮相啮合的蜗杆）与蜗轮的啮合过程，即滚刀与蜗轮的轴交角应等于工作蜗杆与蜗轮的轴交角；滚刀与蜗轮的中心距（当滚刀切出蜗轮全部齿形时的中心距）应等于工作蜗杆与蜗轮的啮合中心距；滚刀的轴线也应与工作蜗杆的轴线一样位于蜗轮的中间平面内。

从设计原理来说，齿轮滚刀的基本蜗杆型式可以自由选择，它可以采用渐开线蜗杆，也可以采用阿基米德蜗杆或法向直廓蜗杆，其直径的大小、螺纹头数的多少、螺旋方向是左是右等，理论上也都可以自由选择。但蜗轮滚刀却没有这些自由。由于它模拟工作蜗杆的作用，所以它的基本几何参数必须与工作蜗杆相同，只有个别参数（如外径等）可稍加变动。因此如果说齿轮滚刀是加工相同模数和压力角的所有齿轮的通用刀具，那么蜗轮滚刀则是仅能加工一种蜗轮的专用刀具。

由于工作蜗杆的直径往往较小、螺纹头数较多，因而螺旋导程角较大，那么蜗轮滚刀也必须是这样。因此，为了使蜗轮滚刀的刀齿两侧刃有相同的切削角度（都是0°），蜗轮滚刀的容屑槽大多做成螺旋槽。

蜗轮滚刀切削蜗轮时，可采用两种不同的进给方式：径向进给方式（图7-30a）和切向进给方式（图7-30b）。用径向进给方式时，滚刀每转一周，蜗轮转过的齿数应等于滚刀的头数，这样就形成了展成运动。同时，滚刀沿着蜗轮半径方向进给，逐渐切入蜗轮材料，直到规定的中心距为止，滚刀再把工件切几圈，包络出蜗轮的完整齿形。用径向进给切削蜗轮时，滚刀每个刀齿是在相对于蜗轮轴线的一定位置切出齿形上一定的部位，因而蜗轮齿形是由有限的切线数包络出来的，往往两条包络切线之间的棱面高度较大，即蜗轮齿面的表面粗糙度较差（为什么?）。

用切向进给方式时，必须把滚刀和蜗轮的中心距调整到等于规定的中心距，而滚刀沿自己的轴线方向逐渐切入蜗轮。同时，需有如下的展成运动：滚刀每转一周，蜗轮除了要转过与滚刀头数相等的齿数外，还需有附加的转动。为了减轻第一个切入刀齿的负荷，切向进给的蜗轮滚刀必须在前端做有切削锥部，锥角 $\varphi_k=11°\sim13°$。切削锥部的位置，可按下述原则确定：面对滚刀的前刀面，左螺旋滚刀的切削锥部在左端（图7-31a），右螺旋滚刀的切削锥部在右端（图7-31b）。

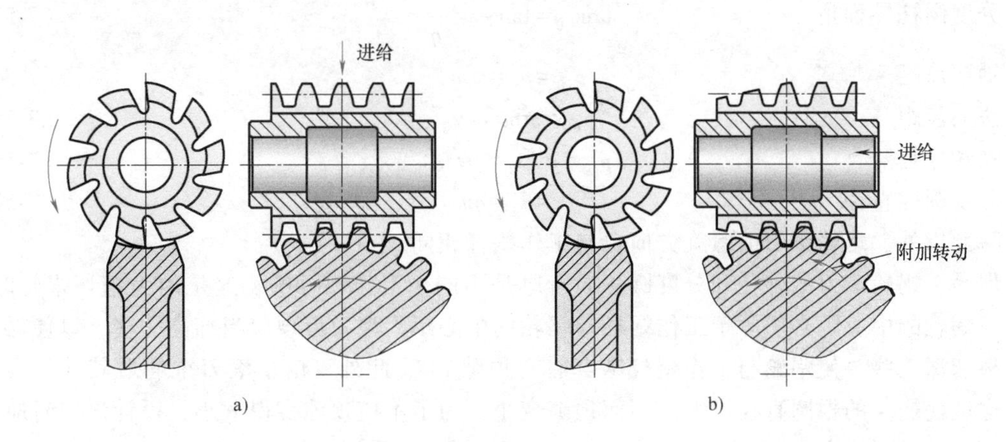

图7-30　蜗轮滚刀的进给方式

用切向进给方式加工蜗轮可以得到表面粗糙度值较低的加工表面，这是因为在切向进给时，包络蜗轮齿形的切线数目不仅与滚刀的刀齿数目有关，而且还与滚刀沿轴线方向的进给量大小有关。当滚刀切向进给时，每个刀齿在蜗轮上的造形点是不断改变位置的，切向进给量越小，包络蜗轮齿形的切线数目就越多，因而得到的齿面表面粗糙度值越低。此外，因切向进给滚刀有切削锥部，各刀齿的切削负荷比较均匀，因而滚刀的寿命也较长。但是切向进给方式的生产效率较低，而且用机械式滚齿机时需要专用的切向刀架，同时传动链也较长，使得齿面精度有所降低。

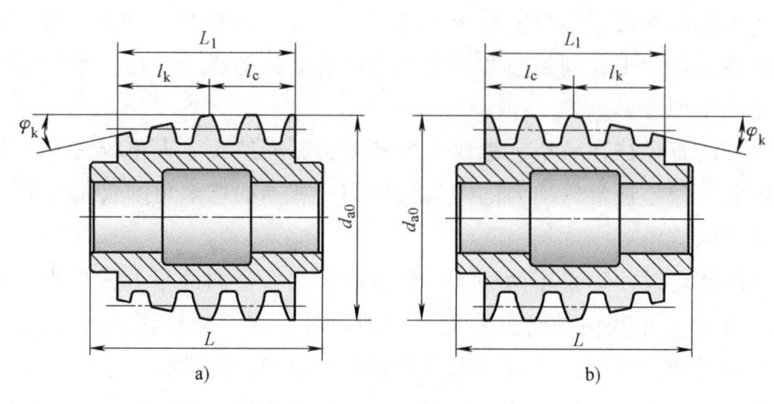

图 7-31　蜗轮滚刀的切削锥部

7.4.2　阿基米德蜗轮滚刀的设计计算

1. 滚刀基本参数和尺寸

如前所述，蜗轮滚刀的基本蜗杆必须符合工作蜗杆，不但蜗杆的类型要相同，而且它们的主要尺寸也应相同。阿基米德型的工作蜗杆是以轴向模数 m 和轴向压力角 α_x 表示的，所以阿基米德蜗轮滚刀也是以这两个参数来表示。此外，这种滚刀的下列参数也与工作蜗杆相同：

螺纹头数
$$z_0 = z_1 \tag{7-52}$$

分度圆柱导程角
$$\tan\gamma_0 = \tan\gamma_1 = \frac{z_1}{q} \tag{7-53}$$

轴向齿距
$$p_{x0} = p_x = \pi m \tag{7-54}$$

法向齿距
$$p_{n0} = \pi m\cos\gamma_0 \tag{7-55}$$

螺纹导程
$$p_{z0} = p_{x0} z_1 = \pi m z_1 \tag{7-56}$$

分度圆柱直径
$$d_0 = d_1 = qm \tag{7-57}$$

除此以外，蜗轮滚刀的螺旋方向也与工作蜗杆相同。

但是，蜗轮滚刀的外径和分度圆法向齿厚是不同于工作蜗杆的。这是因为精切蜗轮时，滚刀与蜗轮的中心距必须等于工作蜗杆与蜗轮的中心距，滚刀齿顶应当加高一些，以便对蜗轮齿根切深一些，使蜗轮与工作蜗杆啮合时有顶隙 c_{21}。此外，由于滚刀重磨后其外径会减小，这就使蜗轮的根圆直径增大，因而顶隙变小。为了不使顶隙变得太小，设计滚刀时应预先把滚刀外径再加大一些（半径加大 0.1m），所以新滚刀的外径应为

$$d_{a0} = d_{a1} + 2(c_{21} + 0.1m) \tag{7-58}$$

式中　d_{a1}——工作蜗杆的外径。

滚刀重磨到最后时，允许的最小外径为

$$d_{a0\,\min} = d_{a1} + c_{21} \tag{7-59}$$

这样，新滚刀的齿顶高为

$$h_{a0} = \frac{d_{a0} - d_0}{2} \tag{7-60}$$

全齿高为

$$h_0=\frac{d_{a0}-d_{f0}}{2} \quad (7\text{-}61)$$

式中 d_{f0}——滚刀的根圆直径，它等于工作蜗杆的根圆柱直径。

滚刀重磨后，分度圆柱齿厚随之减小。在中心距不允许改变的条件下，这将使蜗轮的齿厚增大，因而侧向间隙减小，所以设计时也须将新滚刀的分度圆柱法向齿厚预先加大 Δs_{n0}。这样，新滚刀的分度圆柱法向齿厚为

$$s_{n0}=\frac{\pi m}{2}\cos\gamma_0+\Delta s_{n0} \quad (7\text{-}62)$$

式中 Δs_{n0}——按照蜗轮副的保证侧隙类别及蜗轮精度选取的最小减薄量 $\Delta_m s$ 数值的一半。

需要说明的是，按上述原理和方法设计的蜗轮滚刀加工出的蜗轮与蜗杆理论上是线接触的，即在蜗杆的每一个转角位置，蜗杆与蜗轮齿面都沿一条曲线相切接触。这种齿面对加工误差和蜗杆传动系统受力变形很敏感，容易产生偏载。所以，在传递动力的蜗杆传动中，往往采用“增径滚刀”，即滚刀基本蜗杆的分度圆直径大于工作蜗杆的分度圆直径，实现对蜗轮齿面的修形，降低对加工误差和受力变形的敏感性。用增径滚刀滚切蜗轮时滚刀与蜗轮的轴交角不等于工作蜗杆与蜗轮的轴交角，中心距也不等于工作蜗杆与蜗轮的中心距。这种滚刀的设计原理涉及更专业的内容，本书就不讨论了。

2. 滚刀的铲削量

滚刀的后角是由径向铲齿获得的。由于螺旋槽和直槽的滚刀，为了使其端剖面内能铲出顶刃后角 α_p，则铲削量 k 应为（参阅本书第 4 章铲齿成形铣刀的相关内容）

$$k=\frac{\pi d_{a0}}{2}\tan\alpha_p \quad (7\text{-}63)$$

滚齿时，考虑滚刀顶刃的工作后角 α_p'是在顶刃后刀面的螺纹方向较为合理，而 α_p'与 α_p 的关系为

$$\tan\alpha_p\approx\tan\alpha_p'\cos\gamma_0 \quad (7\text{-}64)$$

将此式代入式（7-63），则得径向铲削量为

$$k\approx\frac{\pi d_{a0}}{z_k}\tan\alpha_p'\cos\gamma_0 \quad (7\text{-}65)$$

通常取 $\alpha_p'=10°\sim12°$。

3. 蜗轮滚刀的长度

径向进给滚刀的切削部分长度为

$$L_1=l_1+\pi m \quad (7\text{-}66)$$

式中 l_1——工作蜗杆螺纹部分的长度。

切向进给滚刀的切削部分长度为（图 7-31）

$$L_1=l_k+l_c=(4.5\sim5)\pi m \quad (7\text{-}67)$$

式中 l_k——滚刀切削锥部的长度，$l_k=(2.5\sim3)\pi m$；

l_c——滚刀圆柱部分的长度，$l_c=2\pi m$。

套装滚刀的两端还需做有轴台，其作用与齿轮滚刀的轴台相同。

连柄滚刀的锥柄尺寸及支承轴的直径按滚齿机的装夹部分尺寸确定。为了装夹可靠，锥柄内做有拉紧用的内螺纹，并在锥柄大端铣出扁体，用以插入主轴孔中传递扭矩。滚刀切削

部分与刀柄之间以及与支承轴之间都做有颈部，其半径应小于滚刀槽底的半径，以便铣刀铣容屑槽时能自由通过。颈部长度根据工件的最大直径确定，必须保证当滚刀切到蜗轮的全齿高时，蜗轮轮缘与滚齿机刀架左、右支架之间仍留有一定的间隙。连柄滚刀的总长度是切削部分、刀柄、支承轴及两段颈部长度的总和。当决定切向进给的连柄滚刀的总长度时，还需考虑切向切入的长度。

4. 圆周齿数的选择

设计蜗轮滚刀时，如何选择其圆周齿数 z_k（即容屑槽数）是一个相当重要的问题。选得是否恰当，对于被加工的蜗轮齿形精度和表面粗糙度以及滚刀刀齿的切削负荷都有很大的影响。这是由于蜗轮滚刀的直径一般较小，z_k 不可能很多；又因蜗轮滚刀往往是多头的，在包络蜗轮齿形的区域内，每个头上的刀齿数目是较少的；而用径向进给切削蜗轮时，滚刀上每个刀齿都是在一个固定的铅垂面内切削蜗轮（当轴交角为90°时）。由于这些原因，包络蜗轮的切削刃数目就相对较少，齿形上的棱面高度就较大，因而齿形精度和表面粗糙度就较差。

（1）径向进给蜗轮滚刀的圆周齿数　前已述及，蜗轮滚刀的螺纹头数 z_0 应当等于工作蜗杆的螺纹头数 z_1。由于这一原因，在设计蜗杆副时，就应注意当 $z_1 \geqslant 2$ 时，蜗轮的齿数 z_2 最好不是 z_1 的整数倍，或 z_2 与 z_1 没有公因数。这样，则蜗轮滚刀每条螺纹上的刀齿都能切削蜗轮的每个齿槽，因而包络蜗轮齿形的切削刃数目就增多了（为什么?）。

在 z_2 不是 z_1 的整数倍或 z_2 和 z_1 没有公因数的前提下，圆周齿数 z_k 不应与螺纹头数 z_0 有公因数。例如，当 $z_0=2$ 时，可取 $z_k=7$（或9，11，…），而不可取 $z_k=8$（或10，12，…）。这是因为当 $z_0=2$ 而 $z_k=7$（或9，11，…）时（图7-32a），Ⅰ头上的刀齿 a，b，c，d，…分别地与Ⅱ头上的刀齿 a'，b'，c'，d'，…左右错开了，所以包络齿形的切削刃数目增加了一倍。而当 $z_0=2$，而 $z_k=8$（或10，12，…）时（图7-32b），Ⅰ头上的刀齿 a，b，c，d，…分别地与Ⅱ头上的刀齿 a'，b'，c'，d'，…在滚刀的同一个端剖面内，所以 a 和 a'、b 和 b'、c 和 c'……是在蜗轮齿形的相同位置切削，不能使包络齿形的切削刃数目有所增加。

当 z_2 不是 z_1 的整数倍但 z_2 与 z_1 有公因数时，按上述原则确定圆周齿数，也能使包络齿形的切削刃数目增加一些。当 z_2 是 z_1 的整数倍时，按上述原则确定圆周齿数，就不可能增加包络齿形的切削刃数目，此时，唯一的办法就是尽可能地增加滚刀的圆周齿数。

（2）切向进给蜗轮滚刀的圆周齿数　用切向进给蜗轮滚刀切削时，包络蜗轮齿形的切削刃数目与切向进给量的大小有关，进给量越小，包络齿形的切削刃数目越多，齿面的表面粗糙度值越低。设计这种滚刀时，圆周齿数主要是考虑刀齿的切削负荷而定。确定的原则是当蜗杆副的传动比（z_2/z_1）为分数时，圆周齿数 z_k 应为滚刀头数 z_0 的整数倍，或者它们有公因数；而当传动比是整数时，两个头上的刀齿互相调换切削上述的各个齿槽。

由于切向进给滚刀有切削锥部，而锥部上各刀齿的齿顶半径是不同的。但是，当 $z_0=2$，而 $z_k=8$（或10，12，…）时，两个头上序号相同的刀齿是在滚刀的相同端剖面内（图7-32b），所以Ⅰ头上的刀齿 a 和Ⅱ头上的刀齿 a'有相同的齿顶半径（其余类推），因而两个头上的刀齿切削的深度和宽度相同（图7-33b），也就是切削负荷相同。

如果 $z_0=2$ 而取 $z_k=7$（或9，11，…），则两个头上序号相同的刀齿不是在滚刀的相同端剖面内，而是左右错开了。图7-32a表示Ⅱ头上的刀齿偏在Ⅰ头上序号相同的刀齿的左边，即靠近锥部大端的一边，因而Ⅱ头上的刀齿 a'的齿顶半径就大于Ⅰ头上的刀齿 a 的齿

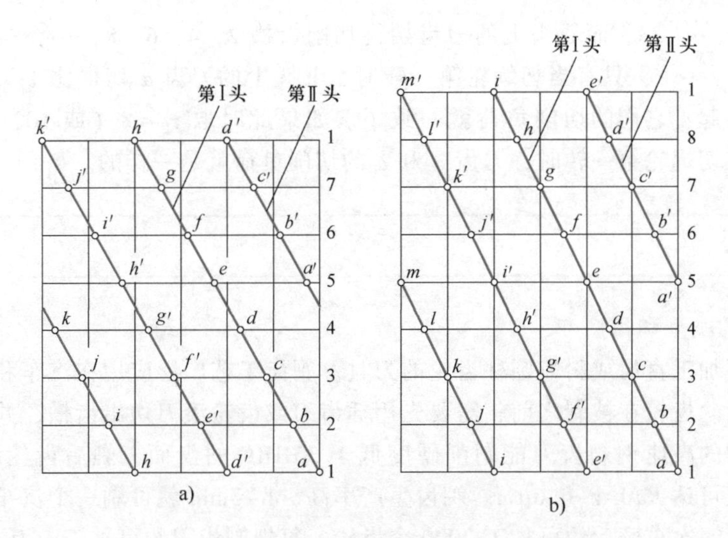

图 7-32　径向进给蜗轮滚刀圆周齿数的选择

顶半径（其余类推）。在切蜗轮的第一转时，Ⅰ头上的刀齿切齿槽 1，3，5，7，…，33 的深度和宽度较小，Ⅱ头上的刀齿切齿槽 2，4，6，8，…，32 的深度和宽度较大（图 7-33a）。当切削第二转时，两个头上的刀齿调换切削上述的各齿槽，所以Ⅱ头上的刀齿切齿槽 1，3，5，7，…，33，但这些齿槽原来切得较浅和较窄，所以Ⅱ头上的刀齿 a' 的切削负荷突然增大，而且当滚刀继续进给切入蜗轮时，Ⅱ头上的刀齿 a' 的切削条件总比Ⅰ头上的刀齿 a 为差，磨损较严重，降低了滚刀的寿命。

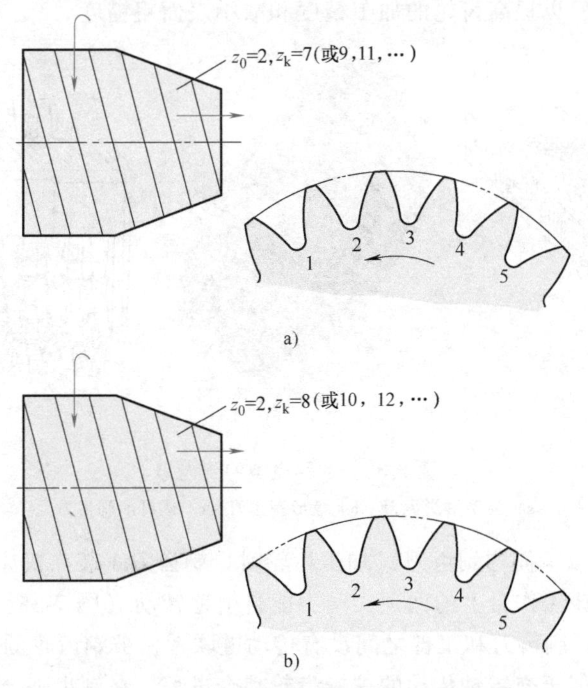

图 7-33　切向进给蜗轮滚刀圆周齿数的选择

如果 $z_0=z_1=2$，而 $z_2=34$ 时，传动比等于 17，是整数。此时Ⅰ头上的刀齿始终切削齿槽 1，3，5，7，…，33，而Ⅱ头上的刀齿始终切削齿槽 2，4，6，8，…，34。此时，即使 $z_k=7$（或 9，11，…），只有当切蜗轮第一转时，Ⅱ头上的刀齿 a'切得比Ⅰ头上的刀齿 a 为重，从切第二转起，它们的切削负荷就一致了。如果此时取 $z_k=8$（或 10，12，…）就更好，因为这样在切蜗轮第一转时，刀齿 a'和 a 的切削负荷就是一样的。

7.5 剃齿刀

1. 剃齿刀的类型和用途

剃齿刀是精加工直齿或斜齿圆柱齿轮的刀具。剃齿工艺广泛应用在汽车和拖拉机制造等大批量制造行业。齿轮在被剃之前，需要先用插齿刀或齿轮滚刀切出齿槽，并在齿侧面留有剃齿余量。常用的高速钢剃齿刀能剃削硬度低于 35HRC 的齿面，剃后齿轮精度可达 6~8 级，表面粗糙度可达 $Ra0.4\sim0.6\mu m$。剃齿生产率高，1~3min 就可剃一个汽车齿轮。正常使用的盘形剃齿刀一次重磨后约可加工 2000 个齿轮，每把剃齿刀约可加工上万个齿轮。

根据外形，剃齿刀可分为齿条形剃齿刀、盘形剃齿刀和蜗杆形剃齿刀（图 7-34）。在这些剃齿刀的齿面上，开出许多小槽以形成切削刃和容屑槽。齿条形剃齿刀（图 7-34a）是由许多刀齿装配而成的，结构较为复杂而且主运动是往复运动，限制了剃削速度的提高。这种剃齿刀已很少使用。现在生产中应用最普遍的是盘形剃齿刀（图 7-34b），本节着重讲述这种剃齿刀。蜗杆形剃齿刀（图 7-34c）可用来加工蜗轮和齿轮。加工蜗轮的称为蜗轮剃齿刀，由其切削刃形成的基本蜗杆应与被剃蜗轮的工作蜗杆一致。加工齿轮的称为蜗杆形齿轮剃齿刀，其基本蜗杆的选择原则与滚刀相似。这种齿轮剃齿刀主要用于大型齿轮滚齿后直接在滚齿机上进行剃齿，以提高齿轮的加工精度和减小表面粗糙度。

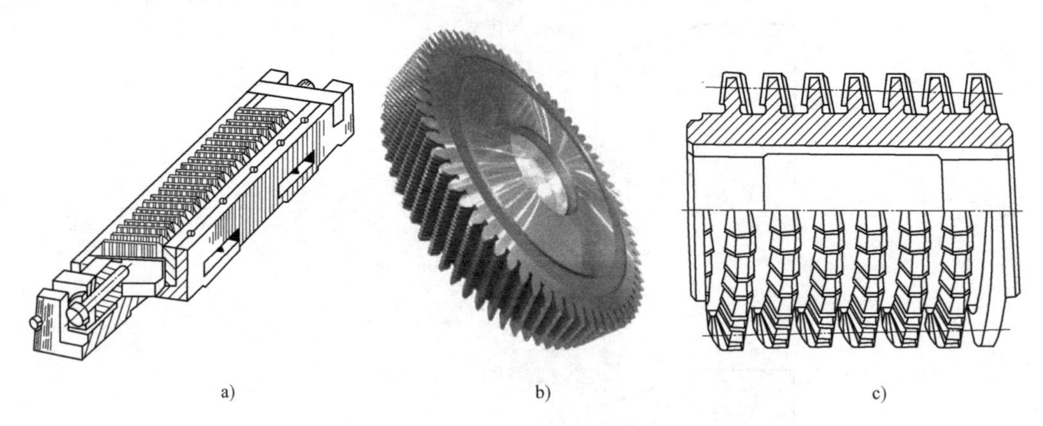

a)　　b)　　c)

图 7-34　各种类型的剃齿刀

a）齿条形剃齿刀　b）盘形剃齿刀　c）蜗杆形剃齿刀

用盘形剃齿刀（以下简称剃齿刀）加工齿轮时，剃齿刀 1 装在机床主轴上，被剃齿轮 2 装在心轴上，顶在机床工作台上的两顶尖间，能自由地转动（图 7-35）。机床主轴与工件心轴交错成一个角度 Σ。剃齿刀和工件之间没有传动链联系，被剃齿轮的转动是由剃齿刀带动的，所以剃齿过程类似于交错轴传动的螺旋齿轮啮合过程。在剃齿啮合过程中，剃齿刀齿面和工件齿面间产生相对滑动速度。由于剃齿刀齿面上有许多切削刃，所以工件齿面沿剃齿刀齿面滑动时，就被剃下极细的切屑来。

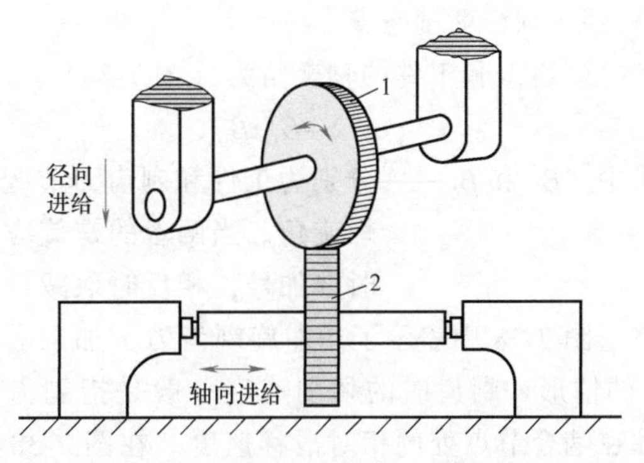

图 7-35　盘形剃齿刀的工作原理
1—剃齿刀　2—被剃齿轮

用盘形剃齿刀剃齿常用的工艺方法有轴向剃齿和径向剃齿。下面分别说明这两种工艺方法的特点和对所用剃齿刀的要求。

如果把剃齿刀的齿面做成渐开螺旋面，剃齿过程就是两个渐开线齿轮进行交错轴间的螺旋齿轮啮合，理论上在每一瞬间剃齿刀齿面与被剃齿轮齿面都是点接触。当工件是直齿轮时，它齿面上的接触点轨迹在某一端面上；而当工件是斜齿轮时，它齿面上的接触点轨迹是一条倾斜的曲线，如图 7-36a 所示。但实际上，当剃齿刀上的刀齿压入齿轮的齿槽时，齿轮的齿面在接触点处产生弹性变形，所以剃齿刀与工件的齿面是沿椭圆形小面积接触的。在工件的旋转过程中，椭圆形接触面沿着齿面上的理论接触点轨迹移动，因而剃齿刀从工件齿面上剃去了 *abcd* 剃削区内的一层金属。为了剃出全齿面，机床工作台必须带着被剃齿轮沿其轴线方向相对于剃齿刀做轴向进给运动（图 7-35），这样剃削区就会逐渐扩大到整个齿面。在工件的一个往复行程后，剃齿刀相对于工件做径向进给，使中心距逐渐减小，直到切除全部的齿厚余量为止。这种剃齿工艺就是轴向剃齿，相应的剃齿刀就是盘形轴向剃齿刀。

盘形轴向剃齿刀与被剃齿轮齿面为点接触，剃齿过程需要轴向进给运动，影响生产效率。如果把剃齿刀齿面在渐开螺旋面的基础上加以修正，使剃齿刀齿面与被剃齿轮齿面成为线接触，如图 7-36b 所示。修正的方法类似于齿轮的齿向修形，不同的是齿轮一般修“鼓形”，而剃齿刀要修“凹形”，即齿两端要多出材料来；另一个不同点是，具有不同直径的每一条齿向线修凹形的最低点不在剃齿刀的同一个端截面内，而是在轴向剃齿刀理论齿面与被剃齿轮的接触点轨迹上。也就是说，修正后的剃齿刀齿面与轴向剃齿刀理论齿面沿接触点轨迹相切。以上关于径向剃齿刀齿面形成原理的说明是为了便于理解，实际中径向剃齿刀的齿面是根据单自由度空间齿轮啮合原理计算出来的（具体计算方法可参考专业的齿轮啮合理论书籍）。

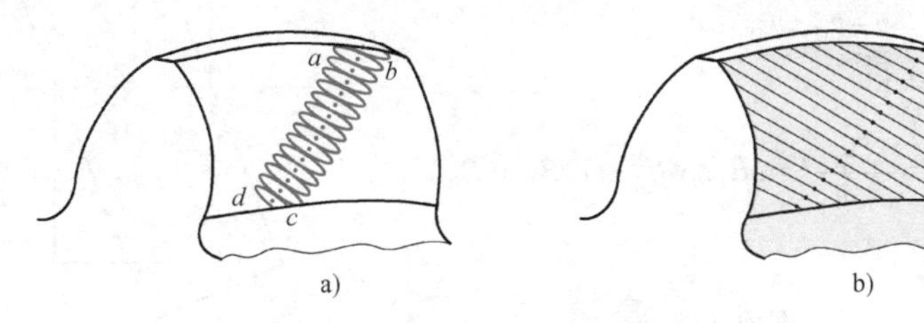

图 7-36　剃齿刀与工件齿面的接触
a）轴向剃齿　b）径向剃齿

用修整后的剃齿刀剃齿时，就不需要轴向进给运动，只需径向进给切除全部的齿厚余量即可。这种剃齿刀就是盘形径向剃齿刀，这种剃齿工艺就是径向剃齿。由于省去了轴向进给，径向剃齿的效率要高于轴向剃齿。所以，在大批量生产的场合，如汽车变速器齿轮加工中，径向剃齿得到了广泛的应用，基本上取代了轴向剃齿。两种剃齿刀齿面比较见图 7-37。

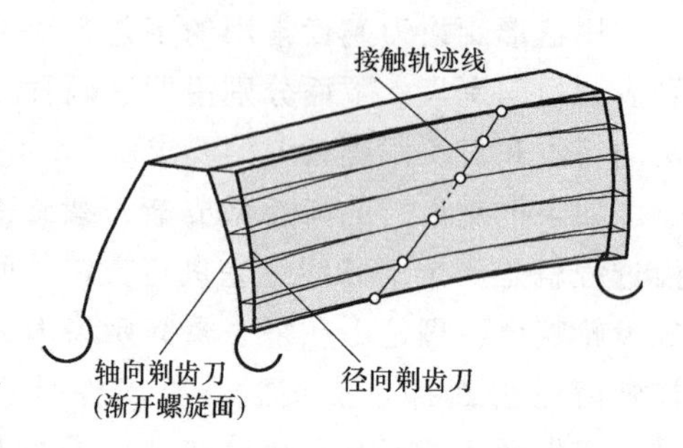

图 7-37 径向剃齿刀齿面与轴向剃齿刀齿面比较

2. 剃齿切削速度

剃齿刀和工件的轴交角为（图 7-38）

$$\Sigma=\beta_1\pm\beta_0 \tag{7-68}$$

式中 β_1 和 β_0——分别为工件和剃齿刀节圆柱上的螺旋角。当两者的螺旋方向相同时取加号，相反时取减号。

图 7-38 中表示了用左旋剃齿刀 1 加工右旋齿轮 2 的情形。剃齿时的切削速度一般是指剃齿刀和工件在啮合节点处的相对滑移速度。在图 7-38 中，剃齿刀在啮合节点的圆周速度（m/s）为

$$v_0=\frac{\pi d_0 n_0}{1000}$$

式中 d_0——剃齿刀的分度圆直径（mm）；

n_0——剃齿刀的转速（r/s）。

速度 v_0 可分解为法向（垂直于节点螺旋线切线方向）速度 v_{n0} 和切向（平行于节点螺旋线切线方向）速度 v_{t0}，二者分别为

$$v_{n0}=v_0\cos\beta_0\text{，}v_{t0}=v_0\sin\beta_0$$

同理，齿轮在啮合节点的圆周速度 v_1 也可以分解为

$$v_{n1}=v_1\cos\beta_1\text{，}v_{t1}=v_1\sin\beta_1$$

齿轮和剃齿刀在啮合节点的法向分速度应相等，即

$$v_{n0}=v_{n1}$$

所以

$$v_1=v_0\frac{\cos\beta_0}{\cos\beta_1}$$

剃齿刀与齿轮在啮合节点的相对滑移速度为切向分速度之差，即

$$v=v_{t1}\pm v_{t0}$$

将前两式代入上式得

$$v=v_1\sin\beta_1\pm v_0\sin\beta_0=\frac{v_0}{\cos\beta_1}(\sin\beta_1\cos\beta_0\pm\cos\beta_1\sin\beta_0)$$

将式（7-68）代入得

$$v=\frac{v_0}{\cos\beta_1}\sin\Sigma=\frac{\pi d_0 n_0\sin\Sigma}{1000\cos\beta_1} \tag{7-69}$$

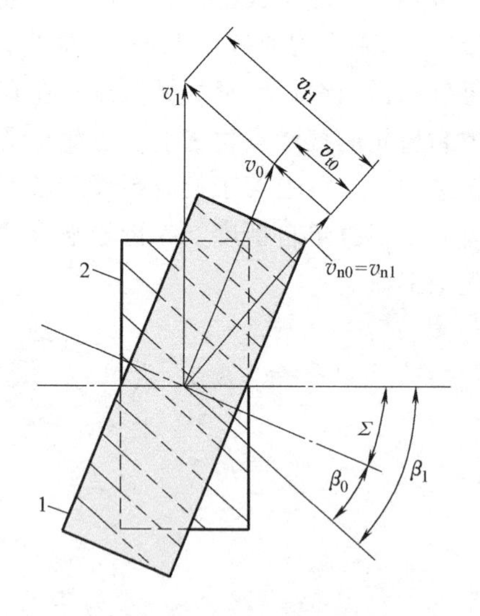

图 7-38 剃齿时的切削速度
1—左旋剃齿刀 2—右旋齿轮

上式仅表示了剃齿刀齿面和工件齿面在啮合节点处的相对滑移速度。在其他各点啮合时，相对滑移速度是变化的。剃齿刀名义直径和齿数相同时，被剃齿轮的齿数不同，齿顶、齿根和节点处的滑移速度也不同。根据分析计算可知，齿数 10 的被剃齿轮，在齿根处的相对滑移速度（即切削速度）约为节点处的两倍，在齿顶处的相对滑移速度约为节点处的三倍。随着被剃齿轮齿数增加，这个差别会逐渐变小。

由式（7-69）可知，轴交角 Σ 越大，切削速度也越大，但随 Σ 角增大，会加大纵向走刀力，减小剃齿刀和工件齿面间的接触椭圆面积，削弱了剃齿刀的导向作用，这样容易发生振动，降低加工表面的精度，加大加工表面的表面粗糙度。因此 Σ 角也不能太大，一般在10°~20°之间。加工双联齿轮时，为了剃出其中小齿轮的全部齿宽而不致使剃齿刀碰到大齿轮或台肩，可以允许 $\Sigma=5°$。

3. 盘形剃齿刀的结构

前面已经介绍了盘形轴向剃齿刀和盘形径向剃齿刀的工作原理，现在简单介绍这两种剃齿刀的结构。

国家标准 GB/T 14333—2008 中规定了法向模数 1~8mm 的圆柱齿轮用的盘形轴向剃齿刀的结构尺寸和技术要求。规定了两个精度等级 A 级和 B 级，以适应剃削不同精度的齿轮。法向模数 1~1.5mm 的剃齿刀，公称分度圆直径 $d=85$mm；法向模数 1.25~6mm 的剃齿刀，公称分度圆直径 $d=180$mm；法向模数 2~8mm 的剃齿刀，公称分度圆直径 $d=240$mm。工作部分硬度当用普通高速钢制造时为 63~66HRC，用高性能高速钢制造时为 64HRC 以上。

以容屑槽的形状来分，盘形轴向剃齿刀可分为不通槽和环形通槽两种。图 7-39a 为不通槽剃齿刀。在刀齿的两个侧面上开了许多容屑槽，但左、右两个侧面上的容屑槽并不相通。槽底通常做成渐开线形状，并大致与剃齿刀齿侧面平行。这种容屑槽是用梳齿刀插成的。为了使梳齿刀能够退刀，在剃齿刀的齿根处制有退刀小孔或退刀螺旋沟槽（图 7-39a）右下角视图的上侧和下侧齿根处）。闭槽剃齿刀用钝后，重磨刀齿侧面（轴向剃齿刀为渐开螺旋面，径向剃齿刀是对渐开螺旋面做凹形修正后的曲面），齿顶也要按照磨刀表的要求相应地磨去一些，这样可使齿顶不至于变尖，而又能剃出齿轮上要求的渐开线最低点。这种剃齿刀的重磨就等于磨一把新剃齿刀，同时插制容屑槽和钻退刀小孔，或铣削退刀螺旋沟槽等工艺也较费事。这种容屑槽型式一般用于法向模数 $m_n \geqslant 1.75$ 的剃齿刀。

图 7-39b 是环形通槽剃齿刀，其圆周上有圆环形或螺旋形的容屑槽，槽的轴向截形是矩形或梯形。这种剃齿刀用钝后，重磨容屑槽的侧面，重磨后剃齿刀的齿形尺寸不变。与闭槽剃齿刀相比，通槽剃齿刀的重磨较方便。但因这种容屑槽不能做得太深，所以只能用于法向模数 $m_n<1.75$ 的剃齿刀。

国家标准 GB/T 21950—2008 中规定了法向模数 1.25~5mm 的圆柱齿轮用的盘形径向剃齿刀的结构尺寸和技术要求。规定了两个精度等级 A 级和 B 级，以适应剃削不同精度的齿轮。公称分度圆直径有 $d=180$mm 和 $d=240$mm 两种。工作部分硬度当用普通高速钢制造时为 63~66HRC，用高性能高速钢制造时为 64HRC 以上。

剃齿刀的公称直径可根据剃削齿轮的模数和所使用的机床来选择。

盘形径向剃齿刀的孔径为 63.5mm 或 100mm，这样可以使用较粗的剃齿机心轴，以承受较大的剃齿背向力。

标准剃齿刀的齿数取成质数，如 37、41、43、53、59、61、67、73 等，这样可使剃齿刀的齿数与工件齿数没有公因数，以免剃齿刀的齿距误差复映到所剃齿轮上去。在选择剃齿刀齿数时，还必须使它与工件啮合的重合度尽可能大，极端情况下也要大于 1。

国家标准 GB/T 14333—2008 和 GB/T 21950—2008 中未对剃齿刀的螺旋角做出规定。在设计或选用标准剃齿刀时，剃齿刀的分度圆螺旋角的旋向和大小，应保证剃齿刀与工件的轴交角 Σ 在前述的容许范围内。

需要说明的是，由于剃齿中会出现下文要讨论的剃齿“中凹”现象，在汽车变速器齿轮大批量制造中，几乎所有齿轮都要设计制造专用剃齿刀，以满足剃齿精度要求，并获得较长的剃齿刀寿命。

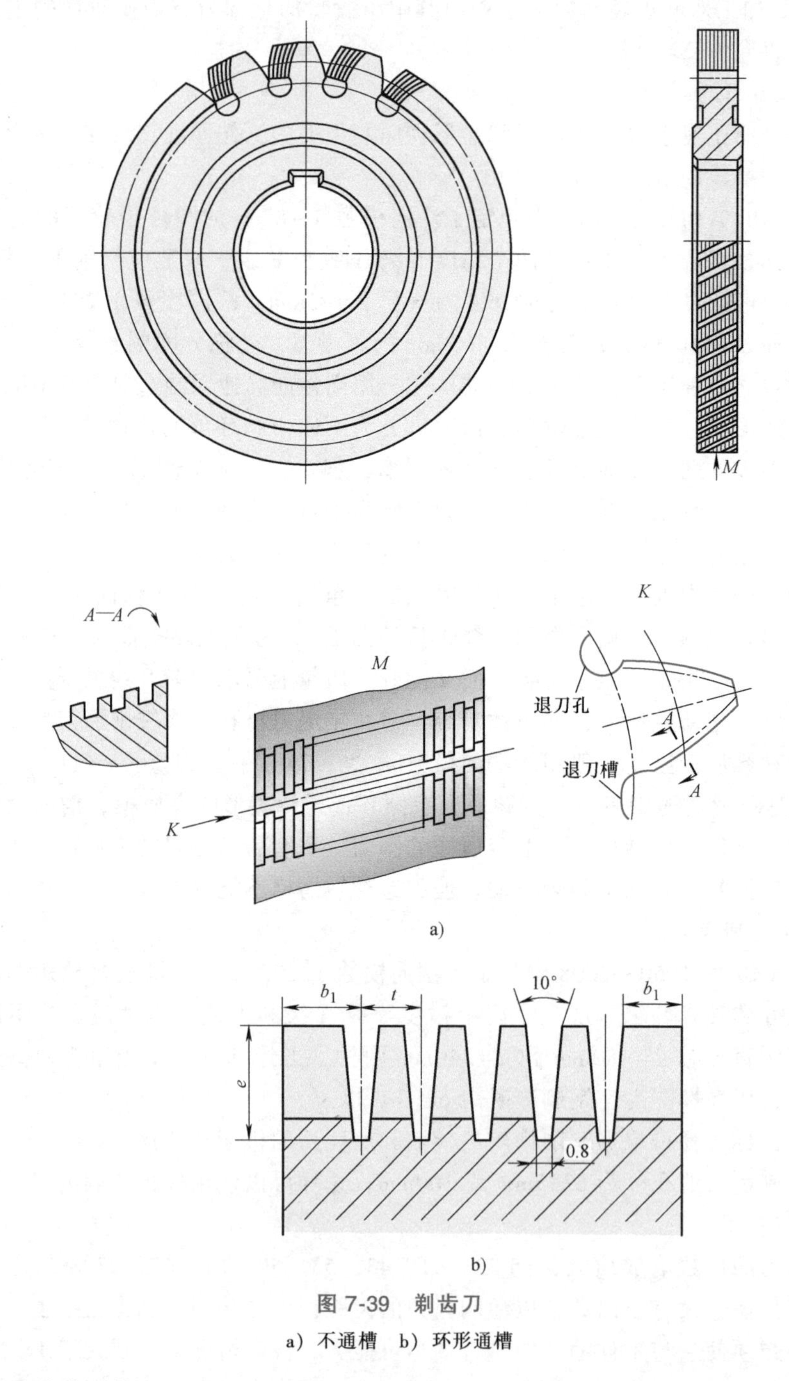

图 7-39 剃齿刀

a）不通槽 b）环形通槽

4. 剃齿刀的齿形修正

(1) 剃齿中凹 生产中发现，用标准渐开线齿形的剃齿刀加工齿轮时，剃出的工件齿形并非都是渐开线，而是齿形中部（节圆附件）凹进去一些，如图 7-40 中的齿形测量曲线所示，这种现象叫作剃齿“中凹”。齿轮的齿数越少、螺旋角越小、模数越大，中凹就越严重。当齿轮的齿数少于 20 时，有时中凹引起的齿形误差竟达 0.03mm，根本达不到精度要求。中凹齿形会产生较大的啮合噪声，在汽车变速器中是不能接受的。这种齿轮被称为“难剃齿轮”。

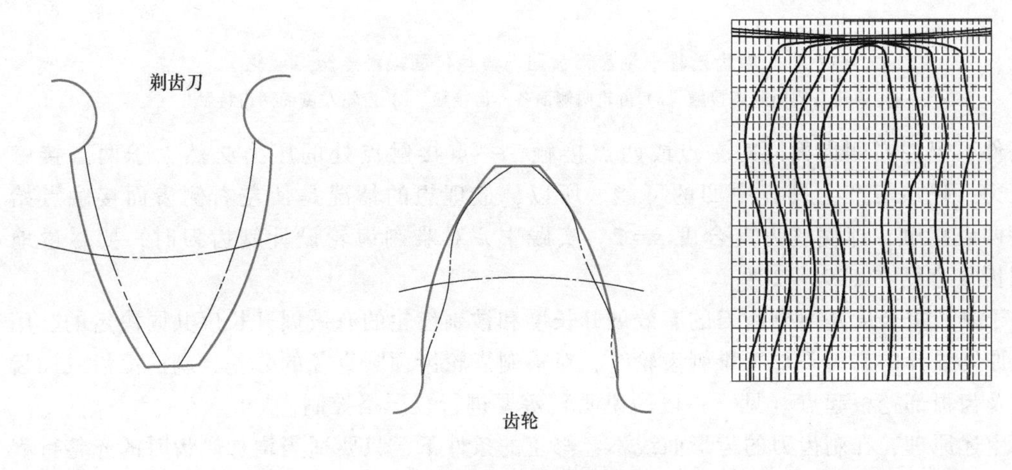

图 7-40 剃齿中凹

目前很多齿轮制造技术人员认为产生剃齿中凹的一个重要因素是剃齿刀与被剃齿轮的重合度不是整数。本节开始已经述及，剃齿刀与齿轮是交错轴无侧隙啮合，在剃齿过程中每一瞬间相接触的剃齿刀齿侧面和齿轮齿侧面有一个接触点。但当齿轮与剃齿刀的重合度 $1<\varepsilon\leqslant 2$ 时，如图 7-41 所示，在转过一个轮齿的啮合过程中，两侧齿面上接触齿对数从 1 到 2 之间变化，而且两侧齿面的变化不同步。下面具体讨论齿轮上齿 1 从进入啮合到退出啮合的过程。

图 7-41a 为齿轮齿 1 右侧齿顶刚进入啮合时的情形，右侧有两对齿同时接触（两点接触），而左侧只有一点接触；随着剃齿刀带动齿轮按图示方向转动，到达图 7-41b 所示位置时，左右侧都只有一点接触；继续转动，右侧接触点向齿根部移动，左侧接触点向齿顶部移动。当齿轮齿 1 右侧的啮合点到达靠近齿根部时，齿 1 左侧的接触到达齿顶，后续齿 2 的根部已进入了啮合（图 7-41c），此时右侧一点接触，左侧两点接触。这就是齿形接触点的数量变化规律。其中两对齿同时接触的“两点区”总是位于齿顶和齿根处，而以一对齿接触的“单点区”则总是在齿中部。而且左侧两点接触时，右侧是一点接触。剃齿切削过程中，当被剃齿轮和剃齿刀两轴间施加的径向压力不变时，由于左右侧要力平衡，“单点区”齿面上的接触压力显然要比“两点区”大得多，所以剃去的材料也会多一些。这就是造成被剃齿轮产生齿形中凹现象的重要因素之一。

（2）改善或避免剃齿中凹的措施　剃齿中凹现象目前还不能从理论上彻底解决，但可以尽量地改善或避免。多年来，全世界范围内尝试了各种方法，取得了一定的效果。

1）平衡剃齿。从上面分析的产生剃齿中凹的重要因素很容易就能想到，如果设法使剃齿啮合过程中两侧齿面上瞬时接触点的数量时刻相等，就能使两侧齿面上受力相等，这就是平衡剃齿。按照平衡剃齿的条件设计的剃齿刀就称为平衡剃齿刀。如果满足平衡

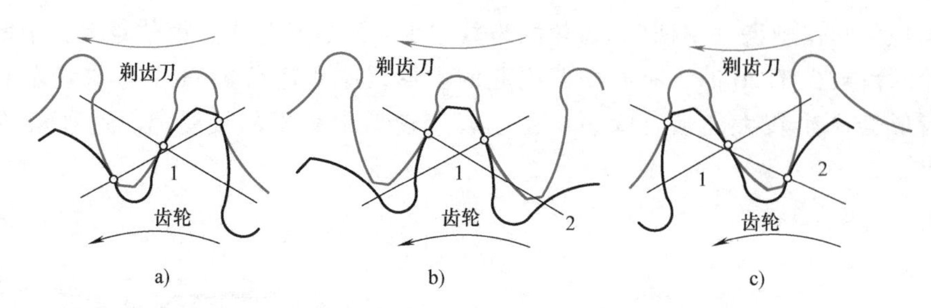

图 7-41 剃齿过程中剃齿刀齿面与齿轮齿面接触点数量变化

a）齿轮右侧面两齿接触 b）齿轮两侧面各一齿接触 c）齿轮左侧面两齿接触

剃齿条件，但左右侧齿面同时一点或两点接触，一点接触点处的压力必然大于两点接触处的压力，仍然有产生剃齿中凹的可能。所以，最理想的情况是使左右侧齿面接触点始终保持两点接触，即使剃齿重合度 $\varepsilon=2$。实践中，对难剃齿轮设计剃齿刀时，要尽量地保证剃齿重合度在 1.95~2.1。

由于剃齿重合度是由剃齿刀的有效展开长度和被剃齿轮的有效展开长度共同决定的，用按以上原则设计的剃齿刀加工难剃齿轮时，对被剃齿轮齿顶圆直径的公差、剃前滚齿或插齿齿厚以及齿根部挖根起点（见下一段的说明）等要进行较严格控制。

按上述原理，在剃齿刀的齿形曲线不经修正的条件下，只要适当增加剃齿时的光整行程次数，就可以减轻或消除被剃齿轮齿形中凹现象。这是由于光整行程的剃削力较小，所以在不同位置的齿形接触点上剃削力的变化也相应减小的缘故。

但是，随着剃齿刀的重磨，剃齿刀的齿厚减小，剃齿中心距和轴交角都要发生变化，剃齿重合度必然会发生变化，一般不可能在剃齿刀合理的刃磨范围内都满足重合度在 1.95~2.1。这就大大影响了这种剃齿刀的应用范围。

2）剃齿刀齿形修形。既然平衡剃齿不能完全解决剃齿中凹，人们就根据齿轮上产生的中凹在剃齿刀上“反修形”，即把剃齿刀上与齿轮上中凹的部分相啮合的部位修得凹进去一些，从而减轻或消除被剃齿轮齿形中凹。

在工厂中，通常是根据试验的方法来确定剃齿刀的修形曲线。开始时，将剃齿刀磨成理论渐开线齿形，并用它在一定的条件下剃削齿轮。根据剃后齿轮的齿形误差，在剃齿刀齿形上的相应部位修磨去一些，以补偿这个误差。

图 7-42 中表示了剃齿刀的几种修形曲线。图 7-42a 代表理论渐开线齿形。图 7-42d 为加工渐开线齿轮的剃齿刀齿形修正曲线，离开齿顶 l_3 处齿形开始凹入，凹入部分的长度为 l_4，凹入量为 0.01mm。l_3 和 l_4 的数值可根据齿轮的齿形误差曲线，并按照剃齿刀和工件啮合时曲率半径的相互关系计算。

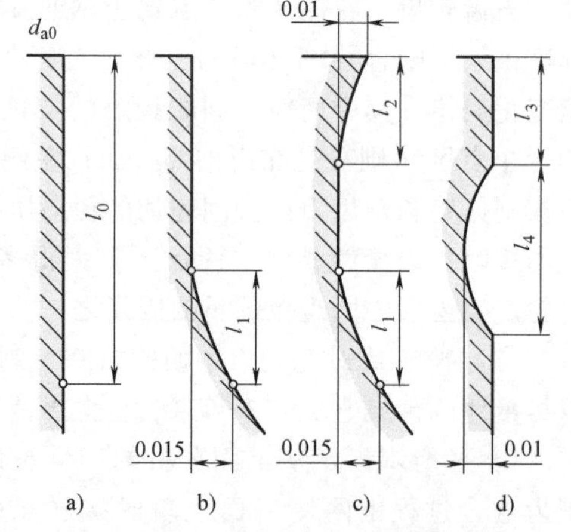

图 7-42 剃齿刀齿形修形曲线

实际中，齿轮副不可避免地存在制造和装配误差，齿轮传动受力后，箱体、轴承、轴、齿轮本体和轮齿必然产生弹性变形，导致偏载和运动不平稳（产生大的传递误差），从而产生较大的振动和噪声。所以为了得到低噪声的汽车变速器，所有的齿轮都要进行修形。一般要将齿轮的齿顶和齿根处的渐开线齿形故意修去一些，称为“修缘”和“修根”，以补偿误差和变形带来的偏载，减小传递误差，降低齿轮传动的振动噪声。这样，剃齿刀的齿形修形曲线如图7-42c所示。图7-42b是仅对齿轮修缘的剃齿刀修形曲线。

（3）在齿轮设计阶段避免难剃齿轮　在大批量生产中，一旦遇到难剃齿轮，要解决剃齿中凹，稳定达到精度要求要花费大量的人力物力和时间，有时还根本无法彻底解决。这不光会增加新产品开发的成本，还会延长开发周期，推迟新产品投放市场的时间。所以，在齿轮传动新产品设计阶段，检查所设计齿轮是否可能成为难剃齿轮就非常重要。国际上一些著名的齿轮箱制造公司都有自己的软件工具在设计阶段检查齿轮的可制造性，尽量避免采用难剃齿轮。也有一些专业的齿轮传动设计软件具有齿轮可制造性检查的功能。总之，齿轮是否难剃，很大程度上是由齿轮设计决定的，所以在设计阶段避免难剃齿轮要比事后解决难剃齿轮问题有效得多（如何在齿轮设计阶段避免难剃齿轮?）。

5. 剃齿余量形式和剃前刀具

剃齿是齿轮精加工工序，剃齿余量的数值不大，每侧余量约为0.03～0.04mm。但是，剃齿余量的形状对减轻剃齿刀的工作负荷和提高剃齿精度以及生产率都有重要的影响。剃齿余量有几种形式，不同的余量形式是用齿形不同的剃前刀具（剃前滚刀或剃前插齿刀）形成的。

第一种剃齿余量形式如图7-43a所示，沿齿轮齿高方向余量均匀分布，并且在剃前齿轮的根部预先根切一些，工厂里常称为“挖根”，这样能使剃齿刀的齿角不参加切削，避免了剃齿刀齿角的剧烈磨损。挖根量不宜大。但为了剃齿后不在齿根部留下凹槽，挖根量应稍大于剃齿余量。同时，挖根部分的高度不应超过齿轮有效齿形最低点。形成这种余量形式的剃前刀具齿形如图7-43b、c所示。图7-43b所示为剃前滚刀，图7-43c所示为剃前插齿刀。它们和普通的滚刀和插齿刀的区别在于除了齿厚较小以外，在齿顶部有一凸角，使剃前齿轮有一定的挖根量。这种余量形式的缺点是剃齿后齿轮的顶部容易产生毛刺，同时剃前刀具凸角部分的后角较小，对刀具寿命不利。

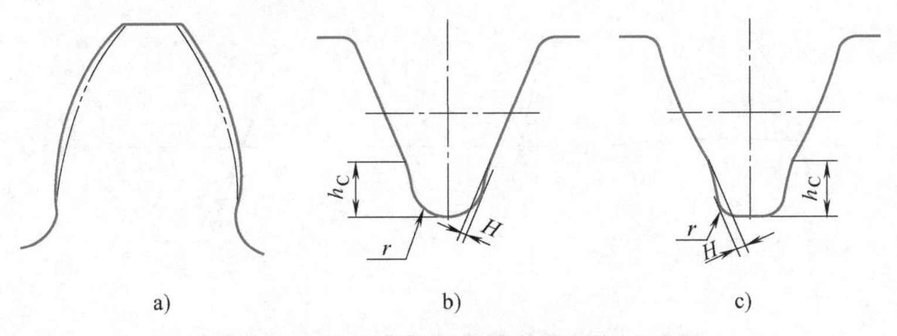

图7-43　第一种剃齿余量形式和剃前刀具

第二种余量形式（图7-44a）是在齿轮的齿顶处增加了倒角（顶切）部分，这样就不会在齿顶上产生毛刺，而且倒角会产生修缘作用，从而增加了被剃齿轮啮合的平稳性。形成这种余量形式的剃前滚刀和剃前插齿刀的齿形分别如图7-44b、c所示。与前一种剃前刀具不同的是其齿形根部多了倒角刃，用它将齿轮顶部倒角。这种剃前刀具的齿形比较复杂。但是这种余量形式较第一种形式有改进，剃齿效果较好，中等模数的齿轮（大部分汽车变速器齿轮）一般采用这种形式。

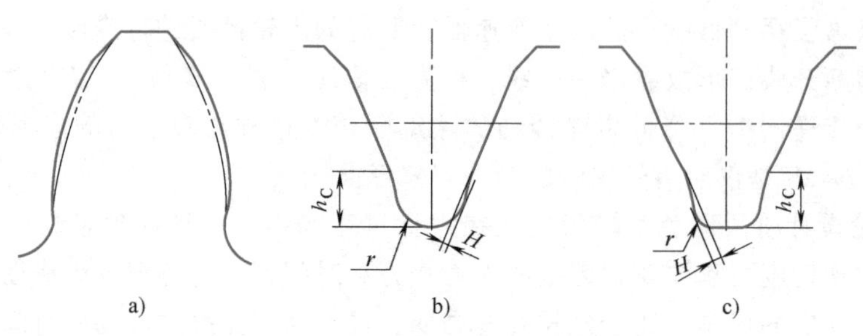

图 7-44　第二种剃齿余量形式和剃前刀具

第三种余量形式如图 7-45a 所示，余量沿齿高的分布是不均匀的，齿形中部凸出，根部有挖根，齿顶部也有过切。这种余量形式将使剃齿刀切削的金属量减少 33%～35%，降低了进给力和切削力，从而延长了剃齿刀的寿命，提高了生产率。形成这种余量形式的剃前刀具采用双压力角齿形（图 7-45b、c），保证齿轮齿形中部凸出。这种剃前刀具的齿形较为复杂，而且剃前齿轮的精度不易检查。这种余量形式多用于精度要求不高的齿轮。

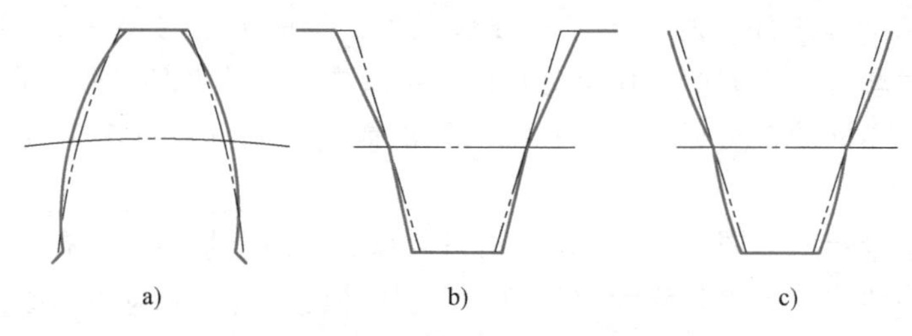

图 7-45　第三种剃齿余量形式和剃前刀具

第四种余量形式及剃前刀具如图 7-46 所示，其特点是余量不均匀，齿顶处的余量最大，且剃前齿轮齿形根部有些挖根，挖根量约为 0.01～0.03mm。这种余量形式是用小压力角的剃前刀具形成的，其压力角一般比标准压力角小 1°～2°。也可以将零度前角的标准滚刀或标准前角的插齿刀磨成较大的前角，使刀齿的压力角减小。这种余量形式的优点是剃前刀具制造简单，但是并不能避免齿顶上产生毛刺。这种余量形式多用于小模数齿轮。

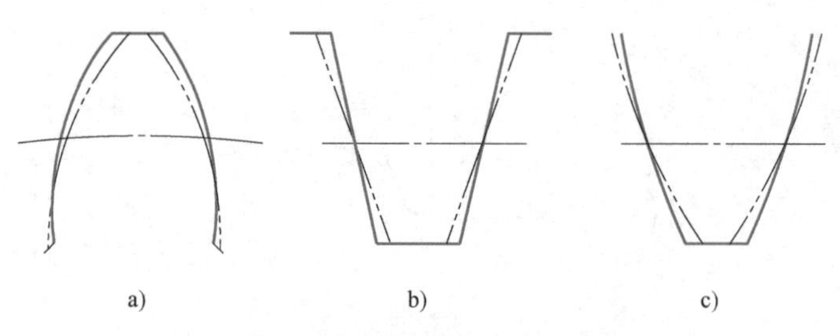

图 7-46　第四种剃齿余量形式和剃前刀具

7.6　用展成法加工非渐开线齿形的刀具

1. 加工非渐开线齿形的刀具类型和用途

生产实践中常用到一些非渐开线的齿形零件（图 7-47），其中最见的有链轮、内花键、外花键、棘轮、圆弧齿轮、摆线齿轮等，它们的齿形都不是渐开线，因此需用特殊的非渐开线齿形的刀具来加工。

图 7-47 一些非渐开线齿形的工件

这些刀具可以分为三大类如下：

(1) 非渐开线齿形的滚刀 这类刀具又可分为以下三种：

1) 展成滚刀，如链轮滚刀、花键滚刀、圆弧齿轮滚刀和摆线齿轮滚刀等。

2) 成形滚刀，如棘轮滚刀、成形花键滚刀和蜗形滚刀等。

3) 展成-成形组合滚刀，如长齿花键滚刀等。

(2) 非渐开线齿形的插齿刀 这类刀具又可分为以下两种：

1) 加工孔内齿形的插齿刀，如内花键插齿刀、内六角插齿刀等。

2) 加工外齿轮的插齿刀，如外花键插齿刀、凸轮插齿刀等。

(3) 展成车刀 这类刀具又可分为以下两种：

1) 按平面啮合原理工作的展成车刀，如加工蜗杆、丝杠及手柄的展成车刀等。

2) 按空间啮合原理工作的展成车刀，如加工齿轮的车齿刀。

在这些刀具中，展成滚刀使用得最为广泛，而这种滚刀中的花键滚刀（图 7-48）又更为普遍。加工孔内齿形时，采用展成插齿刀（图 7-49）比较方便。用类似于插齿刀形状的展成车刀（图 7-50）车削丝杠和蜗杆等，可以有效地提高生产率。

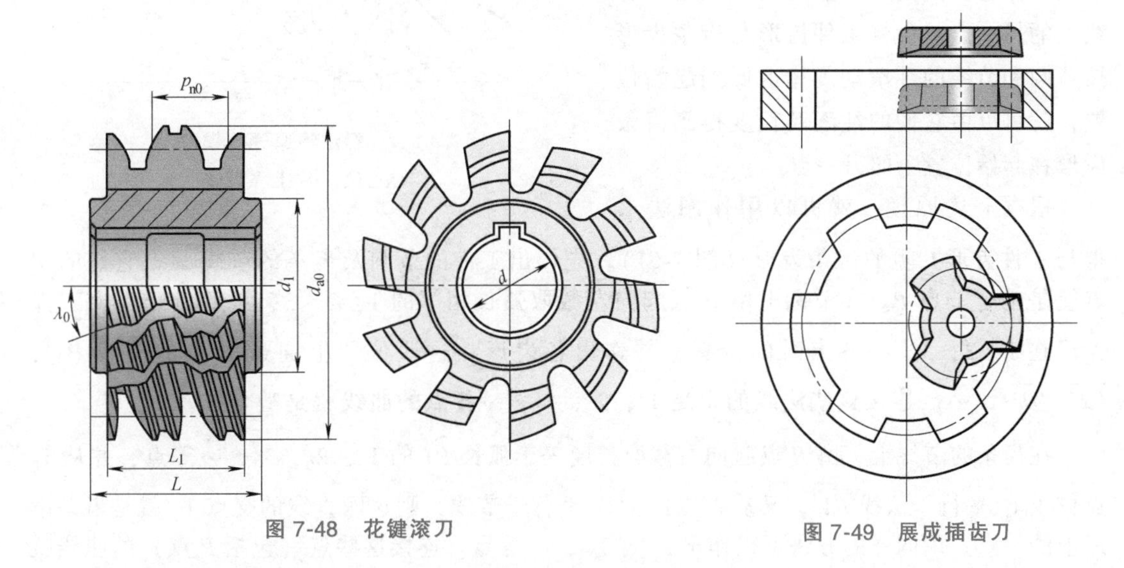

图 7-48 花键滚刀　　图 7-49 展成插齿刀

2. 展成滚刀齿形的一般求法

用展成滚刀加工的零件形状虽然各不相同，但是它们的齿形的求法却有共同之处。通常是以能与工件啮合的齿条齿形作为展成滚刀基本蜗杆的法向齿形，也就是把滚刀和工件近似地看成是齿条和齿轮的啮合。当滚刀的螺旋导程角较小时，这种齿形设计法的精度是足够的。

求齿条齿形的方法很多，可以用作图法，也可以用计算法，分述如下。

（1）作图法　在计算机广泛应用之前，为了避免复杂的计算，作图法的应用较为普遍。虽然计算机技术已经很发达，作图法基本上不再使用，但是通过作图法的讲解，可以很好地帮助我们理解齿形法线原理。

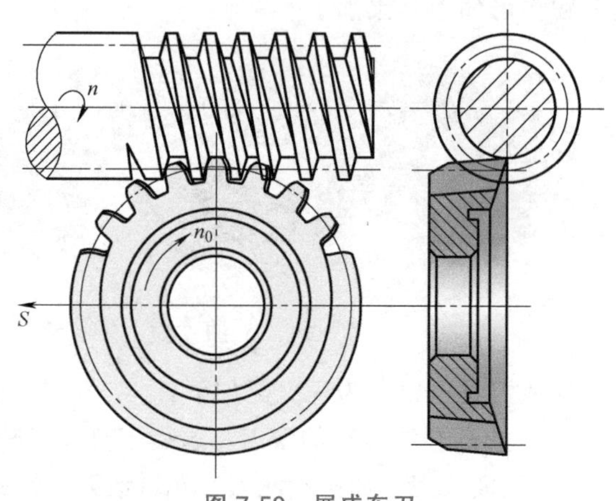

图 7-50　展成车刀

求齿条齿形的齿形法线原理：一对共轭齿形在任意接触点处的公法线必定通过啮合节点。图 7-51 中，已知工件齿形 PQ，并取工件的节圆半径为 r，这个节圆和齿条的节线 $\overline{xx}$ 相切纯滚动，节点为 P。把纯滚动过程中工件齿形通过节点 P 时的位置（即图示的 PQ 位置）称为起始位置。此时齿形在 P 点的法线当然也通过 P 点，所以 P 点就是此时工件齿形与齿条齿形的接触点，也就是齿条齿形上的一点，而该点在固定平面上就是啮合线上的一点。

当工件齿形与齿条齿形按节圆和节线的纯滚动规律运动到另一个位置时，若工件齿形上某一点的法线通过 P 点，则该点就是在该位置上工件齿形与齿条齿形的接触点，而它在固定平面上的位置又是啮合线上的另一点。设将工件齿形与齿条齿形按节圆和节线的纯滚动规律退回到起始位置，就可以由它们的纯滚动长度得到齿条齿形在起始位置上的另一点。

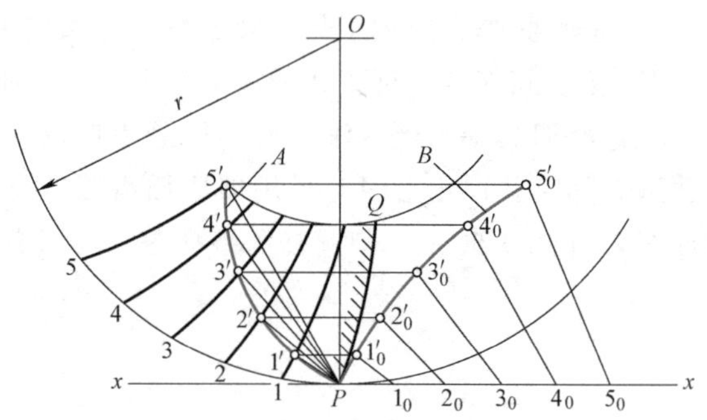

图 7-51　齿形法线原理的作图法

A—啮合线　*B*—齿条齿形

根据上述原理，就可以用作图法求得与工件齿形共轭的齿条齿形（图 7-51）。先作出工件的节圆及齿条的节线 $\overline{xx}$，它们的切点就是啮合节点 P。在节圆上由 P 点起向左截取弧长相等的 1，2，3，…等点。作出工件齿形在 1，2，3，…各点时的位置，并作出各齿形在这些位置上通过 P 点的法线 $\overline{P1'}$，$\overline{P2'}$，$\overline{P3'}$，…。连接这些法线的垂足 1′，2′，3′，…各点的曲线就是啮合线。

在齿条的节线上，由 P 点起向右截取长度等于弧长 $\overset{\frown}{P1}$ 的 1_0，2_0，3_0，…等点，并从 1_0 点作 $\overline{1_0 1_0'}$ 平行于法线 $\overline{P1'}$，又从 1′点作 $\overline{1'1_0'}$ 平行于节线，则这两直线的交点 $1_0'$ 就是齿条齿形上的一点。用同样的方法可以作出 $2_0'$，$3_0'$，…等点。连接这些点（包括 P 点）的曲线就是齿条的齿形。

（2）计算法　根据前面讨论的齿形法线原理，也可以用计算法求得与工件齿形共轭的齿条齿形（图 7-52）。令啮合节点 P 是坐标系 Pxy 的原点，并令 $\overline{OP}$ 为工件齿形的极坐标

(ρ，θ) 的极轴，θ 由 $\overline{OP}$ 起逆时针方向转动为正。设已知工件齿形的极坐标方程式为 $\rho=\rho(\theta)$，则图中所示的 ψ 角（齿形上任意点 A 的切线与该点的半径线之间的夹角）可以求得为

$$\tan\psi=-\frac{\rho(\theta)}{\rho'(\theta)} \tag{7-70}$$

式中 $\rho'(\theta)$——$\rho(\theta)$ 对于 θ 角的导数。

设工件齿形上任意点 A 与齿条齿形上的点 B 在 A_1 点接触，而且啮合角（$\overline{PA_1}$ 与节线的夹角）为 α，则由图可知

$$\cos\alpha=\frac{\rho\cos\psi}{r} \tag{7-71}$$

A_1 点就是啮合线上的一点，其坐标为

$$\left.\begin{aligned}x_1&=-\rho\sin(\alpha-\psi)\\y_1&=r-\rho\cos(\alpha-\psi)\end{aligned}\right\} \tag{7-72}$$

这就是啮合线方程式。

齿轮齿形由起始位置起，到它与齿条齿形在 A_1 点接触的位置所转过的角度为

$$\varepsilon=\alpha+\theta-\psi \tag{7-73}$$

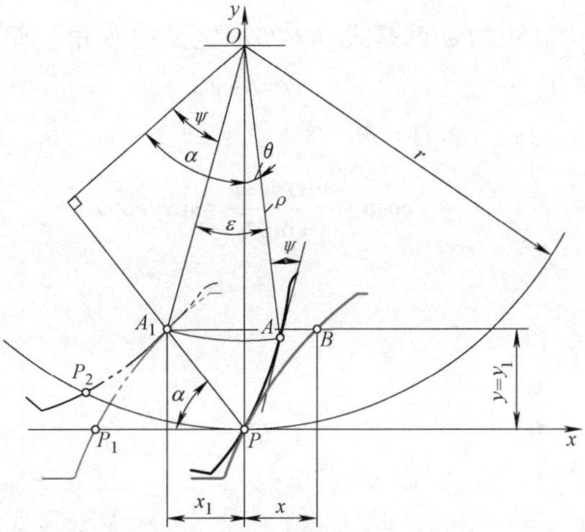

齿条齿形相应的平移距离为

$$\overline{A_1B}=\overline{P_1P}=\overset{\frown}{P_2P}=r\varepsilon$$

所以齿条齿形上 B 点的坐标为

$$\left.\begin{aligned}x&=r\varepsilon+x_1\\y&=y_1\end{aligned}\right\} \tag{7-74}$$

图 7-52 齿形法线原理的计算法

这就是齿条齿形方程式。式中 x_1 前面的符号取正号，这是因为式（7-70）中的 x_1 为负值。

按上面的公式计算出齿条齿形上若干点的坐标，并将这些点连接成一条曲线，这条曲线就是加工非渐开线齿形的展成滚刀基本蜗杆的法向理论齿形。

现在举例用计算法求花键滚刀的齿形。花键滚刀基本蜗杆的法向齿形采用能与外花键齿形共轭的齿条齿形。因此，需首先了解外花键的齿形及其主要参数。

矩形外花键的国家标准可见 GB/T 1144—2001。它的两侧面是平行的直线（图 7-53），其主要参数为：外圆半径 r_a、根圆半径 r_f、键宽 b、倒角尺寸 c、小沟深度 f 及宽度 e、键数 z。若花键顶部无倒角，则 $c=0$；若根部无小沟，则 $f=e=0$。

图 7-53 中的 r 是节圆半径，它是根据一定的条件确定的（见后说明）。当已知 r 后，即可计算节圆上的压力角 γ 为

$$\sin\gamma=\frac{b}{2r} \tag{7-75}$$

设以外花键的轴线为中心，以 $a=b/2$ 为半径作一圆，则键齿侧面的延长线必切于此圆，这个圆称为“形圆”，因此又有关系式

$$\sin\gamma=\frac{a}{r} \tag{7-76}$$

利用前面求共轭齿条齿形的一般公式，可以计算花键滚刀法向齿形上若干点的坐标（图 7-54）。外花键齿形（直线）的起始位置通过 P 点，其极坐标方程式由图 7-54 可知为

$$\rho=\frac{a}{\sin\psi}=\frac{r\sin\gamma}{\sin\psi}$$

式中的 ψ 就是式（7-70）定义的 ψ 角，而且

$$\psi=\theta+\gamma$$

由式（7-71）知

$$\cos\alpha=\frac{\sin\gamma\cos\psi}{\sin\psi}=\sin\gamma\cot\psi$$

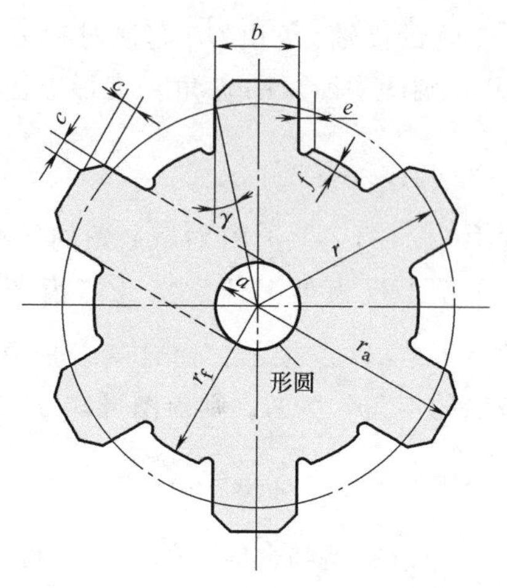

图 7-53　矩形外花键的主要参数

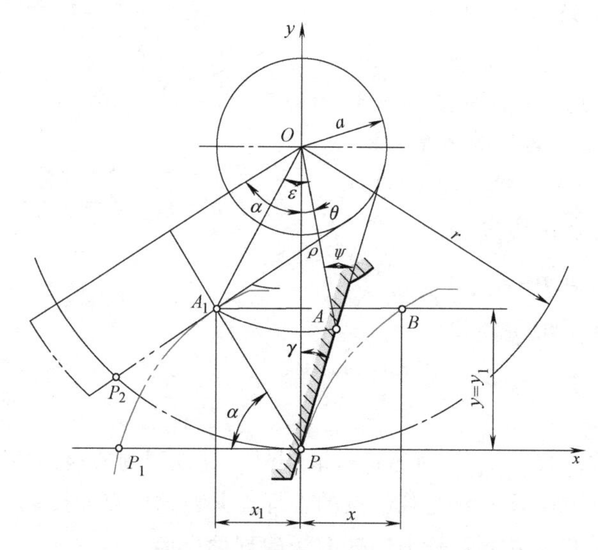

图 7-54　外花键滚刀法向齿形的计算法

由式（7-70）得啮合线方程式

$$\left.\begin{aligned}x_1&=-\rho\sin(\alpha-\psi)=-r\sin\gamma(\sin\alpha\cot\psi-\cos\alpha)\\&=-r\cos\alpha(\sin\alpha-\sin\gamma)\\y_1&=r-\rho\cos(\alpha-\psi)=r-r\sin\gamma(\cos\alpha\cot\psi+\sin\alpha)\\&=r\sin\alpha(\sin\alpha-\sin\gamma)\end{aligned}\right\}\tag{7-77}$$

由式（7-73）知

$$\varepsilon=\alpha+\theta-\psi=\alpha-\gamma$$

则由式（7-74）可得花键滚刀法向齿形方程式为

$$\left.\begin{aligned}x&=r\varepsilon+x_1=r(\alpha-\gamma)-r\cos\alpha(\sin\alpha-\sin\gamma)\\y&=y_1=r\sin\alpha(\sin\alpha-\sin\gamma)\end{aligned}\right\}\tag{7-78}$$

实际上，由于矩形外花键的齿形是简单的直线，所以式（7-77）和式（7-78）也可以直

接由图 7-54 中观察得到，而齿形上任意点 A_1 的啮合角 α 可由下式计算，即

$$\cos\alpha=\sqrt{\frac{\overline{OA_1}^2-a^2}{r}} \tag{7-79}$$

式中 $\overline{OA_1}$——齿形上 A_1 点的半径。

具体计算时，先根据节圆半径 r，由式（7-75）算出 γ 角，再将外花键的顶圆半径（减去倒角 c）和根圆半径分别代替式（7-79）中的 $\overline{OA_1}$，算出 α 角的极大值和极小值，在此范围内取一定数量的 α 值后，最后就可由式（7-78）算出滚刀法向齿形上一系列点的坐标（x，y）。

3. 工件节圆半径的选择

设计非渐开线齿形的展成刀具时，如何选择工件的节圆半径是一个很重要的问题。如果节圆半径取得太小，会使工件齿顶处切不出完整的齿形；而当节圆半径取得太大时，又会在工件齿根处留下较高的过渡曲线（为什么?）。因此，节圆半径有一个合理的最小值。

从齿形啮合原理可知：当工件齿形上任意一点处的法线与节圆的交点旋转到通过啮合节点时，这一点就成为这一瞬时的接触点。因此，要能加工出工件的齿形，首先的条件就是齿形上各点处的法线必须能与节圆相交，这是选择节圆半径最小值的第一个条件。

例如，对于矩形花键轴来说，它的齿形是直线 AB（图 7-55）。为了使 AB 上各点处的法线都能与节圆相交，则节圆半径的最小值应为

$$r_{\min1}=\sqrt{{r_a}^2-a^2} \tag{7-80}$$

这是因为当节圆半径小于此值时，齿顶处就会有一部分的法线不与节圆相交，因而就求不出与它共轭的齿形。

可是，仅仅考虑第一个条件是不够的。事实上，如果取 $r=r_{\min1}$，则外花键齿侧面 A 点附近还会有一小段齿形在齿条上得不到相应的能够实现的共轭齿形，因而这一小段还是加工不出来。要说清楚这个问题，应该从外花键与齿条的啮合线说起（图 7-56）。如前所述，若已知外花键的齿形，则在假设一个节圆半径 r 后，用作图法或计算法都可用求得它与齿条啮合时的啮合线 $CPQS$。在这条啮合线上，可以证明有一个最低的点 Q 和一个半径最大的点 S，因而齿条的齿形 APK 到 K 点就要向上反折成 KNM。K 点是齿条齿形上的最低点，而花键齿形上与 K 点啮合的点是 E。花键齿形与齿条齿形的详细啮合过程是这样的：齿条齿形 APK 与花键齿形 $\overline{BE}$ 段的外表面（没有阴影线的一面）啮合，啮合线是 CPQ 这一部分。齿条的反折齿形 KN 段与花键齿形 $\overline{EF}$ 段的内表面（有阴影线的一面）啮合，啮合线是 $\overline{QS}$ 段，N 点与 F 点在 S 点啮合，半径 $\overline{OF}=\overline{OS}=\sqrt{r^2+a^2}$。齿条的反折齿形 NM 段与花键齿形 FB 的内表面则沿着 S 点右边的啮合线啮合。显然，齿条的反折齿形 KNM 段是不可能利用的。因此，当花键轴的节圆半径取为 r 时，它的外圆半径 r_a 不能超过 $\overline{OQ}$（$\overline{OE}=\overline{OQ}$）。否则，大出的部分就不可能在齿条上有相应的共轭齿形，因而就加工不出来。

$\overline{OQ}$ 的求法如下：由于 Q 点是啮合线上 y_1 坐标值最小的点，所以将啮合线方程式（7-77）中的 y_1 对参数 α 求导，并令导数等于零，即可解出相应于 Q 点的 α 值，并可求出 Q 点的坐标 x_{1Q} 和 y_{1Q}，于是有

$$\overline{OQ}=\sqrt{x_{1Q}{}^{2}+(r-y_{1Q})^{2}}$$

式中，y_{1Q} 前面取负号是因为 y_{1Q} 本身为负值。

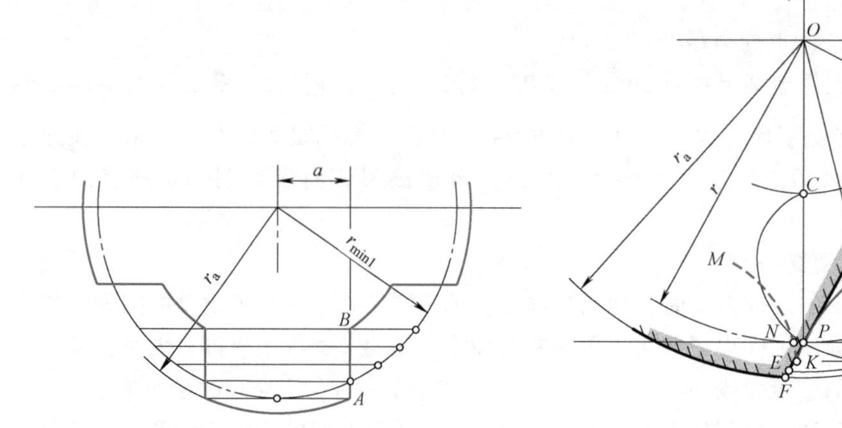

图 7-55　选择节圆半径最小值的第一个条件

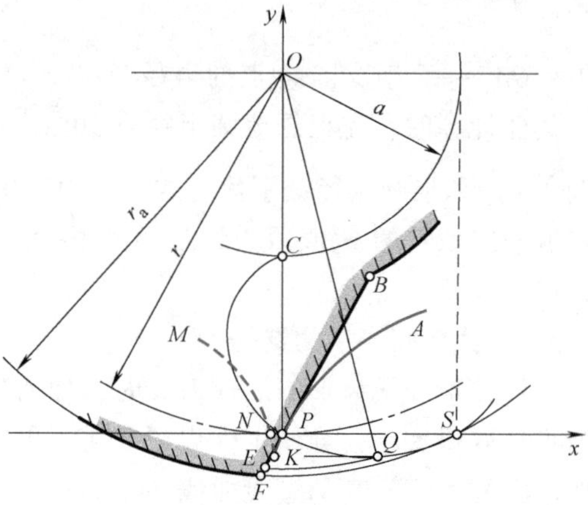

图 7-56　选择节圆半径最小值的第二个条件

由式（7-77）对 α 求导，得 $\dfrac{\mathrm{d}y_1}{\mathrm{d}\alpha}=r\cos\alpha(2\sin\alpha-\sin\gamma)$

令

$$\frac{\mathrm{d}y_1}{\mathrm{d}\alpha}=0$$

得

$$\sin\alpha=\frac{1}{2}\sin\gamma$$

把它代入式（7-77）得

$$x_{1Q}=\frac{r\sin\gamma}{2}\sqrt{1-\frac{\sin^2\gamma}{4}}$$

但因

$$a=r\sin\gamma$$

所以同样可得

$$\left.\begin{aligned}x_{1Q}&=\frac{a}{2}\sqrt{1-\frac{a^2}{4r^2}}\\y_{1Q}&=-\frac{a^2}{4r}\end{aligned}\right\}\tag{7-81}$$

因此

$$\overline{OQ}=\sqrt{r^2+0.75a^2}$$

即

$$r=\sqrt{\overline{OQ}^2-0.75a^2}$$

由于必须使 $\overline{OQ}\geqslant r_{\text{a}}$，所以当外花键的外圆半径 r_{a} 为已知值时，其节圆半径必须满足 $r\geqslant\sqrt{r_{\text{a}}{}^{2}-0.75a^{2}}$，这就得到计算节圆半径最小值的第二个条件式为

$$r_{\min 2}=\sqrt{r_{\text{a}}{}^{2}-0.75a^{2}}\tag{7-82}$$

把它与第一个条件式（7-80）比较一下可知：$r_{\min 2}>r_{\min 1}$，所以外花键的节圆半径最小值应取 $r_{\min 2}$，才能保证将外花键的齿顶部分完全加工出来。

对于有倒角尺寸 c 的外花键，直线齿形部分的最大半径近似等于（$r_{\text{a}}-c$），所以最小节

圆半径成为

$$r_{\min 2}=\sqrt{(r_{a}-c)^{2}-0.75a^{2}} \tag{7-83}$$

复习思考题

7-1 齿轮刀具的主要类型有哪些？它们的工作原理各是什么？

7-2 直齿插齿刀的前刀面和后刀面是什么性质的表面？为何采用这样的表面？

7-3 插齿刀为何要修正侧后刀面的压力角？

7-4 当选择插齿刀来加工齿轮时，须校验插齿刀的哪些参数？

7-5 齿轮滚刀和蜗轮滚刀有哪些区别？

7-6 滚刀的前角和后角是如何形成的？

7-7 决定阿基米德滚刀基本蜗杆轴向压力角的原则是什么？

7-8 如何确定展成滚刀的齿形？

第 8 章

数控刀具与工具系统

8.1 数控刀具的特点

自20世纪80年代以来，计算机控制自动加工技术获得高速发展。为适应新的潮流，工具生产者的业务范围由过去单纯的刀具生产扩展为工具系统、工具识别系统、刀具几何检测/刀具状态监控系统，以及刀具管理系统的开发与生产，以满足数控机床（CNC)、加工中心(MC)、柔性制造单元（FMC)、柔性制造系统（FMS）和智能制造系统（IMS）等的加工和管理要求，促使整个自动化加工过程生产质量和效率的提高。因此，以上自动化加工装备用的刀具统称为数控刀具，其研究已扩展到包括刀具识别技术、检测/监控技求、生产管理与仓储物流技术在内的现代刀具技术，面向刀具的全生命周期管理（PLM)。对刀具总的要求是具有可靠、高效、耐久和经济等特点，概括起来有如下几个方面：

（1）可靠性高　自动化加工的基本前提就是刀具应有高的可靠性，加工中不会轻易发生意外的损坏。刀具的性能一定要稳定可靠，同一批刀具的切削性能和寿命不得有较大差异。

（2）切削性能好，适应高速切削要求　为提高生产效率，现在的数控机床向着高速、高刚度和大功率发展。如中等规格的加工中心，其主轴最高转速一般为8000~12000r/min，有的高达40000r/min（用于小直径磨头的主轴转速更高)，工作进给速度可达30m/min以上。因此现代刀具必须要有能实现高速切削、较大进给量和较高寿命的性能，对于数控机床，应尽量采用高效先进刀具（高效先进刀具应该具备什么特征?)。采用的高速钢刀具也以粉末冶金制材工艺高速钢为主（粉末冶金制材工艺高速钢与普通高速钢对比有什么优异特性?)，而且对其整体磨制后需要再经涂层，以保证刀具寿命高，又稳定可靠。目前数控机床上已大量使用涂层硬质合金刀具、陶瓷刀具和超硬刀具等采用高性能材料的刀具，它们能在最佳切削速度下工作，充分发挥数控机床的效能。

（3）刀具能实现快速更换　经过机外对刀仪预调尺寸的刀具，通过机械手的夹持操作，能与机床快速、准确地接合和脱开。连接刀具的刀柄、刀杆、接杆和装夹刀头的刀夹等辅具称为工具系统，现代工具系统的结构应满足自动化加工的要求。

(4) 高精度　为适应自动化加工的精度和快速自动更换刀具的要求，刀具及其装夹结构也必须具有很高的精度，能保证在机床上的安装精度（通常在0.005mm以内）和重复定位精度。数控车床使用的可转位刀片一般具有较高精度，其刀体加工精度也高。如果是精密数控车床，其刀架的安装与运动精度也高，同时要求选用精密级可转位车刀（为什么?），其所配用的刀片应有更高级精度和更好的精度保持性，可以选用精化刀具，以保证高要求的刀尖位置精度。对于数控机床用的整体刀具也具有高精度的要求。例如，有些立铣刀的径向尺寸精度高达0.005mm，以满足精密零件的加工要求。伴随先进制造技术的发展，具有数字化、智能化功能的生产线或车间都配有专门的对刀仪，以实现刀具上机床使用前的几何尺寸参数精确测量。

(5) 复合程度高　复合程度高，以减少刀具数量，降低刀具管理难度。在自动化加工过程中，为充分发挥昂贵设备的利用率，要求发展和使用多种复合刀具，如钻—扩、扩—铰、扩—镗等，使原来需要多道工序、几把刀具才能完成的工序，在一道工序中，由一把刀具完成，以提高生产效率，保证加工精度。图8-1给出的是两类加工孔用复合刀具（如何体现复合功能?）。

(6) 配备刀具状态监测装置　这种装置，随时将刀具状态（磨损或破损）的监测结果输入计算机，以便及时统计剩余使用寿命，发出调整或更换刀具的管控指令（管控的含义是什么?），以保证工作循环的正常进行与加工质量。该装置的性能必须稳定可靠，防止意外事故，避免不必要的损失。

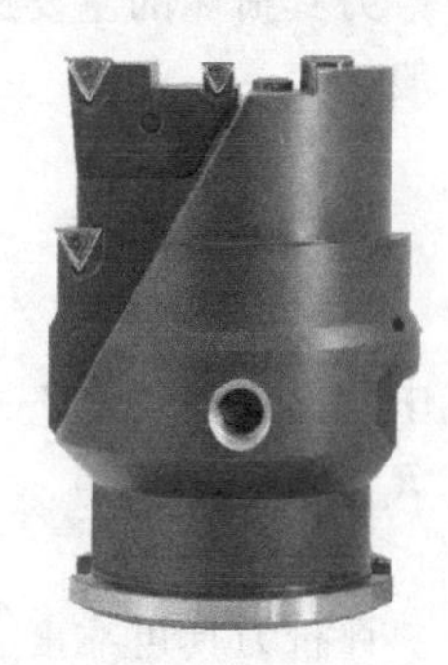

图8-1　加工孔用复合刀具

8.2 刀具的可靠性

刀具的可靠性是自动化加工系统的重要因素之一，如果刀具的可靠性差，将会增加换刀时间，或者产生废品，损坏机床与设备，甚至造成人员伤亡。所谓刀具的可靠性是指刀具在规定的切削条件下和在规定的切削时间内，完成规定的切削工作的能力。

由于刀具材料和工件材料性能的分散性，所用机床和工艺系统的动、静态性能差别，以及毛坯余量和装夹误差等其他条件的变化，刀具的磨损或破损对寿命的影响都存在随机性。因此刀具的可靠性既有一定的数量特征，又具有随机性的特点。所以，一般采用概率论和数理统计的方法来对刀具的可靠性指标进行定量的描述。通常可用可靠度作为刀具可靠性的一个评价指标。所谓刀具的可靠度，是指刀具在规定的条件下和在规定的时间内，完成确定的切削工作的概率，亦即刀具不损坏的概率，常用 $R(t)$ 来表示。它与在规定的条件下和在规定的时间内刀具的不可靠度或损坏概率 $F(t)$ 的关系为

$$R(t)+F(t)=1 \tag{8-1}$$

刀具损坏概率密度函数为

$$f(t)=F'(t)=-R'(t)$$

则刀具可靠度为

$$R(t) = 1 - \int_0^t f(t)\,\mathrm{d}t \tag{8-2}$$

$f(t)$ 是表示刀具寿命随机分布性质的函数。

新刀具和重磨过的刀具的损坏特点是不同的（有什么不同?），因此可用刀具切削到 t 时刻后，单位时间内发生损坏的概率，即损坏率 $\lambda(t)$ 来表示刀具损坏的特点，它与可靠度有如下的关系

$$R(t) = \frac{f(t)}{\lambda(t)} \tag{8-3}$$

另一种非常重要的可靠性指标是刀具可靠寿命 t_r，它是刀具在达到规定的可靠度 r 之前所能切削的时间，即 $R(t_r)=r$ 时刀具可靠寿命为

$$t_r = R^{-1}(r) \tag{8-4}$$

可利用上述各关系式来进行刀具可靠性的评价。

刀具损坏的主要原因是磨损和破损，而且两者相互影响。对于单刃刀具，刀具可靠度的一般式为

$$R(t) = R_{\omega}(t) R_F(t) \tag{8-5}$$

对于多刃刀具，当一齿或几齿损坏时，即视为整把刀具损坏，则刀具可靠度为

$$R(t) = [R_{\omega}(t) R_F(t)]^Z \tag{8-6}$$

式中　Z——刀齿数；

$R_{\omega}(t)$ 和 $R_F(t)$ ——分别表示不发生磨损与破损的刀具可靠度，如果在某具体条件下刀具是以磨损或破损为主，则可以略去另一种的影响。

评价刀具可靠度，先要通过具体切削试验或从工厂收集大量的关于不同条件下刀具寿命分布函数的参数数据，然后进行计算。理论计算的可靠度表明，在不同的刀具可靠度情况下，刀具的可靠寿命是不同的。要求的可靠度越高，刀具的可靠寿命就越低。随着切削速度的增大，在保证相同的可靠寿命情况下，刀具可靠度下降。

刀具可靠性极其重要，但对其分析比较复杂，要评价和预报刀具可靠性需要进行大数据分析研究工作。目前在工程中，大多数是以工厂本身长期积累和统计的平均刀具可靠寿命与经验大数据为依据，预定某一可靠度要求，进行试调试验，到时强制换刀。如不合适，再行修改，以保证刀具可靠性。使用的刀片或刀具大多经过无损检测、磨削、研磨等方法，消除表面缺陷，以提高刀具可靠性（影响刀具可靠性的因素有哪些?）。

8.3 刀具尺寸寿命及尺寸自动补偿

1. 刀具尺寸寿命

刀具磨损会使被加工零件尺寸改变，表面粗糙度值增大。精加工时，当工件尺寸超出规定的公差带时，必须调整或更换刀具。尺寸寿命是指刀具切削时，工件尺寸不超出公差带范围的实际切削时间。只有精加工刀具才考虑尺寸寿命。

确定刀具尺寸寿命一般是用数理统计方法。以圆柱面加工为例，开始使用新的刀具加工时，工件尺寸分散范围为 Δ_k，而使用磨钝了（但没有达到磨钝标准）的刀具加工时，工件尺寸分散范围为 Δ_f。由于刀具不断磨损，尺寸分散范围不断扩大，同时工件实际径向尺寸

也逐渐变大。同时，刀具磨损使切削力增加，造成工艺系统产生一定的弹性变形量 Δ_e，增加了加工误差。由于刀具调整误差，使工件尺寸分散范围 Δ_k 和 Δ_f 的中心偏移了一个 Δ 值，要保证加工精度，使工件尺寸落在公差范围内，故圆柱面加工必须满足下列关系：

$$B+\Delta_e+\frac{\Delta_k}{2}+\frac{\Delta_f}{2}+\Delta\leqslant\delta \tag{8-7}$$

式中 B——刀具径向磨损量；

δ——工件最大和最小半径的差。

由此可见，工件实际尺寸的变化，即刀具尺寸寿命取决于刀具的磨损，工艺系统的弹性变形量，工件尺寸分散范围和刀具的调整误差等，其中加工圆柱面工件实际尺寸主要取决于刀具径向磨损量，即沿工件径向的刀具磨损的大小。

生产实际中，通过合理选用刀具材料与结构，减少刀具磨损量，增加加工系统刚度，减少弹性变形，采用在线调整刀具，提高调整精度等措施来提高精加工刀具的尺寸寿命。

2. 尺寸自动补偿

（1）尺寸自动补偿系统 在自动化加工中，对于精加工，多采用加工过程中的尺寸控制系统，即尺寸自动补偿系统来提高加工精度和刀具尺寸寿命。所谓尺寸自动补偿系统(尺寸误差补偿系统)，是对加工过程中的工件已加工表面尺寸进行自动误差检测和处理，使之转化为控制信息，以控制补偿执行装置，使刀具按预定的数值在某一方向上（很多情况下是沿着径向或轴向）产生微量位移（何时轴向？何时径向？），以补偿刀具磨损等原因所造成的工件尺寸的变化，从而提高加工精度。因此，尺寸自动补偿系统是由自动测量装置、控制装置和补偿执行装置三部分硬件和误差信息采集与处理软件组成。图 8-2 所示为车刀尺寸自动补偿系统。

尺寸自动补偿可分为直接补偿和间接补偿。以工件的实测误差为依据进行误差补偿来提高加工精度，称之为直接补偿；仅对机床执行部件的位置坐标误差进行补偿，则称为间接补偿；闭环、半闭环控制的数控机床中包含了完整的误差补偿系统，其中大部分仅对机床传动及定位误差进行补偿，因此属于间接补偿。

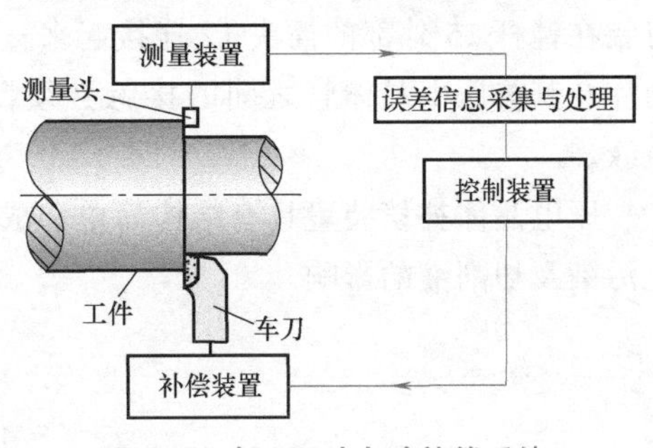

图 8-2 车刀尺寸自动补偿系统

（2）尺寸补偿执行装置 由于尺寸补偿系统都是用于精加工的，补偿量又是微量的，要达到补偿的效果，关键在于补偿装置的工作性能。它的基本要求有：

1）能保证补偿精度与补偿范围。

2）具有良好的频率响应特性和良好的稳定性。

3）具有足够的刚度。

4）装置结构应紧凑，组成的零件尽可能少，所占空间小，以利于装置的合理布置。

5）要防止由于切削液或切屑的影响所造成的不利影响。

6）具有控制简单和成本低廉的特点。

由于加工误差是在刀具和工件的相对运动中发生的，因此补偿执行装置应能直接将补偿运动传给刀具或工件，否则传动系统误差、机械惯性、接触变形和热变形等引起的误差会影响补偿的效果。通常可把刀具安装在补偿执行装置的可动件上，或者把补偿运动直接传递给工件而不经过中间环节。

（3）补偿执行装置结构　补偿执行装置的结构型式很多。图 8-3 所示为车床加工用的一种补偿刀架。车刀 2 安装在刀架 3 上，4 为压电晶体补偿元件。这种刀架的补偿原理是利用某些压电晶体的电伸缩特性，在直流电压（一般为 0~300V）作用下，补偿元件 4 伸长，使刀架 3 产生弹性变形带动车刀向左移一个微位移，达到尺寸补偿目的。补偿量要根据所用压电晶体的电压和位移关系而定。

图 8-4 所示为一种镗刀压电晶体补偿装置。图中镗刀 7 利用坚固螺钉 10 固定在套筒 8 中，调整螺钉 11 用于调整镗刀位置。通交流电或脉冲直流电时，压电晶体管 3 在每个交流电的正半波（或脉冲直流电的每一个脉冲）时伸长，克服弹性胀套 5 与压板 6 之间的碟形弹簧 9 的弹力，将固定镗刀的套筒顶出，使镗刀获得径向微量位移。在每个交流电的负半波（或脉冲直流电的两脉冲之间）时，压电晶体管 3 缩短。但由于圆柱弹簧 1 的作用，楔块 2 随时向左移动，顶紧缩短的压电晶体管 3，因而镗刀不会退回，完成补偿作用。如果持续通电，则镗刀继续做径向微量位移，补偿量取决于持续通电时间。当镗刀已经磨损到必须换刀时，则将所有调整元件重新复位待用。

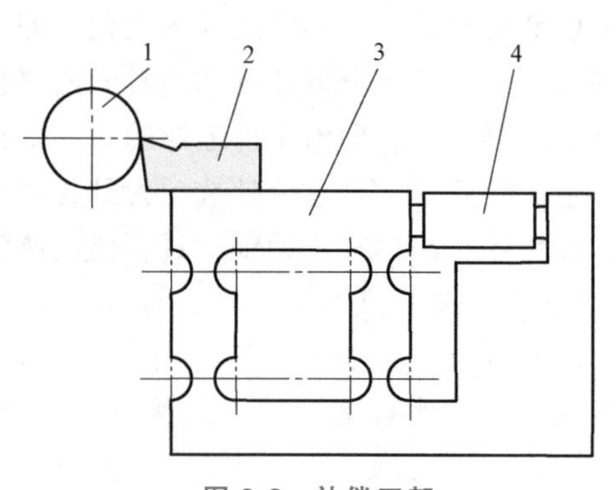

图 8-3　补偿刀架

1—工件　2—车刀　3—刀架　4—压电晶体补偿元件

安装在绝缘套 4 内的弹簧触片 14 压向压电晶体管 3，并与之绝缘，另一端用导线使其与装在镗杆 15 外部的插头 12 连接起来，此插头装入镗杆中的绝缘螺塞 13 内。导线与弹簧触片及其与压电晶体管之间的接触必须良好。这三者均置于绝缘套中，以保证它们与外部绝缘。

压电晶体补偿装置具有结构简单和成本低等优点，适应于精加工，使用时要特别注意避免污染及切削液的影响。

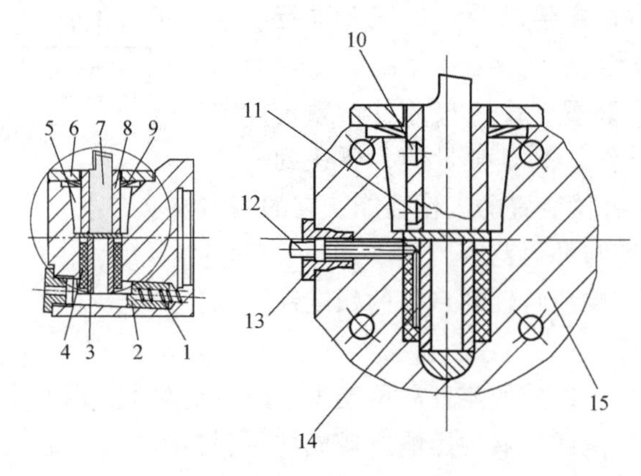

图 8-4　镗刀压电晶体补偿装置

1—圆柱弹簧　2—楔块　3—压电晶体管　4—绝缘套　5—弹性胀套　6—压板　7—镗刀　8—套筒
9—蝶形弹簧　10—坚固螺钉　11—调整螺钉　12—插头　13—绝缘螺塞　14—弹簧触片　15—镗杆

8.4 现代机械加工装备的工具系统组成

传统机械加工装备的工具系统通常指由切削刀具、刀柄/刀体和夹持部分构成的工具体系。三者的关系是刀具通过夹持装入刀柄/刀体，刀柄/刀体与机床主轴/刀架相连。机床主轴/刀架是通过刀柄/刀体定位夹持刀具，并将运动和力/扭矩传递给刀具，完成切削加工的。伴随“数字化、网络化、智能化”信息时代的技术进步，工具系统的范畴也得到扩展，广义的工具系统融合了数字化、信息化管理理念，下面集中介绍一下具有先进制造技术和信息时代特征的现代工具系统：换刀装置、刀柄和调刀仪。

1. 更换刀具的基本方式

更换刀具的基本方式一般有更换可转位刀片（图 8-1、图 8-5a）、更换刀具（图 8-4、图 8-5b）、更换刀夹（图 8-5c），以及刀具同刀柄一起更换（图 8-5d）四种。

可转位刀片只适用于机夹式结构刀具（也称可转位刀具），广泛应用于数控机床和加工中心。这种方式中的刀片和刀片槽精度要求高，更换刀片快速简便。可转位刀片的几何外形是对称结构，对称分布了 2~8 个切削部位，当一个切削部位磨损后可以方便转位调换另一个切削部位参与切削，直至所有切削部位磨损，再更换刀片。

更换刀具和更换刀夹简便迅速，在数控机床的自动换刀装置中也得到普遍应用。为了节省上机辅助时间，需要在机床外通过调刀仪预先将刀具尺寸调一致。

更换刀柄的方式广泛用于加工中心机床的铣刀、镗刀、丝锥及钻头的更换，便于用标准刀具和系列化与标准化的刀柄。此种方式的刀具随刀柄在机床外已通过调刀仪预调好尺寸。

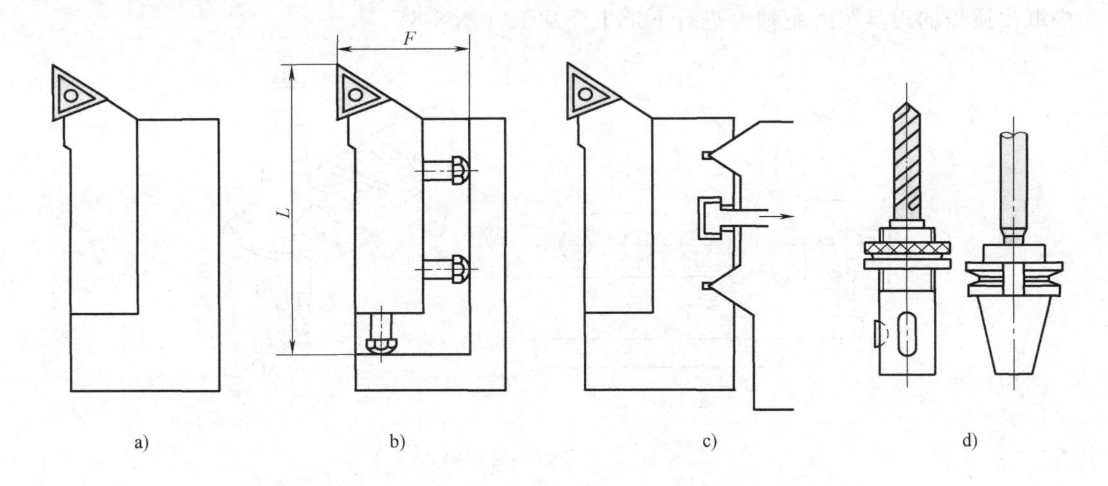

图 8-5 更换刀具的基本方式

a）更换刀片 b）更换刀具 c）更换刀夹 d）更换刀具及刀柄

2. 自动换刀装置

旧式数控机床多采用转塔头自动换刀装置。图 8-6 所示为水平转轴式转塔头换刀装置，其转塔头可绕水平轴转位，具有 8 个主轴，可装 8 把刀具，刀具的配置根据零件工艺要求而定。只有处于最下端的主轴才能与主传动链接通并转动而进行加工。该工序完毕后，转塔头按指令转过一个或几个位置，实现自动换刀，转入下一工序。这是一种较简单的换刀装置。

还有带刀库和机械手的，更复杂的是更换主轴箱或更换刀库的加工中心。图 8-7 所示为利用刀库进行自动换刀的机床，目前广泛使用在自动生产线上。换刀是通过刀库和机床运动实现的。根据指令，当前一把刀具加工终了离开工件后，工作台快速右移→刀库随着移至主轴位置→主轴箱下移，用过的刀具插入刀库空位中→主轴箱上升，刀库转位→主轴箱下降，转位后将所需刀具插入主轴→主轴箱上升→工作台快速左移，刀库随之复位→主轴箱下降，进行切削加工。

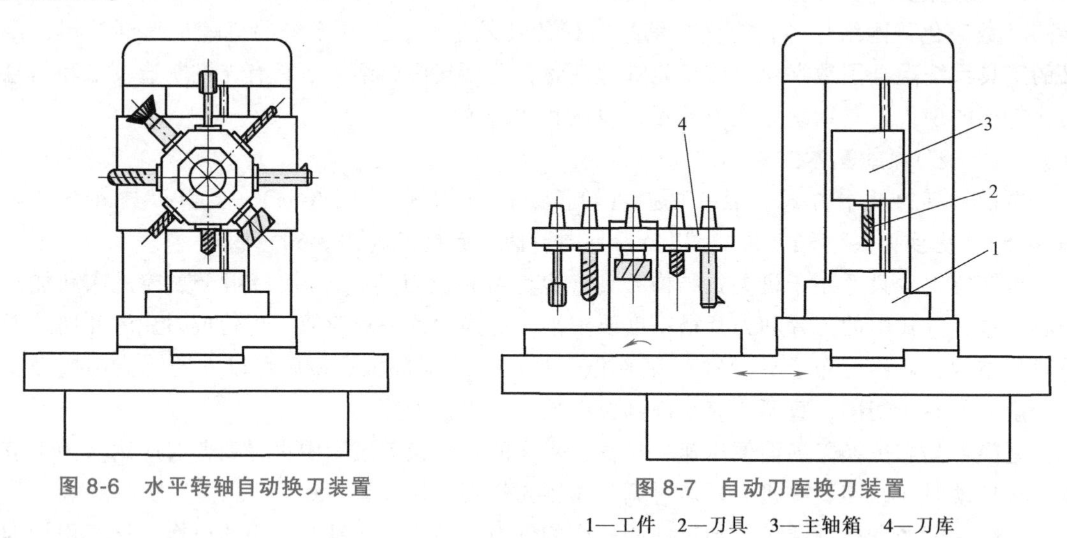

图 8-6　水平转轴自动换刀装置

图 8-7　自动刀库换刀装置

1—工件　2—刀具　3—主轴箱　4—刀库

利用机械手换刀时，机械手将已用过的刀具从主轴中取出，并插回至刀库中，接着从刀库中取出所需的刀具装入主轴，进行下道工序加工（图 8-8）。

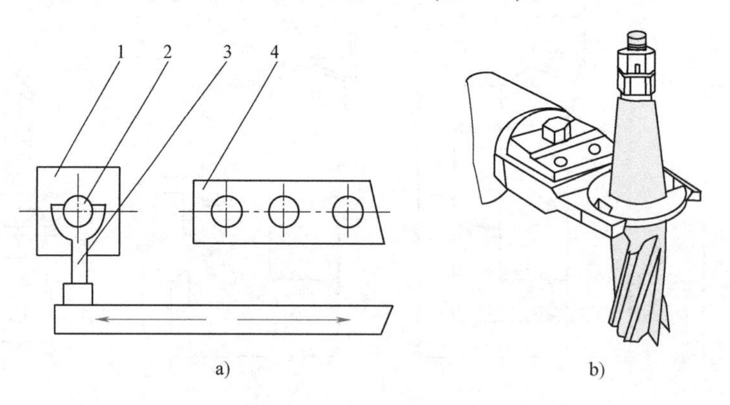

图 8-8　利用机械手自动换刀

a）换刀过程　b）机械手夹持刀具

1—主轴箱　2—刀具　3—机械手　4—刀库

3. 工具系统的刀柄结构

工具系统的刀柄在工作中是与机床主轴连接的，要求连接可靠、结构紧凑。为了克服整体式工具系统的制造复杂、柔性可换功能低等缺点，工程技术人员采用模块化设计技术划分多种模块组成工具系统，即把工具的柄部和夹持部分等装刀辅助工具分割开来，制成各种系列化、标准化的模块，然后经过不同功能规格的中间模块，组装成一套不同规格的模块式工具。这样既方便了制造，也便于使用和管理，减少了用户整体式工具储备。这些模块式工具已标准化，在 GB/T 19449. 1—2004/ISO12164-1：2001《带有法兰接触面的空心圆锥接口 第 1 部分：柄部——尺寸》、GB/T 19449. 2—2004/ISO12164-2：2001《带有法兰接触面的空心圆锥接口 第 2 部分：安装孔——尺寸》、GB/T 10944. 2—2013/ISO7388-2：2007《自动换刀 7：24 圆锥工具柄 第 2 部分：J、JD 和 JF 型柄的尺寸和标记》，GB/T 10944. 3—2013/ISO7388-3：2007《自动换刀 7：24 圆锥工具柄 第 3 部分：AC、AD、AF、UC、UD、UF、JD 和 JF 型拉钉》，以及 GB/T 10944. 1—2013/ISO7388-1：2007《自动换刀 7：24 圆锥工具柄 第 1 部分：A、AD、AF、U、UD 和型柄的尺寸和标记》等标准中描述的已非常清楚，标准主要规定了：

1）用于机床工具系统的刀柄零部件尺寸及机械接口型式。

2）自动换刀还是手动换刀。

3）刀柄材质及热处理要求。

4）刀柄是否有提供切削液孔。

5）刀柄是否有数据芯片孔，以便智能化制造车间的刀具数字化管理。

为了选择合适的刀柄，必须先了解机床主轴的锥孔结构，主轴锥孔与刀柄是工具系统连接机床的机械接口。

柄锥为 7：24 整体式结构的通用刀柄用得很普遍。其结构如图 8-9 所示，刀柄（图左端）与装刀部分（图右端）连成一体。这种刀柄通常有五种标准规格。

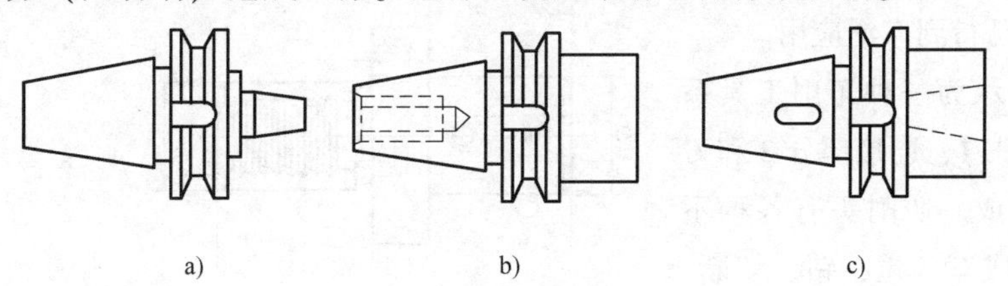

图 8-9 整体式结构通用刀柄

a）装钻夹头用刀柄 b）无扁尾莫氏锥柄 c）带扁尾莫氏锥柄

伴随数字化、智能化及制造技术的发展，以及高精度、高速度、高效率和绿色环保的要求，德国、美国、日本等国的机床工具行业陆续推出了新型刀柄及其工具系统。柄锥为 1：10 的空心短锥刀柄（图 8-10）就是为了高速切削设计的。

7：24 通用刀柄是靠刀柄的 7：24 外锥面与机床主轴孔的 7：24 内锥面接触定位连接的。在主轴高速旋转中，其连接刚度和定位精度存在局限性。

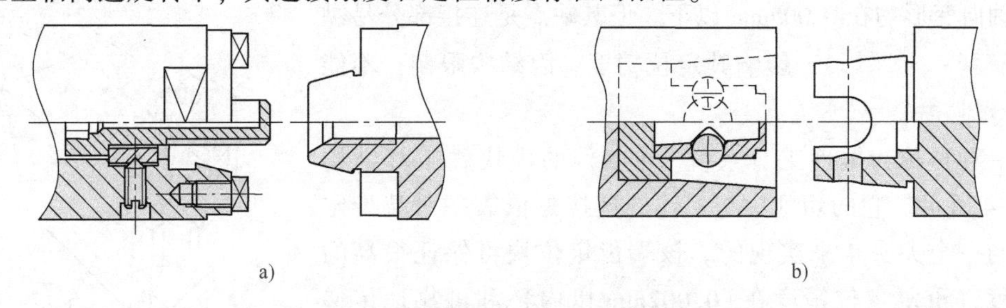

图 8-10 不同刀柄连接结构简图

1：10 空心短锥刀柄靠刀柄的弹性变形，一方面刀柄的 1：10 锥面与机床主轴孔的 1：10

锥面接触定位连接，另一方面刀柄的法兰盘端面与主轴端面也紧密接触，这种高精度机械双表面过定位接触系统在高速加工中，其连接刚度和重复定位精度明显优于7∶24的通用刀柄。

这里给出一个简单分析：在主轴高速旋转中，由于离心力的作用，主轴和安装其上的刀柄直径都会产生径向扩张，锥度值大的刀柄大、小端径向尺寸变化比锥度值小的刀柄大、小端径向尺寸变化的差异更大，势必降低刀柄锥面和主轴锥孔的接触面积，导致它们之间的定位夹紧精度降低；7∶24刀柄是整体实心结构，质量大，高速旋转中产生的离心力也大，这些因素直接影响加工精度和切削的稳定性。所以，1∶10刀柄比7∶24刀柄在高速旋转中的机械接口连接可靠。另外，7∶24刀柄质量大也会导致工作时换刀速度较慢，占用非加工时间较长。（请绘制力学分析图说明1∶10刀柄和7∶24刀柄在高速旋转中受力的不同）

数控车床工具系统除可以利用方刀架的自动换刀结构，一般在车床尾座还有装有转塔刀架转位或更换刀夹实现快速换刀的方式，图8-11所示为一种快换刀夹结构。每把刀具都配装一个刀夹，机床外预调好尺寸，换刀时刀具随刀夹一起更换。根据不同的加工任务，一般只更换刀具头部，此种模块式车削工具系统已得到广泛应用。

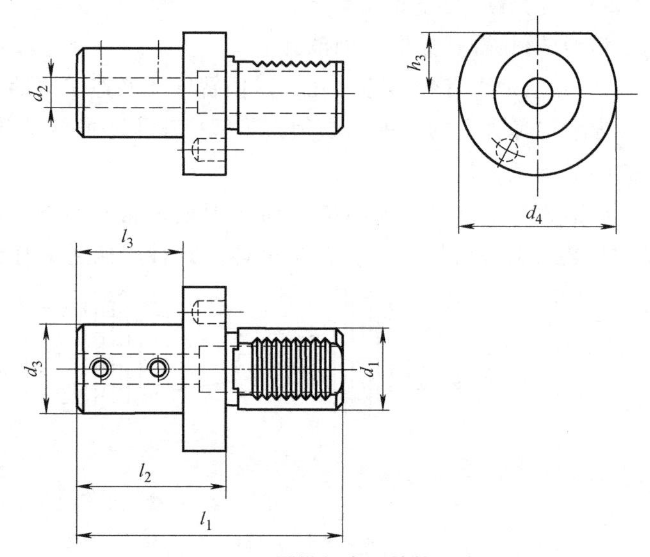

图8-11　圆柱柄车刀快换刀夹

图8-12所示为一种车削工具系统。它由切削头1、连接部分2和刀体3三部分组成。切削头有各种不同型式，可完成车、镗、钻、切断、攻螺纹以及检测工作。刀体内部装有拉紧机构。拉紧靠碟形弹簧和增力杠杆将力传到拉杆的前端，从而拉紧切削头（图8-13）。这种模块式工具系统换刀迅速，手动换刀需5s，而机动换刀只需2s即可。在拉紧过程中，能使拉紧孔产生稍许变形，从而获得很高的定位精度（径向±0.002mm，轴向±0.005mm）和连接刚度。在切削速度为100m/min，切削深度为10mm时，测量其刀尖的径向及轴向变形均在0.005mm以下。但其缺点是连接部分易黏屑（请解释一下原因），影响其定位精度。因结构限制，不能采用内冷却方式。

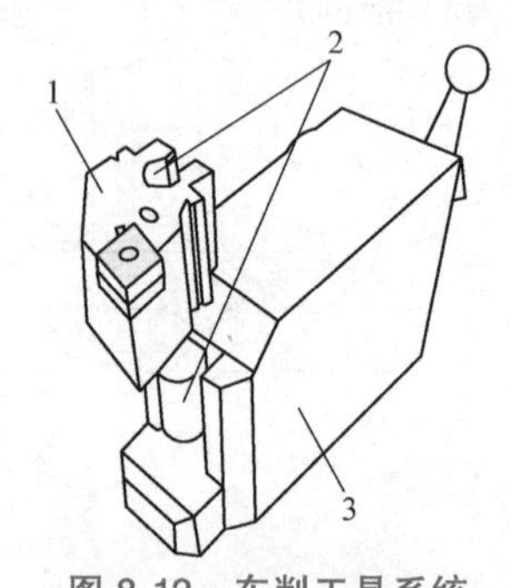

图8-12　车削工具系统

1—切削头　2—连接部分　3—刀体

另一种被称为柔性工具系统（FTS）的模块式工具结构如图8-14所示。它的切削头与刀体的连接是依靠一对端齿定位块5与一个夹头4来实现的。该端齿定位块可保证很高的定位精度（重复定位精度在±0.002mm以内）和可靠地传递扭矩。夹头通过中心拉杆的移动可牢固地夹持住装于刀体尾部的拉钉2，并将切削头拉紧在端齿面上。拉杆的移动则是通过螺杆（手动）或液压马达（自动）沿轴向移动拉杆 3 来实现的。

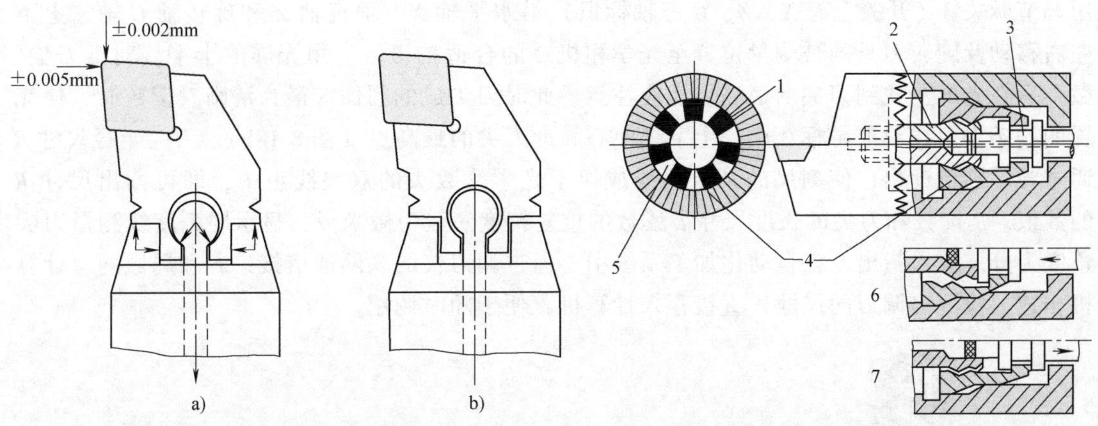

图 8-13 模块式刀具连接部分

a）拉紧状态 b）松开状态

图 8-14 模块式工具结构（FTS 工具系统）

1—橡胶条 2—拉钉 3—拉杆 4—夹头
5—端齿定位块 6—松开状态 7—拉近状态

4. 刀具尺寸预调与自动对刀仪

在自动化加工中，为提高调整精度并避免造成太多的机床停车时间浪费，一般在生产线外将刀具尺寸调好，换刀时不需任何附加调整，即可保证加工出合格的工件尺寸。尺寸预调主要包括：车刀径向、轴向和刀具高度位置的调整，镗刀径向尺寸的调整，以及铣刀与棒状刀具（如钻头）轴向尺寸的调整。

图 8-15 所示为一种可预调长度的车刀，在专门的对刀器上对刀。对刀时，先把车刀中的定长杆 3 压入刀杆内并紧固，使车刀长度稍小于要求值。将车刀置于对刀器中并定好位，使车刀底面和一个侧面与相应对刀器上的两个基面紧密贴合，并使刀尖接触对刀器，松开定长杆，使其在弹簧压力下，自然弹出顶在对刀器的挡壁上，达到要求预调的尺寸，最后拧紧紧固螺钉 4。在对刀过程中，应压紧刀杆，使其承受三个分力组成的合力 F（图 8-16）的作用，以保证很好地定位。

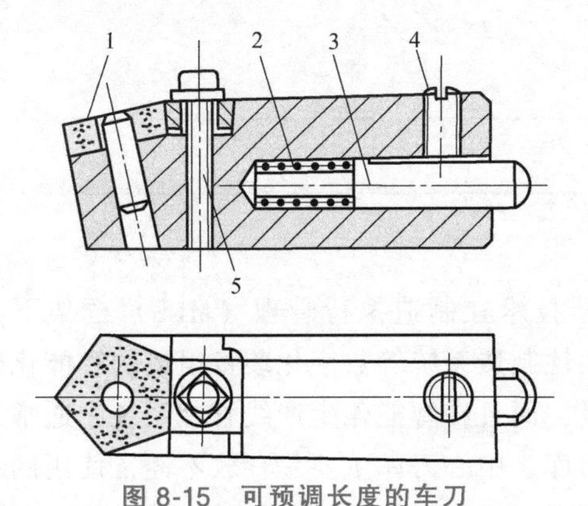

图 8-15 可预调长度的车刀

1—刀片 2—弹簧 3—定长杆 4—紧固螺钉 5—夹紧装置

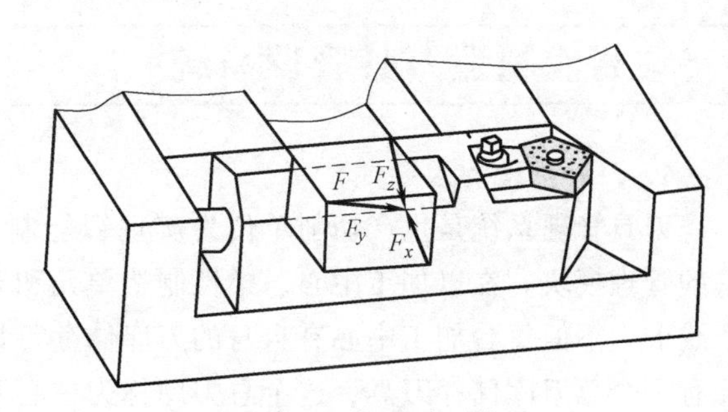

图 8-16 简易对刀装置

现有各种不同结构的刀具尺寸预调（或称对刀）装置。图 8-17 所示为一种光学调刀/对刀仪。它主要用于镗、铣刀的尺寸预调。图 8-18a 所示的微调镗刀的刀尖半径 R 和长度 L 调整方法如下：将镗刀杆插入调刀仪刀具回转平台1的主轴孔内，起动锁紧开关将刀杆锁紧。用调节开关3（开关上有 X、Z、C 三轴标识）沿水平轴 X、垂直轴 Z 和旋转轴 C 轴，上下左右移动及旋转刀具的被测量位置至光学相机2的合适拍摄区。用光屏的十字线对准刀尖，微调后在光屏上找到刀尖的最高点。应注意，此时刀尖成的图像应最为清晰。读数时，使光屏的一条十字线对准游标0点，十字线中心瞄准刀尖的最高点（图8-18b）。刀尖半径尺寸 R 通过光学测量读出，使刻尺的某条刻线成像于光学读数头的双狭线正中，即可读出尺寸 R 的数值。R 读数和刀尖的长度尺寸 L 读数的重复精度一般为微米级，显示屏刻度线测量刀尖角度为分。应当指出，在自动化加工系统中，通过调刀仪的联网通信接口6和局域网，计算机相连，检测出调刀的尺寸，直接存入计算机，便于随时调用。

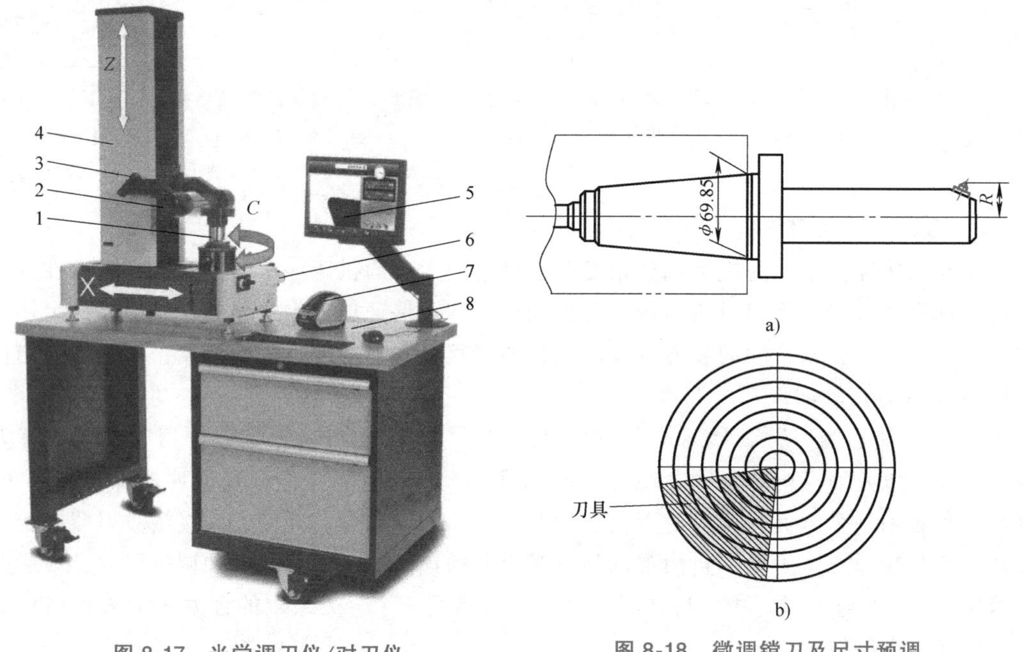

图8-17 光学调刀仪/对刀仪

1—刀具回转平台 2—光学相机 3—调节开关 4—立柱
5—显示界面 6—联网通信接口 7—对刀参数打印机 8—机座

图8-18 微调镗刀及尺寸预调

8.5 智能制造刀具管理系统

1. 刀具管理的重要性

刀具管理系统是生产切削单位为实现智能制造技术在制造执行管理（MES）框架下必备的管理模块。在以加工中心、柔性制造单元和柔性制造系统等数字化装备组成的智能化生产线上，不但每台加工中心有自身的刀库储存刀具，而且在智能化生产线管理系统中通常还配有一个总刀库储存刀具，这个总刀库称为中心刀库。中心刀库主要是存放不经常使用的特殊刀具以及各种刀具的备用刀具，以便当刀具损坏（一般指刀具破损或磨损后的不能工作状态）时，能及时换上新刀具。这些刀具的选用是由制造单位的工艺技术部门根据零件被加工表面的几何特征确定的，目前已有专门的配刀系统软件为优化选用刀具服务。在一个具有5至8台机床的智能化柔性加工系统中，可能需要配备1000多把刀具，这取决于加工零件的品种和数量。

一台加工中心自身的刀库，少则十几把刀具，多则几十把甚至一百多把刀具。每把刀具都包括两种信息：一是刀具描述信息，即静态信息，如刀具识别编码（或称刀具类别）和几何参数等；另一种是刀具状态信息，亦即动态信息，如刀具所在物理位置（物理位置指什么?)，刀具累计使用次数，刀具剩余寿命（min)，刀具刃磨次数等。所以，与刀具有关的信息量很大。要将这些大量的刀具及有关信息管理好，方便查询和追溯，必须要有一个完善的刀具管理系统，才能解决多品种零件柔性加工要求的刀具保障性。

2. 刀具管理的任务

刀具管理系统在刀具全生命周期管理中表现在用户使用环节。刀具管理就是及时而准确地对指定的机床提供适用的刀具，以便在维持较好的设备利用率的情况下，生产出所需数量的合格零件。因此，刀具管理最重要的准则是为刀具使用厂家高质高效生产服务。借用网络信息平台实现刀具、工装、设备、人员等资源的全面优化，保证刀具调度及时，供应准确，提高刀具利用率，降低生产制造成本。

刀具管理系统的业务流程面向不同产品的生产组织与实施单位是稍有不同的。图 8-19 是一款在中国一拖集团大拖装配厂机一车间使用的刀具管理系统业务流程图，在产品加工工艺设计后，刀具的选购、仓储、使用、修磨直至报废等环节，借助数字化、信息化、网络化技术，以“刀具流”（刀具业务流动信息）理念，精确地实现了智能化生产的刀具可视化精益管理。工艺部根据产品的要求制订相关的工艺卡，工艺卡主要流向三个部门，即生产车间、刀具管理中心（刀管中心）和机动科。三个部门的职责如下：

1）工艺卡流向生产车间，车间工作人员根据工艺卡上要求的刀具需求列出领用刀具清单，申请所需要的刀具。

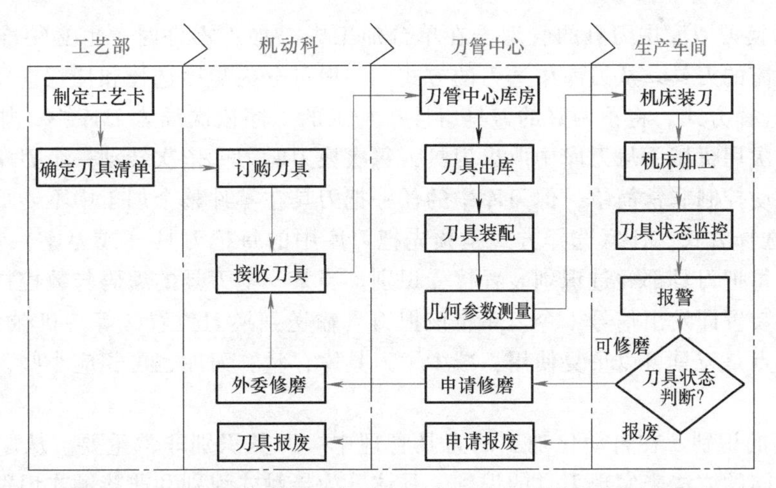

图 8-19 中国一拖集团大拖装配厂的刀具管理系统业务流程图

2）工艺卡流向刀管中心，刀管人员将工艺卡上要求的刀具整理成刀具配置清单，根据现场的刀具使用情况做好刀具配置准备工作。

3）工艺卡流向机动科，机动科根据工艺卡上要求的刀具明细、车间反馈至刀管中心的需求信息，确定刀具采购信息。

刀具管理包括以下几个方面：

（1）刀具管理中心的控制与管理　在刀具管理中心，首先由刀管人员将刀具与刀柄、刀杆和刀夹等辅具装配成刀具组件，并在调刀仪上调好尺寸，然后编码待用。读取刀具的编码就可知道刀具的几何量和目前的物理位置。自动加工系统要求在管理上对刀具的库存量进行优化控制，使刀具冗余量最小。

（2）刀具的分配与传输　刀具的分配是根据零件加工工艺过程和加工系统作业调度计划，以及刀具分配策略来决定的。刀具分配策略可以是一批零件使用一组刀具，当加工完一批零件，一组刀具全部更换。这种策略使加工系统刀具库存量很大，但控制软件实现简单。也可以几种零件使用一组刀具，在成组技术基础上，确定一组零件所需的刀具，加工完毕后，所有刀具送回刀管中心。这种策略可减少刀具库存量，但需要比较复杂的控制软件。根据具体情况，还可以采用其他刀具分配策略，如加工某几种零件后，保留适用于下面几种零件加工的刀具，而取走其余刀具，再补充必要的刀具，以便进行下面几种零件加工。这样可大大减少刀具库存量，但控制软件更加复杂。关于刀具的传输，大的自动化加工系统采用无人小车（AGV），而小的系统则用机械手和高架传送带等。

（3）刀具的监控　在加工过程中，应对刀具状态进行实时监测和对刀具的切削时间进行累计记录。当达到规定的使用寿命时，刀具要重磨或更换。当发生刀具破损时，机床应立即停车，并发出报警信号，以便操作人员及时处理。

（4）刀具信息的处理　处理刀具各种静、动态信息，使这些信息在机床、刀管中心、主控计算机之间传输，有些动态信息必须在加工系统运行时不断发生变化。

刀具标准化问题也是刀具管理的重要任务，应结合加工工艺过程的标准化统一考虑：尽可能使用通用刀具，少用特殊的非标准刀具；使用不重磨刀片，采用标准的模块化的刀夹装置；使用可调刀具，以减少刀具的种类。

3. 刀具系统的管理过程

（1）自动换刀刀库中刀具的管理　在单台加工中心加工零件时，也必须准确无误地从刀库中取出所需的刀具。从刀库中选刀的方式，一般可分为顺序选择和任意选择两种：

1）顺序选择方式。将预调好的刀具组件按加工的工序依次插入刀库中，加工时，根据数控指令，依次用机械手从刀库中取出刀具，每次换刀时刀库依次转动一个刀座位置。这种方式，刀库驱动控制非常简单，但刀库中的任一把刀具在零件整个加工中不能重复使用。

2）任意选择方式。任意选择方式是预先把刀库中的每把刀具（或刀座）都进行编码，刀库运转中，每把刀具都经过识别装置接受识别。当某一把刀具的编码与数控指令代码相符时，刀具识别装置即发出信号，令刀库将该把刀具输送到换刀位置，等待机械手取出使用。这种方式的特点是刀具可以重复使用，减少了刀具库存量，刀库也可相应小些，但刀库驱动控制比较复杂。

（2）刀具的识别　在自动化加工的刀具管理中，刀具识别非常重要。从原理上看，可以通过多种不同的方法来实现刀具的识别，具体分为接触式识别和非接触式识别两种。在刀管中心和机床刀库附近都备有刀具识别装置，以便能够清楚地领取、保管和使用刀具。在智能型机床上，只有当刀具识别装置读出的编码与所需刀具的编码一致时，机械手才拿取刀具并输送到机床主轴中，从而实现自动换刀。

（3）柔性制造系统刀具的管理　在柔性制造系统中，刀具管理的方法主要是在该系统的中央控制系统中建立刀具数据文件，其主要内容包括刀具编码、刀具名称、刀具大小识别号、刀具寿命、刀位号、刀具补偿类型、刀尖半径、刀具半径、刀具长度及其公差、切削用量和刀具监测信息等。其中，刀具编码（即给刀具一个 ID 号）是刀具管理最基本、最重要的信息。它是整个加工系统中刀具识别的依据。每一把刀具必须占有且只能占有一组编码，用于供计算机识别刀具。通过编码就可查出刀具的尺寸、寿命及其在系统内的位置。这种编码不影响刀具在机床刀库和刀管中心刀库的存放位置。目前用于编码的标签有 RFID、二维码和条形码三种格式，如图 8-20 所示。车间工作人员根据生产任务安排和加工零件工艺卡，领用相应的刀具组件并分配给机床。不同加工系统的编码均根据具体情况而定。

加工系统运行时，通过不断修改预定的刀具数据文件和来自调刀仪的刀具实际参数，就可建立一套刀具的实际数据文件，存储于中央控制系统的中央刀具数据库中。再由中央控制系统通知各加工中心实现刀具在加工系统各部分之间的传送并进行加工。通过加工系统控制终端显示的菜单和人机对话，实现对刀具在整个加工系统运行中的管理。

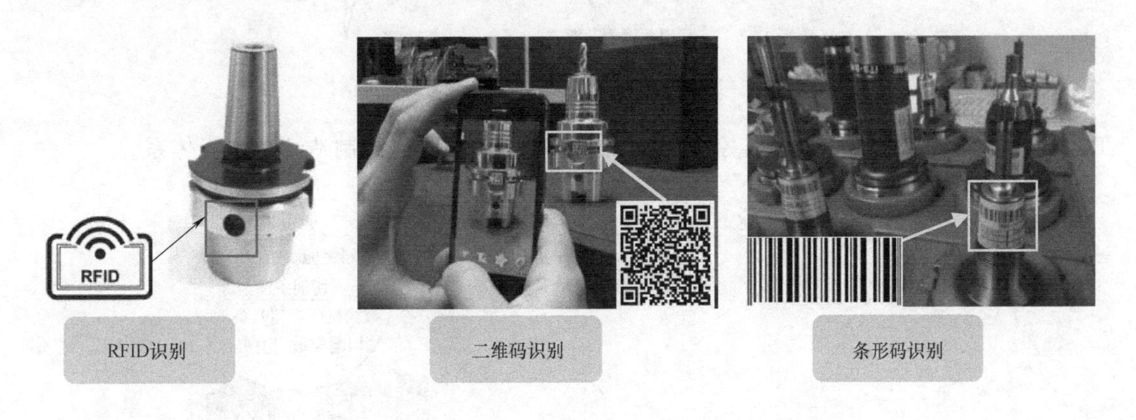

图 8-20 RFID、二维码和条形码三种编码标签格式

8.6 刀具状态的在线监控

刀具状态是影响零部件精密切削加工质量与效率的关键因素。在切削加工过程中，存在切削力、切削热、切入及切出冲击等因素的综合作用，图 8-21 显示了加工过程中的刀具与工件热力耦合影响。刀具与工件接触表面会经历复杂的应力场与温度场的变化，造成刀具的损坏，从而劣化了工件加工表面的质量，降低了零部件的尺寸精度和机床的加工效率。刀具的损坏形式主要是磨损和破损。在切削加工中，常因未及时发现刀具磨损或破损，导致工件报废，甚至机床损坏，造成很大损失。有统计表明，机床停机时间的 20%左右是由于刀具的破损引起的。刀具状态的在线监控包含对刀具状态的在线监测和对监测结果采取的控制方法。

刀具的正常磨损是刀具破损的主要表现形式，刀具磨损主要取决于刀具材料、工件材料的物理力学性能和切削条件，图 8-22 的曲线描述了刀具磨损典型规律。采用在线监测技术采集和分析切削过程中的工况信息，对刀具破损的发生和刀具磨损的状态进行及时准确的辨识，在此基础上对刀具磨损的演化趋势和刀具的剩余寿命进行预测，从而可以通过提前换刀、改变切削参数等措施降低刀具磨损对于加工表面质量和尺寸精度的影响，也可以采取停机等紧急措施避免对工件和机床造成更大的破坏。研究表明，准确可靠的在线监控系统可以增加切削速度 10%~50%，总的加工成本可以节省 10%~40%。图 8-23 给出了一个描述待加

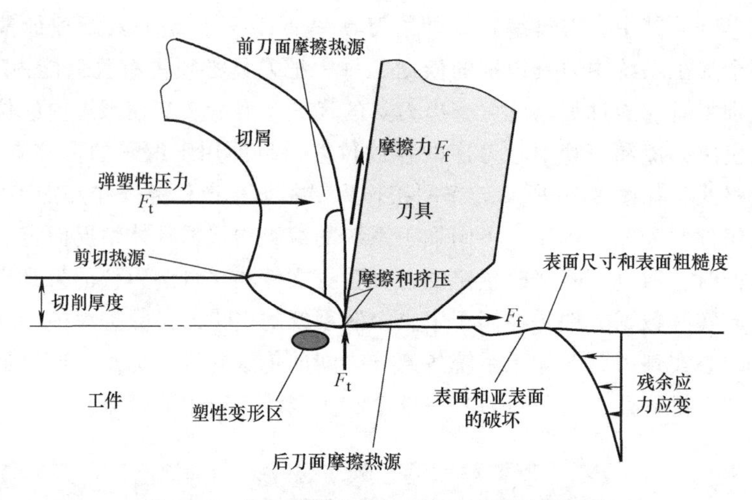

图 8-21　加工过程中的刀具与工件热力耦合影响

工零件、切削条件、加工过程监控、加工工质和刀具状态的智能制造切削加工体系。

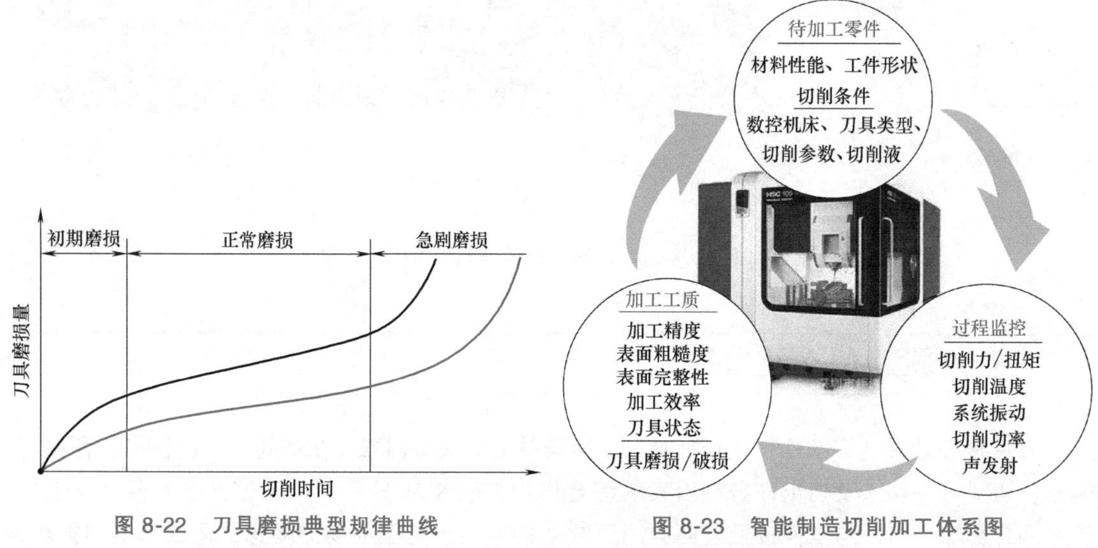

图 8-22　刀具磨损典型规律曲线

图 8-23　智能制造切削加工体系图

近年来人工智能技术的发展和应用，促使刀具状态监控技术在高精度、高可靠性、高适应性和自主学习等方面取得了显著的成果，增进了智能刀具监控技术在工业界广泛应用与推广的前景。

刀具状态的在线智能监控本质上是一个模式识别的问题，一个完整的刀具在线监控系统主要由三部分组成：

1）信号采集，主要是采用一个或多个传感器实时获取切削过程中的动态信息。

2）特征提取，就是采用各种信号处理方法将传感器信息进行压缩和降维，并从中获取有效表征刀具状态的特征向量。

3）模式识别，就是建立这些特征与刀具状态之间的映射关系。

一个有效的刀具监控系统必须将这三个环节综合加以考虑。

在线监测刀具状态磨损和破损的方法很多，可以分为直接监测和间接监测两种，也可以分连续监测和非连续监测。在线连续监测常用间接方法进行。随着刀具磨损和破损，切削力或扭矩随之变化（包括切削分力比值及切削力动态分量），切削温度、切削功率、振动与声发射信号也都发生变化，通过这些信号的变化检测刀具磨损和破损，效果较好。对于精加工，也可以通过工件尺寸的变化和表面粗糙度的变化等来间接监控刀具状态。目前，一种数字影像新方法已开始用于监测平面加工的工件表面粗糙度变化，以实现间接在线监测刀具状态。通常可根据自动化加工的具体条件来选用监测方法，也可联合采用几种变化信号进行监控，以使监控结果更加可靠。下面介绍几种监测方法。

（1）光学摄像监测法　这种方法是用光学传感器监测。图 8-24 是该方法的原理图。光学传感器接收切削刃部分图像，输送给处理器进行图像处理，滤去干扰信号后与原来机内存储的门槛值（磨损或破损极限）比较，确定刀具损坏程度。如切削时切削刃不便观察，可采用光导纤维获取图像。这种方法比较直观，刀具发生损坏处可直接显示。这种方法适用于刀具停止状态或运动简单时的监测。

（2）切削力变化监测法　用切削分力的比值变化或比值的变化率作为监测刀具状态的判断信号是一种效果较好的方法。例如车削时，可用测力仪测得三个分力 F_x、F_y 和 F_z，经放大处理和分析，与预定值进行比较，以实时检测刀具是否正常。

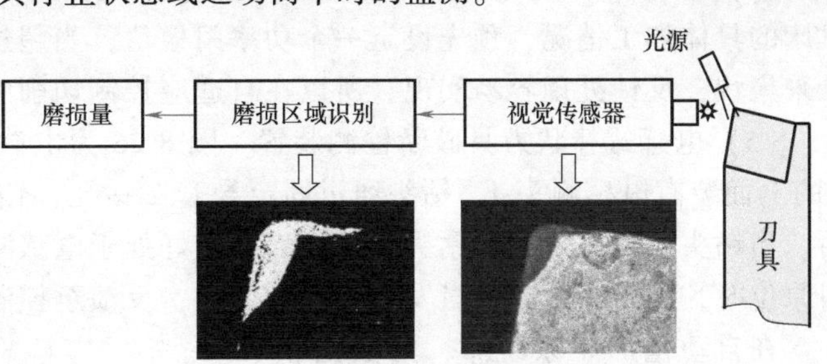

图 8-24　光学摄像监测法原理

采用测力轴承是目前一些数控机床和加工中心常用的自动监测方法，特别是用于监测容易破断的小刀具。切削时，从刀具传给主轴的切削力作用在主轴轴承上，这对于直接在主轴轴承处监测切削力特别有利。刀具自动监测系统包括主轴上的测力轴承（即切削力信号传感装置）、放大器和分析系统。后者通过数据总线与 CNC 控制系统相连。测力轴承可以采用通常的预加载荷的滚子系列主轴轴承。轴承上装有电阻应变片，通过电阻应变片可以采集到随切削力变化而变化的信号。各应变片的连接线通过电缆线从轴承的轴肩前端引出，把放大的信号与控制分析系统中的切削力预定值进行比较，判断刀具的状态。

（3）声发射监测法　声发射（AE）是固体材料中发生变形或破损时，快速释放出的应变能产生的一种弹性波（AE 波）。在刀具发生急剧磨损或破损时，由 AE 传感器监测到对 AE 波响应的声发射信号。这种 AE 信号可分为连续型与突发型两类。切削过程刀具监测系统常用几十千赫至 2MHz 频段内的 AE 信号。固体材料的弹-塑性变形和正常切削过程中发生的 AE 信号是属于连续型的，而刀具急剧磨损或破损时发生的是非周期性的突发型 AE 信号。两类信号相比，后者的电压大于前者。

图 8-25 为用声发射法监测刀具破损装置的原理图。AE 传感器固定在刀杆后端。输出的 AE 信号经过放大后传至声发射仪和记录仪器，得到 AE 信号的波形曲线并进行处理。正常切削时，AE 信号有效值的输出电压为 0.15~0.20V，根据切削条件的不同，当刀具急剧磨损或破损时发出 AE 信号的峰值在 150kHz~1MHz。有效值输出电压超过 0.2V，达到 1.0V 左右（增益 40~50dB 时），功率谱最大谱值增加 50%左右，脉冲信号的幅值急剧增大，脉冲计数率增加约 1.5~2 倍。当 AE 信号超出预定的门槛值时，表明刀具发生破损，立即报警换刀。这种方法的关键是选择合适的增益和门槛值，排除切削时的其他背景噪声信号的干

扰，提高刀具破损判别的可靠性。

(4) 电动机功率变化监测法　用机床电动机的功率变化监测刀具磨损或破损，特别是破损，为一种比较实用而简便的方法。当刀具磨损急剧增加或突然破损时，电动机的功率（或电流）发生较大的波动，从加工装备数控系统中的功率曲线变化可以测得功率的变化，从电动机变频器或数字电动机驱动器可测得电流的变化，通过反馈采取必要措施。对于多刀加工和深孔加工等，这种方法最为方便，因为多刀切削时，很难分别检测每把刀具的状态，只有综合监测其加工时的功率变化，才容易了解其工作状态。监测时，根据机床的具体加工情况，预先设定一个功率门槛值，当超过此值时，便自动报警。此种方法信息采集快，反馈处理容易实现，所以在自适应控制切削中用得多。

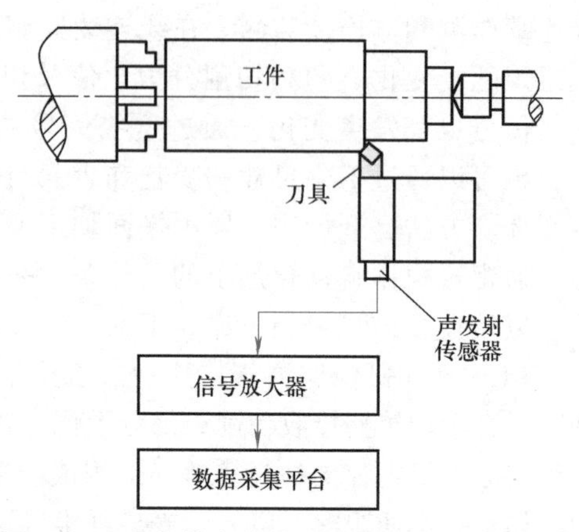

图 8-25　声发射法监测刀具破损装置的原理图

(5) 电感式棒状刀具破断检测装置　图 8-26 为电感式钻头破断监测装置图。在钻模板 3 的上面装有电感测头 4。钻头通过固定导套 2 钻孔，钻头的导向部分处于电感测头 4 的下面。当钻头退回原位时，钻头的切削部分正好处于电感测头 4 的下面。一旦钻头破断，在退回原位时，测量头的电感量发生较大的变化，反馈至控制分析系统，即可报警换刀或停机。

在自动化加工系统中，刀具磨损和破损监测是根据经验或理论计算的刀具磨损与破损寿命来执行的。该刀具寿命(或者与该寿命相应的切削力、切削功率、AE 信号极限值）可在加工前通过人机对话在系统终端输送到加工系统的刀库数据中。当该刀具累计切削时间达到预定的寿命后，刀具将被工业机械手/机器人从机床上自动取走，无需人工干预。经过监测，如果该刀具尚未真正达到磨损或破损极限，则修正预定的寿命门槛值后，继续使用。如果刀具确实已经损坏，应通过自动换刀装置，换刀后继续加工。

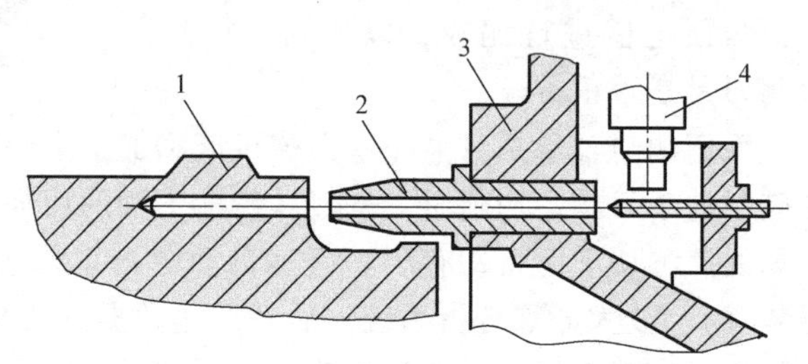

图 8-26　电感式钻头破断监测装置

1—工件　2—固定导套　3—钻模板　4—电感测头

复习思考题

8-1　智能制造生产加工中，刀具的主要特点是什么？

8-2　何谓刀具的可靠性？刀具可靠性用什么指标来评价？

8-3　刀具尺寸自动补偿系统的作用是什么？它是由哪几部分组成的？

8-4　整体结构工具系统和模块结构工具系统各有何优缺点？

8-5　智能制造加工系统中的刀具管理的主要任务是什么？

8-6　在智能制造生产线，为什么要对刀具状态进行在线监控？有哪些监测方法？各有何优缺点？监控和监测有什么不同？

参考文献

[1] 乐兑谦. 金属切削刀具 [M]. 2 版. 机械工业出版社, 1985.

[2] KALPAKJIAN S, SCHMID S R. Manufacturing Engineering and Technology [M]. 5th ed. Singapore City: Pearson Education South Asia Pte Ltd. 2006.

[3] 冯之敬. 机械制造工程原理 [M]. 2 版. 北京: 清华大学出版社, 2008.

[4] 袁哲俊. 金属切削刀具 [M]. 上海: 上海科学技术出版社, 1985.

[5] 机械工程手册、电机工程手册编辑委员会. 机械工程手册 [M]. 北京: 机械工业出版社, 1980

[6] 朱祖良. 孔加工刀具 [M]. 北京: 国防工业出版社, 1990.

[7] 华南工学院, 甘肃工业大学. 金属切削原理及刀具设计: 下册 [M]. 上海: 上海科学技术出版社, 1979.

[8] 四川省机械工业局. 复杂刀具设计手册: 上册 [M]. 北京: 机械工业出版社, 1979.

[9] 北京市金属切削理论与实践编委会. 金属切削理论与实践: 下册第二分册 [M]. 北京: 北京出版社, 1980.

[10] 楼希翱, 薄化川. 拉刀设计与使用 [M]. 北京: 机械工业出版社, 1990.

[11] 郭文有. 叶片榫头的拉削 [J]. 现代制造工程, 1995 (10): 17-19.

[12] 李企芳. 难加工材料的加工技术 [M]. 北京: 北京科学技术出版社, 1992.

[13] 庞丽君. 拉削 GH761 高温合金的刀具磨损试验研究 [J]. 工具技术, 2008, 42 (7): 28-30.

[14] 庞丽君, 牛合祥. 拉削钛合金时刀具磨损的实验研究 [J]. 机械设计与制造, 1996 (5): 28-29.

[15] 阳恒钊. 键槽拉刀改进设计 [J]. 内燃机, 2005 (3): 20-21.

[16] 郭峰, 程晓芳. 拉刀刃形的优化 [J]. 工具技术, 2014, 48 (2): 69-70.

[17] 张昌成, 朱德强, 孙盛丽. 动力涡轮盘榫槽拉刀设计 [J]. 汽轮机技术, 2003, 45 (2): 127-128.

[18] 贾峰一, 郭晓玉, 胡俊卿, 等. 钢制保持架兜孔加工用拉刀的改进设计 [J]. 轴承, 2010 (4): 30-30.

[19] 蒋瑞秋, 刘颖. 短圆柱滚子轴承实体车制钢保持架兜孔拉削的研究 [J]. 哈尔滨轴承, 2005, 26 (2): 27-28.

[20] 袁林森, 费晓鸣. 不锈钢精密小深孔拉削 [J]. 机械制造, 1990 (9): 19-19.

[21] 袁林森. 不锈钢精密深孔拉削 [J]. 机械工人 (冷加工), 1987 (6): 18-21.

[22] 袁林森. 20 号钢和不锈钢的精密深孔拉削研究 [J]. 装备机械, 1987 (3): 43-46.

[23] 谭美田, 魏永胜. 应用 HHS-2X 扫描电镜对不锈钢拉削鳞刺的研究 [J]. 工具技术, 1981 (1): 17-23.

[24] 姚斌, 吴序堂. 螺旋刀具的仿形制造 [J]. 工具技术, 1996 (5): 2-5.

[25] 肖诗纲, 等. 螺纹刀具 [M]. 北京: 机械工业出版社, 1986;

[26] 计志孝, 等. 螺纹加工新工艺 [M]. 北京: 兵器工业出版社, 1990.

[27] 袁哲俊. 孔加工刀具、铣刀、数控机床用工具系统 [M]. 北京: 机械工业出版社, 2009.

[28] 袁哲俊, 刘华明. 金属切削刀具设计手册 [M]. 北京: 机械工业出版社, 2012.

[29] 陈日曜. 金属切削原理 [M]. 北京: 机械工业出版社, 2016.

[30] 马晓帆, 姚斌, 陈彬强, 等. 智能制造刀具管理系统及刀具剩余寿命监测功能开发 [J]. 航空制造技术, 2018, 61 (18): 68-73.